电工电子技术及其应用

主　编　李艳红　郭松梅　刘璐玲
副主编　熊　文　崔士杰　方路线　尤　洋
主　审　赵振华

北京理工大学出版社
BEIJING INSTITUTE OF TECHNOLOGY PRESS

内 容 提 要

本书按照教育部高等院校"电工学"课程指导组拟定的电工、电子技术系列课程教学基本要求，系统地介绍了电工与电子技术的基本概念、基本原理和基本分析方法。

全书共分为13章，内容包括：电路的基本概念和基本定律、电路的分析方法、正弦稳态电路分析、三相交流电路、暂态分析、磁路与电器、半导体二极管及其应用、三极管与交流放大电路、直流稳压电源、集成运算放大器及其应用、组合逻辑电路及其应用、时序逻辑电路及其应用、数/模和模/数转换等。本书结构合理，例题丰富，语言简洁、流畅，便于学生自主地学习。

本书适合作为高等院校电气信息类及相关专业的教材，也可供从事相关专业的工程技术人员阅读和参考。

版权专有　侵权必究

图书在版编目（CIP）数据

电工电子技术及其应用/李艳红，郭松梅，刘璐玲主编. —北京：北京理工大学出版社，2013.8（2022.1重印）

ISBN 978－7－5640－2982－1

Ⅰ.①电… Ⅱ.①李… ②郭… ③刘… Ⅲ.①电工技术－高等学校－教材②电子技术－高等学校－教材 Ⅳ.①TM②TN

中国版本图书馆CIP数据核字（2013）第159613号

出版发行 / 北京理工大学出版社有限责任公司
社　　址 / 北京市海淀区中关村南大街5号
邮　　编 / 100081
电　　话 /（010）68914775（总编室）
　　　　　 82562903（教材售后服务热线）
　　　　　 68944723（其他图书服务热线）
网　　址 / http：//www.bitpress.com.cn
经　　销 / 全国各地新华书店
印　　刷 / 北京虎彩文化传播有限公司
开　　本 / 787毫米×1092毫米　1/16
印　　张 / 18　　　　　　　　　　　　　　　　　　责任编辑 / 陈莉华
字　　数 / 414千字　　　　　　　　　　　　　　　　文案编辑 / 陈莉华
版　　次 / 2013年8月第1版　2022年1月第8次印刷　　责任校对 / 周瑞红
定　　价 / 46.00元　　　　　　　　　　　　　　　　责任印制 / 王美丽

图书出现印装质量问题，请拨打售后服务热线，本社负责调换

前　言

"电工电子技术"是高等院校机电类专业的基础课程,是电子信息和电气工程学生的必备知识,也是相关工程的应用基础和新兴边缘学科的发展基础。"电工电子技术"既是电气信息学科专业基础课程平台中的一门重要课程,也是学习后续专业课程及今后开展实际工作的技术基础。

近年来,随着电子技术的快速发展,出现了很多新的分析、设计方法和大量新的器件,这对电子技术方面的教学提出了新的要求。本书的编写思路是在保证理论完整的基础上,注重实用性和新颖性,重点讲述各种不同类型电路的基本分析方法和设计方法,侧重强调电工电子电路的逻辑功能和应用,删减了一些具体电路公式的推理和内部电路的分析。在编写过程中,作者力求做到由深入浅、思路清晰、重点突出,对基本理论、分析和设计方法等均进行总结并附上相应的例题,期望使学生易于理解和接受,以提高学习效率和质量。

本书是北京理工大学出版社约稿,由李艳红、郭松梅编写大纲和编写目录。李艳红负责总体安排,编写了第2章、第5章、第6章、第9章和电路图的编辑工作;郭松梅编写了第7章和第8章;刘璐玲编写了第11章和第12章;熊文编写了第3章;崔士杰编写了第4章;王军编写了第10章;方路线编写了第1章;尤洋编写了第13章;熊文和李平负责了习题的整理。在编写的过程中,余乐为本书的图形编辑做了许多工作,在此向他表示感谢。

在本书的编写过程中,得到了武汉工程大学邮电与信息工程学院领导的指导和支持,并由武汉工程大学电气学院赵振华教授对本书做了认真审阅,在此向他们表示衷心的感谢。

本书在编写过程中,参阅了以往其他版本的同类教材和相关的文献资料等,在此对其表示衷心的感谢。

由于编者的水平有限,书中有不妥或错误之处在所难免,敬请广大读者批评指正。

编　者

目　　录

第1章　电路的基本概念和基本定律 ··· 1
　1.1　电路和电路模型 ·· 1
　　1.1.1　电路的组成及功能 ·· 1
　　1.1.2　电路模型 ·· 1
　1.2　电路基本物理量 ·· 3
　　1.2.1　电流 ·· 3
　　1.2.2　电压、电位和电动势 ··· 3
　　1.2.3　电功和电功率 ·· 4
　1.3　电流、电压的参考方向 ··· 5
　1.4　基尔霍夫定律 ··· 6
　　1.4.1　几个常用的电路名词 ··· 6
　　1.4.2　节点电流定律(KCL) ··· 7
　　1.4.3　回路电压定律(KVL) ··· 7
　1.5　电压源和电流源 ·· 8
　　1.5.1　理想电压源 ··· 8
　　1.5.2　理想电流源 ··· 9
　　1.5.3　实际电源的两种电路模型 ··· 9
　1.6　电路的等效变换 ·· 10
　　1.6.1　电阻之间的等效变换 ··· 10
　　1.6.2　电源之间的等效变换 ··· 12
　习题1 ·· 14

第2章　电路的分析方法 ··· 17
　2.1　支路电流法 ·· 17
　2.2　节点电压法 ·· 19
　2.3　叠加原理 ··· 21
　2.4　戴维南定理 ·· 23
　习题2 ·· 26

第3章　正弦稳态电路分析 ··· 31
　3.1　正弦量的基本概念 ··· 31

3.1.1 正弦交流电的基本概念 ·· 31
3.1.2 正弦量的三要素 ·· 31
3.2 正弦量的相量表示法 ·· 34
3.2.1 复数及其四则运算 ··· 34
3.2.2 正弦量的相量表示法 ·· 35
3.3 KCL、KVL 的相量形式 ·· 36
3.3.1 KCL 的相量形式 ·· 36
3.3.2 KVL 的相量形式 ·· 36
3.4 电阻、电感、电容元件特征方程的相量形式及其功率 ·· 37
3.4.1 电阻元件 ·· 37
3.4.2 电感元件 ·· 38
3.4.3 电容元件 ·· 39
3.5 正弦交流电路的阻抗、导纳及等效转换 ·· 40
3.5.1 RLC 串联电路与复阻抗 ··· 40
3.5.2 复阻抗的等效变换 ··· 43
3.6 正弦稳态电路的谐振 ·· 44
3.6.1 串联谐振 ·· 44
3.6.2 并联谐振 ·· 46
3.7 正弦稳态电路的分析计算 ·· 47
习题 3 ··· 49

第 4 章 三相交流电路 ··· 52

4.1 三相电源 ·· 52
4.1.1 三相对称电压的产生 ·· 52
4.1.2 三相对称电源的连接 ·· 53
4.2 负载星形连接的三相电路 ·· 55
4.3 负载三角形连接的三相电路 ··· 56
4.4 安全用电 ·· 56
4.4.1 电流对人体的危害 ··· 57
4.4.2 常见的触电方式 ·· 57
4.4.3 保护接地和保护接零 ·· 59
习题 4 ··· 60

第 5 章 暂态分析 ·· 63

5.1 暂态分析的基本概念 ·· 63
5.2 换路定则 ·· 65
5.3 一阶线性电路的响应 ·· 67
5.3.1 RC 电路的零输入响应 ··· 68
5.3.2 RC 电路的零状态响应 ··· 70

5.3.3　RC 电路的全响应 ································· 72
　5.4　一阶线性电路暂态分析的三要素法 ························· 73
　5.5　微分电路与积分电路 ······································· 75
　　　5.5.1　微分电路 ·· 75
　　　5.5.2　积分电路 ·· 76
　习题 5 ·· 76

第 6 章　磁路与电器 ··· 79
　6.1　磁路 ·· 79
　　　6.1.1　磁场的基本物理量 ··································· 79
　　　6.1.2　铁磁物质的磁特性 ··································· 80
　　　6.1.3　磁路的基本定律 ····································· 82
　6.2　交流铁芯线圈电路 ··· 83
　　　6.2.1　铁芯线圈 ·· 83
　　　6.2.2　功率损耗 ·· 84
　6.3　变压器 ·· 85
　　　6.3.1　变压器的基本结构 ··································· 85
　　　6.3.2　变压器的工作原理 ··································· 85
　　　6.3.3　变压器的作用 ······································· 87
　　　6.3.4　变压器的主要技术指标 ······························ 88
　6.4　电动机 ·· 88
　　　6.4.1　三相异步电动机的结构 ······························ 89
　　　6.4.2　三相异步电动机的基本工作原理 ··················· 90
　　　6.4.3　三相异步电动机的转差率 ··························· 91
　　　6.4.4　三相异步电动机的型号和额定值 ··················· 93
　6.5　继电接触器控制系统 ······································· 93
　　　6.5.1　常用控制电器 ······································· 93
　　　6.5.2　继电接触控制线路 ··································· 98
　习题 6 ··· 102

第 7 章　半导体二极管及其应用 ······························· 104
　7.1　半导体的导电特性 ··· 104
　　　7.1.1　半导体基础知识 ····································· 104
　　　7.1.2　本征半导体 ··· 104
　　　7.1.3　杂质半导体 ··· 105
　7.2　PN 结及其单向导电性 ····································· 106
　7.3　半导体二极管 ·· 109
　　　7.3.1　二极管的结构 ······································· 109
　　　7.3.2　二极管的伏安特性 ··································· 110

7.3.3 二极管的主要参数 ·· 111
 7.4 二极管的电路模型及其应用 ·· 111
  7.4.1 二极管的电路模型 ·· 111
  7.4.2 二极管的应用电路 ·· 113
 7.5 特殊二极管 ·· 114
 习题 7 ··· 117

第 8 章　三极管与交流放大电路 ·· 120
 8.1 半导体三极管 ··· 120
  8.1.1 半导体三极管的结构与分类 ·· 120
  8.1.2 放大状态下三极管的工作原理 ··· 121
  8.1.3 三极管的特性曲线 ·· 123
  8.1.4 三极管的主要参数 ·· 124
  8.1.5 三极管的命名和手册查阅方法 ··· 125
 8.2 共射极放大电路 ·· 126
  8.2.1 放大电路的基本要求和技术指标 ·· 126
  8.2.2 共射放大电路的组成及工作原理 ·· 127
 8.3 放大电路的基本分析方法 ··· 129
  8.3.1 放大电路的分析思路 ··· 129
  8.3.2 放大电路的静态分析 ··· 130
  8.3.3 放大电路的动态分析 ··· 132
 8.4 共集电极放大电路和共基极放大电路 ··· 138
  8.4.1 共集电极放大电路 ·· 138
  8.4.2 共基极放大电路 ··· 140
  8.4.3 放大电路三种组态的比较 ··· 142
 8.5 多级放大电路 ··· 144
  8.5.1 多级放大器的动态计算 ·· 144
  8.5.2 共射 – 共基放大电路 ·· 145
  8.5.3 共集 – 共集放大电路 ·· 146
 8.6 差分放大电路 ··· 148
  8.6.1 差分式放大电路的一般结构 ·· 148
  8.6.2 典型差动放大电路 ·· 149
 习题 8 ··· 153

第 9 章　直流稳压电源 ··· 156
 9.1 直流稳压电源的组成 ··· 156
 9.2 整流电路 ··· 156
  9.2.1 单相半波整流电路 ·· 157
  9.2.2 单相全波整流电路 ·· 157

9.2.3 单相桥式整流电路 158
9.3 滤波电路 159
9.3.1 电容滤波电路 159
9.3.2 电感滤波电路 161
9.4 稳压电路 161
9.4.1 稳压管稳压电路 161
9.4.2 集成稳压电源 162
习题 9 164

第 10 章 集成运算放大器及其应用 166

10.1 集成运算放大器的概念 166
10.1.1 集成运放的电路组成及结构特点 166
10.1.2 集成运放的符号和外形 167
10.1.3 集成运放的主要参数 168
10.1.4 理想集成运放及特点 169
10.2 放大电路中的负反馈 170
10.2.1 反馈的基本概念 170
10.2.2 放大电路中的负反馈 174
10.2.3 负反馈对放大电路工作性能的影响 175
10.3 集成运算放大器在信号运算方面的应用 177
10.3.1 比例运算电路 177
10.3.2 加法运算电路 179
10.3.3 减法运算电路 179
10.3.4 积分和微分运算电路 180
10.4 集成运算放大器在信号处理电路中的应用 181
10.4.1 有源滤波器 181
10.4.2 电压比较器 184
10.5 集成运算放大器在波形产生方面的应用 185
10.5.1 产生正弦振荡的条件 185
10.5.2 RC 正弦振荡电路 186
10.5.3 方波产生电路 187
10.5.4 三角波产生电路 188
习题 10 190

第 11 章 组合逻辑电路及其应用 193

11.1 基本逻辑门电路及其组合 193
11.1.1 基本逻辑门电路 194
11.1.2 基本逻辑门电路的组合 195
11.2 逻辑代数 196

11.2.1 基本运算规则 ··· 196
11.2.2 基本定理 ··· 197
11.2.3 逻辑函数的表示方法 ······································ 197
11.2.4 逻辑函数的标准形式 ······································ 200
11.2.5 逻辑函数的化简 ··· 201
11.3 组合逻辑电路的分析和设计 ·· 205
11.3.1 组合逻辑电路的方框图及特点 ··························· 206
11.3.2 组合逻辑电路的分析 ······································ 206
11.3.3 组合逻辑电路的设计 ······································ 208
11.4 常用中规模标准组合模块电路 ····································· 210
11.4.1 加法器 ·· 210
11.4.2 数字比较器 ··· 213
11.4.3 编码器 ·· 213
11.4.4 译码器 ·· 216
11.4.5 数据选择器 ··· 220
11.4.6 数据分配器 ··· 221
11.5 用中规模集成电路实现组合逻辑电路 ···························· 222
习题 11 ··· 224

第 12 章 时序逻辑电路及其应用 228

12.1 双稳态触发器 ··· 228
12.1.1 *RS* 触发器 ··· 228
12.1.2 *JK* 触发器 ··· 231
12.1.3 *D* 触发器 ·· 233
12.2 寄存器 ·· 233
12.2.1 数码寄存器 ··· 234
12.2.2 移位寄存器 ··· 234
12.3 计数器 ·· 236
12.3.1 异步计数器 ··· 236
12.3.2 同步计数器 ··· 238
12.3.3 中规模集成计数器组件 ··································· 240
12.4 555 定时器及其应用 ··· 242
12.4.1 555 定时器 ··· 242
12.4.2 555 定时器组成单稳态触发器 ··························· 243
12.4.3 555 定时器组成多谐振荡器 ······························ 244
习题 12 ··· 245

第 13 章 数/模和模/数转换 249

13.1 数/模转换器的基本原理 ··· 249

13.1.1 倒T形电阻网络数/模转换器 ……………………………………………… 249
13.1.2 权电流型数/模转换器 …………………………………………………… 251
13.1.3 权电流型数/模转换器应用举例 ………………………………………… 251
13.1.4 数/模转换器的主要技术指标 …………………………………………… 252
13.2 模/数转换器 …………………………………………………………………… 253
13.2.1 模/数转换的一般步骤和取样定理 ……………………………………… 253
13.2.2 取样 – 保持电路 ………………………………………………………… 254
13.2.3 并行比较型模/数转换器 ………………………………………………… 255
13.2.4 逐次比较型模/数转换器 ………………………………………………… 256
13.2.5 模/数转换器的主要技术指标 …………………………………………… 257
13.3 集成模/数转换器及其应用 …………………………………………………… 258
习题 13 ……………………………………………………………………………… 260
部分习题参考答案 ……………………………………………………………………… 263
参考文献 ………………………………………………………………………………… 273

第1章

电路的基本概念和基本定律

本章的学习目的和要求：

了解并熟悉电路模型和理想电路元件的概念；理解电压、电流、电动势、电功率的概念；进一步熟悉欧姆定律及其应用；充分理解和掌握基尔霍夫定律的内容，并能运用基尔霍夫定律分析并解决电路中的实际问题；深刻理解和掌握参考方向在电路分析中的作用；理解和领会电路等效。

1.1 电路和电路模型

1.1.1 电路的组成及功能

电流通过的路径称为电路。

实际电路通常由各种电路实体部件（如电源、电阻器、电感线圈、电容器、变压器、仪表、二极管、三极管等）组成。每一种电路实体部件具有各自不同的功能。相关电路实体部件按一定方式进行组合，就构成了一个个电路。如果某个电路元器件数很多且电路结构较为复杂时，通常又把这些电路称为电网络。

电路的基本组成部分都离不开3个基本环节：电源、负载和中间环节。

（1）**电源**：向电路提供电能的装置。它可以将其他形式的能量，如化学能、热能、机械能、原子能等转换为电能。在电路中，电源是激励，是激发和产生电流的因素。

（2）**负载**：负载就是通常人们熟悉的各种用电器，是电路中接收电能的装置。在电路中，通过负载，把从电源接收到的电能转换为人们需要的能量形式，如电灯把电能转变成光能和热能，电动机把电能转换为机械能，充电的蓄电池把电能转换为化学能等。

（3）**中间环节**：电源和负载连通离不开传输导线，电路的通、断离不开控制开关，实际电路为了长期安全工作还需要一些保护设备（如熔断器、热继电器、空气开关等），它们在电路中起着传输和分配能量、控制和保护电气设备的作用。

工程应用中的实际电路，按照功能的不同可概括为以下两大类。

（1）**电力系统中的电路**：特点是大功率、大电流。其主要功能是对发电厂发出的电能进行传输、分配和转换。

（2）**电子技术中的电路**：特点是小功率、小电流。其主要功能是实现对电信号的传递、变换、储存和处理。

1.1.2 电路模型

人们设计和制作各种电路部件，是为了利用它们的主要电磁特性实现人们的需要。

在电路理论中,为了方便对实际电路的分析和计算,我们通常在工程实际允许的条件下对实际电路进行模型化处理。

为了方便问题的分析和计算,在电路基础中,我们通常忽略其次要因素,抓住足以反映其功能的主要电磁特性,抽象出实际电路器件的"电路模型"。这种模型化处理方法是电路分析中简化分析和计算的行之有效方法。

实际电路元件分为有源和无源两大类,如图 1-1-1 所示。

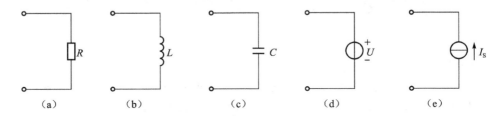

图 1-1-1　无源和有源的理想电路元件的电路元件模型
(a)电阻元件;(b)电感元件;(c)电容元件;(d)理想电压源;(e)理想电流源

图 1-1-1 中的(a)、(b)、(c)为无源二端元件,有电阻元件、电感元件和电容元件,由于用电器上的电磁特性无非就是归纳为这 3 种抽象,因此通常把它们称为电路的三大基本元件,简称为电路元件。电路元件是实际电路器件的理想抽象,其电磁特性单一而确切。

图 1-1-1 中的(d)、(e)为有源二端元件,其中的"源"是指它们能向电路提供电能。如果电源的主要供电方式是向电路提供一定的电压,就是电压源,若主要供电方式是向电路提供一定的电流,就称为电流源。

对实际元器件的模型化处理,使得不同的实体电路部件,只要具有相同的电磁性能,在一定条件下就可以用同一个电路模型来表示,显然降低了实际电路的绘图难度。显然,实际电路元器件的理想化处理,给分析和计算电路也带来了极大的方便。

例如,图 1-1-2 所示是一个最简单的手电筒电路及它的电路模型。

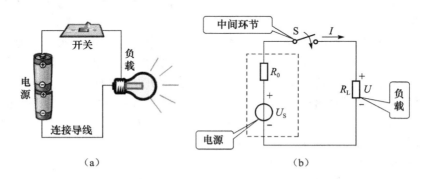

图 1-1-2　手电筒实体电路及其模型
(a)实体电路;(b)电路模型

由图 1-1-2 可看出,与实体电路相对应、由理想元件构成的电路图,称为实体电路的**电路模型**。

电路模型具有两大特点:一是它里面的任何一个元件都是只具有单一电特性的理想电路元件,因此反映出的电现象都可以用数学方式来精确地分析和计算;二是对各种电路模型的深入研究,实质上就是探讨各种实际电路共同遵循的基本规律。

1.2 电路基本物理量

1.2.1 电流

电荷有规则的定向移动形成电流。在稳恒直流电路中,电流的大小和方向不随时间变化;在正弦交流电路中,电流的大小和电荷移动的方向按正弦规律变化。

在金属导体内部,自由电子可以在原子间做无规则的运动;在电解液中,正负离子可以在溶液中自由运动。如果在金属导体或电解液两端加上电压,在金属导体内部或电解液中就会形成电场,自由电子或正负离子就会在电场力的作用下,做定向移动从而形成电流。

电流的大小是用单位时间内通过导体横截面的电量进行衡量的,称为电流强度,即:

$$i = \frac{dq}{dt} \quad (1-2-1)$$

稳恒直流电路中,电流的大小及方向都不随时间变化时,其电流强度可表示为:

$$I = \frac{Q}{t} \quad (1-2-2)$$

注意:在电路理论中,一般把变量用小写的英文字母来表示,而把恒量用大写的英文字母来表示。如式(1-2-1)中的电流和电量都是用的小写英文字母,而式(1-2-2)中它们则用大写。

物理学中,通常把电荷的定向移动称为电流,即电流表明一种物理现象。在电学中,电路中的电流强度简称电流,电流是电路中的主要电量,用电器上通过电流就是它们吸收电能,并把电能转换成其他形式的能量为人们利用的实例。

物理学习惯上规定正电荷移动的方向作为电流的正方向,这一习惯规定同样适用于电路。电路中,电流的大小用来定量地反映电流的强弱,电流的方向则是用方程式中电流前面的"+"、"-"号来表示(后面详细讲述)的。

在式(1-2-1)和(1-2-2)中,当电量 $q(Q)$ 的单位采用国际制单位库仑(C)、时间 t 的单位用国际制单位秒(s)时,电流 $i(I)$ 的单位就应采用国际制安培(A)。

电流还有较小的单位,即毫安(mA)、微安(μA)和纳安(nA)等,它们之间的换算关系为:

$$1\ A = 10^3\ mA = 10^6\ \mu A = 10^9\ nA$$

1.2.2 电压、电位和电动势

1. 电压

根据物理学可知,**电压就是将单位正电荷从电路中一点移至电路中另一点时电场力所做的功**,用数学式可表达为:

$$U_{ab} = \frac{W_a - W_b}{q} \quad (1-2-3)$$

式中 U_{ab} ——电压。

当电功的单位用焦耳(J),电量的单位用库仑(C)时,电压的单位就是伏特(V)。电压的单位还有千伏(kV)和毫伏(mV),各种单位之间的换算关系为:

$$1 \text{ V} = 10^{-3} \text{ kV} = 10^{3} \text{ mV}$$

由欧姆定律可知,如果把一个电压加在电阻两端,电阻中就会有电流通过。电压在电路分析中也存在方向问题。**一般规定:电压的正方向是由高电位"＋"指向低电位"－",因此通常把电压称为电压降。**

2. 电位

电路中各点位置上所具有的势能称为电位。电路理论中规定:电位参考点的电位取零值,其他各点的电位值均要和参考点相比,高于参考点的电位是正电位,低于参考点的电位是负电位。

理论上,参考点的选取是任意的。但实际应用中,由于大地的电位比较稳定,所以经常以大地作为电路参考点。有些设备和仪器的底盘、机壳往往需要与接地极相连,这时常选取与接地极相连的底盘或机壳作为电路参考点。电子技术中的大多数设备,很多元件常常汇集到一个公共点,为方便分析和研究,我们也常常把电子设备中的公共连接点作为电路的参考点。

电位的高低正负都是相对于参考点而言的。只要电路参考点确定之后,电路中各点的电位数值就是唯一确定的了。实际上,电路中某点的电位,在数值上等于该点到参考点之间的电压。因此,在电子技术中检测电路时,常常选取某一公共点作为参考点,用电压表的负极表棒与该点相接触,而正极表棒只需连接其他各点来测量它们的电位是否正常,即可查找出故障点。

引入电位的概念后,给分析电路中的某些问题带来了不少方便。例如,一个电子电路中有5个不同的点,任意两点间均有一定的电压,直接用电压来讨论要涉及10个不同的电压,而改用电位讨论时,只需把其中的一个点作为电路参考点,其余只讨论4个点的电位就可以了。

电位的定义式与电压定义式的形式相同,因此它们的单位相同,也是伏特(V)。所不同的是,电位特指电场力把单位正电荷从电场中的一点移到参考点所做的功。为了区别于电压,我们在电学中把电位用单注脚的"V"表示,电压和电位的关系为:

$$U_{ab} = V_a - V_b \qquad (1-2-4)$$

即电路中任意两点间电压,在数值上等于这两点电位之差。由式(1-2-4)也可以看出,电压是绝对的量,电路中任意两点间的电压大小,仅取决于这两点电位的差值,与参考点无关。

3. 电动势

电动势和电位一样属于一种势能,它反映了电源内部能够将非电能转换为电能的本领。从电的角度上看,**电动势代表了电源力将电源内部的正电荷从电源负极移到电源正极所做的功,是电能累积的过程。**电动势定义式的形式与电压、电位类同,因此它们的单位相同,都是伏特(V)。

电路中的持续电流需要靠电源的电动势来维持,这就好比水路中需要用水泵来维持连续的水流一样。水泵之所以能维持连续的水流,是由于水泵具有将低水位的水抽向高水位的本领,从而保持水路中两处的水位差,高处的水就能连续不断地流向低处。电源之所以能够持续不断地向电路提供电流,也是由于电源内部存在电动势的缘故。电动势用符号"E"表示。在电路分析中,电动势的方向规定由电源负极指向电源正极,即电位升高的方向。

1.2.3 电功和电功率

1. 电功

电流能使电动机转动、电炉发热、电灯发光,说明电流具有做功的本领。**电流做的功称为**

电功。电流做功的同时伴随着能量的转换,其做功的大小显然可以用能量进行度量,即:

$$W = UIt \tag{1-2-5}$$

式中,电压的单位用伏特(V),电流的单位用安培(A),时间的单位用秒(s)时,电功(或电能)的单位是焦耳(J)。工程实际中,还常常用千瓦时(kW·h)来表示电功(或电能)的单位,1 kW·h 又称为一度电。一度电的概念可用这样的例子解释:100 W 的灯泡使用 10 h 耗费的电能是 1 度;40 W 的灯泡使用 25 h 耗费电能也是 1 度;1 000 W 的电炉加热 1 h,耗费电能还是 1 度,即 1 度 = 1 kW × 1 h。

2. 电功率

单位时间内电流做的功称为电功率。电功率用 P 表示,即:

$$P = \frac{W}{t} = \frac{UIt}{t} = UI \tag{1-2-6}$$

式中,电功的单位用焦耳(J),时间的单位用秒(s),电压的单位为伏特(V),电流的单位为安培(A)时,电功率的单位是瓦特(W)。

用电器铭牌上的电功率是它的额定功率,是对用电设备能量转换本领的量度,例如"220 V,100 W"的白炽灯,说明它两端加 220 V 电压时,可在 1 s 内将 100 J 的电能转换成光能和热能。

用电器上加的实际电压小于额定电压时,由于用电器的参数不变,则通过的电流也一定小于额定电流,因此实际功率是电压、电流的乘积,必定小于额定功率;当用电器上加的实际电压大于额定电压时,由于用电器的参数不变,则通过的电流也一定大于额定电流,因此实际功率也必定大于额定功率。

电路分析中,电功率也是一个有正、负之分的量。当一个电路元件上消耗的电功率为正值时,说明这个元件在电路中吸收电能,是负载;若电路元件上消耗的电功率为负值时,说明它在向电路提供电能,起电源的作用,是电源。

1.3 电流、电压的参考方向

电路分析的任务是已知电路中的元件参数和"激励"(电源),去寻求电路中的"响应"(电压和电流),从而得到不同电路激励所对应的不同"响应"的规律。"寻求规律"是要有依据的,这个依据就是对电路列写方程式或方程组。在电路图上标出电压、电流的参考方向,就是为电路方程式中的各电量提供正、负依据,在这些参考方向下可列写出相应的电路方程,进而求得"响应"(待求电压、电流)的结果。

在分析和计算电路的过程中,参考方向是人为假定的分析依据。但参考方向一经确定,整个分析过程中就不能再随意更改。为了避免麻烦,我们在假设元件是负载时,一般把元件两端电压的参考方向与通过元件中的电流的参考方向选成一致(说明负载通过电流时要进行能量转换,其结果使电流流出端电位降低),如图 1-3-1(a)所示。这种参考方向称为**关联方向**。当我们假设元件是电源时,参考方向一般选择**非关联方向**,如图 1-3-1(b)所示。

在运用参考方向时有以下两个问题要注意。

(1) 参考方向是列写方程式的需要,是待求值的假定方向而不是待求值的真实方向,所以不必去追求它的物理实质是否合理。

(2) 当分析、计算电路的过程中,出现"正、负"、"加、减"及"相同、相反"这几个概念时,切不可把它们混为一谈。

分析和计算电路的最后结果：当某一所求电压或电流得正值，说明它在电路图上的参考方向与实际方向相同；若某一所求电压或电流得负值，则说明它在电路图上所标定的参考方向与该电量的实际方向相反。

图 1-3-1　电压、电流参考方向
(a) 关联参考方向；(b) 非关联参考方向

1.4　基尔霍夫定律

对任意一段电路，电流与该段电路两端的电压成正比，与该段电路中的电阻成反比。这一结论是在1827年由德国科学家欧姆提出的，因此称为欧姆定律。当电压与电流为关联参考方向时，欧姆定律可表示为：

$$I = \frac{U}{R} \tag{1-4-1}$$

式(1-4-1)仅适用于线性电路，它体现了线性电路元件上的电压、电流约束关系，表明了"元件特性只取决于元件本身，与其接入电路的方式无关"这一规律。

电路的基本定律除了欧姆定律，还有本节要讲的节点电流定律(KCL)和回路电压定律(KVL)，KCL和KVL都是德国科学家基尔霍夫提出的，因此也把KCL称为基尔霍夫第一定律，把KVL称为基尔霍夫第二定律。1847年，基尔霍夫将物理学中"流体流动的连续性"和"能量守恒定律"用于电路之中，创建了节点电流定律(KCL)，之后根据"电位的单值性原理"又创建了回路电压定律(KVL)。欧姆定律体现了电路元件上的电压、电流的约束关系，与电路的连接方式无关；而基尔霍夫定律则是反映了电路整体的规律，具有普遍性，不但适合于任何元件组成的电路，而且适合于任何变化的电压与电流。**基氏两定律和欧姆定律被人们称为电路的三大基本定律。**

1.4.1　几个常用的电路名词

1. 支路

所谓**支路**，就是指一个或几个元件相串联后，连接于电路的两个节点之间，使通过其中的电流值相同，如图1-4-1中的 ab、adb、acb 这3条支路。对一个整体电路而言，支路就是指其中不具有任何分岔的局部电路。

2. 节点

电路中3条或3条以上支路的汇集点称为节点。如图1-4-1中的 a 点和 b 点。

3. 回路

电路中任意一条或多条支路组成的闭合路径称为回路。如图1-4-1中的 $abca$、$adba$、$adbca$ 都是回路。

4. 网孔

电路中不包含其他支路的单一闭合回路称为网孔，如图1-4-1中的 $abca$ 和 $adba$ 两个网孔。网孔中不包含回路,但回路中可能包含有网孔。

1.4.2 节点电流定律(KCL)

KCL 指出:对电路中任一节点而言,在任一时刻,流入节点的电流的代数和恒等于零。其数学表达式为:

$$\sum I = 0 \qquad (1-4-2)$$

列写 KCL 电流方程式时要注意,必须先标出汇集到节点上的各支路电流的参考方向,一般对已知电流,可按实际方向标定,对未知电流,其参考方向可任意选定。只有在参考方向选定之后,才能确立各支路电流在 KCL 方程式中的正、负号。对式(1-4-2),本教材中约定:指向节点的电流取正,背离节点的电流取负。若约定背离节点的电流为正,指向节点的电流为负时,KCL 仍不失其正确性,会取得相同的结果。

【例 1-4-1】 图 1-4-2 所示电路中,已知 $I_1 = -2$ A,$I_2 = 6$ A,$I_3 = 3$ A,$I_5 = -3$ A,参考方向如图标示。求元件 4 和元件 6 中的电流。

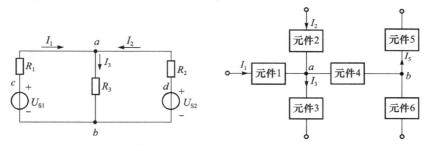

图 1-4-1 常用名词举例电路   图 1-4-2 例 1-4-1 图

解:首先应在图 1-4-2 中标示出待求电流的参考方向。设元件 4 上的电流方向为从 a 点到 b 点;流过元件 6 上的电流指向 b 点。

对 a 点列 KCL 方程式,并代入已知电流值,则:

$$I_1 + I_2 - I_3 - I_4 = 0$$
$$(-2) + 6 - 3 - I_4 = 0$$

求得:

$$I_4 = (-2) + 6 - 3 = 1(\text{A})$$

对 b 点列 KCL 方程式,并代入已知电流值,则:

$$I_4 - I_5 + I_6 = 0$$
$$1 - (-3) + I_6 = 0$$

求得:

$$I_6 = (-1) - 3 = -4(\text{A})$$

式中 I_6 得负值,说明设定的参考方向与该电流的实际方向相反。

1.4.3 回路电压定律(KVL)

KVL 是描述电路中任一回路上各段电压之间相互约束关系的电路定律。KVL 指出:**在集总参数电路中,任一时刻,沿任意回路绕行一周(顺时针方向或逆时针方向),回路中各段电压的代数和恒等于零。即:**

$$\sum U = 0 \tag{1-4-3}$$

如果约定沿回路绕行方向,电压降低的参考方向与绕行方向一致时取正号,电压升高的参考方向与绕行方向一致时取负号。

对图 1-4-3 所示电路,根据 KVL 可对电路中 3 个回路分别列出 KVL 方程式如下:

对左回路:
$$I_1 R_1 + I_3 R_3 - U_{S1} = 0$$

对右回路:
$$-I_2 R_2 - I_3 R_3 + U_{S2} = 0$$

对大回路:
$$I_1 R_1 - I_2 R_2 + U_{S2} - U_{S1} = 0$$

KVL 不仅应用于电路中的任意闭合回路,同时也可推广应用于回路的部分电路。

注意:应用 KVL 时,列写方程式之前,必须在电路图上标出各元件端电压的参考极性,然后根据约定的正、负列写相应的方程式。当约定不同时,KCL 和 KVL 仍不失其正确性,会得到同样的结果。

【**例 1-4-2**】 在图 1-4-4 电路中,利用 KVL 求解图示电路中的电压 U。

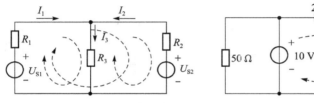

图 1-4-3 KVL 电路　　　图 1-4-4 例 1-4-2 的电路

解:显然,要想求出电压 U,需先求出支路电流 I_3,I_3 电流与待求电压 U 的参考方向如图所示。

对右回路假设一个如虚线所示的回路参考绕行方向,然后对该回路列写 KVL 方程:
$$(22 + 88)I_3 = 10$$

求得:
$$I_3 = 10/(22 + 88) \approx 0.0909 (\text{A})$$

因此:
$$U = 0.0909 \times 88 \approx 8 (\text{V})$$

学习和掌握了分析电路的三大基本定律后,我们初步了解到电路的约束大致可分为两类:一类是元件特性对元件本身电压、电流的约束,例如欧姆定律给出的线性电阻上的约束,这种约束关系不涉及元件之间的关系;另一类就是元件之间连接时给支路上电流与电压造成的约束,譬如 KCL、KVL 给出的这两种约束,它们不涉及元件本身的性质。

1.5　电压源和电流源

1.5.1　理想电压源

实际电路设备中所用的电源,多数是需要输出较为稳定的电压,即设备对电源电压的要求是:当负载电流改变时,电源所输出的电压值尽量保持或接近不变。但实际电源总是存在内阻的,因此当负载增大时,电源的端电压总会有所下降。为了使设备能够稳定运行,工程应用中,我们希望电源的内阻越小越好,当电源内阻等于零时,就成为理想电压源。

理想电压源具有以下两个显著特点。

(1) 它对外供出的电压 U_S 是恒定值(或是一定的时间函数),与流过它的电流无关,即与接入电路的方式无关。

(2) 流过理想电压源的电流由它本身与外电路共同来决定,即与它相连接的外电路有关。

理想电压源的外特性如图 1-5-1 所示。

1.5.2 理想电流源

实际电路设备中所用的电源,并不是在所有情况下都要求电源的内阻越小越好。在某些特殊场合下,有时要求电源具有很大的内阻,因为高内阻的电源能够有一个比较稳定的电流输出。

例如,一个 60 V 的蓄电池串联一个 60 kΩ 的大电阻,就构成了一个最简单的高内阻电源。这个电源如果向一个低阻负载供电,基本上就可具有恒定的电流输出。譬如低阻负载在 1~10 Ω 变化时,这个高内阻电源供出的电流为:

$$I = \frac{60}{60\,000 + R} \approx 1(\text{mA})$$

电流基本维持在 1 mA 不变。这是因为只有几欧姆或十几欧姆的负载电阻,与几十千欧的电源内阻相加时是可以忽略不计的。很显然,在这种情况下,电源的内阻越高,此电源输出的电流就越稳定。当电源内阻为无限大时,供出的电流就是恒定值,这时我们称它为理想电流源。

理想电流源也具有以下两个显著特点。

(1) 它对外供出的电流 I_S 是恒定值(或是一定的时间函数),与它两端的电压无关,即与接入电路的方式无关。

(2) 加在理想电流源两端的电压由它本身与外电路共同来决定,即与它相连接的外电路有关。

理想电流源的外特性如图 1-5-2 所示。

图 1-5-1 理想电压源的外特性

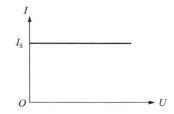
图 1-5-2 理想电流源的外特性

1.5.3 实际电源的两种电路模型

实际电源既不同于理想电压源,又不同于理想电流源。即上面所讲的理想电压源和理想电流源在实际当中是不存在的。实际电源的性能只是在一定的范围内与理想电源相接近。

实际电源总是存在内阻的。当实际电源的电压值变化不大时,一般用一个理想电压源与一个电阻元件的串联组合作为其电路模型,如图 1-5-3(a)所示;当实际电源供出的电流值变化不大时,常用一个理想电流源与一个电阻元件的并联组合作为它的电路模型,如图 1-5-3(b)所示。

当我们把电源内阻视为恒定不变时,电源内部和外电路的消耗就主要取决于外电路负载的大小。即电源内部的消耗和外电路的消耗是按比例分配的。在电压源形式的电路模型中,这种分配比例是以分压形式给出的;在电流源形式的电路模型中,则是以分流形式给出的比例分配。

因为实际电源内阻上的功率消耗一般很小,所以实际电源的两种电路模型所对应的外特性曲线与理想电源的外特性非常接近,如图 1-5-4 所示。

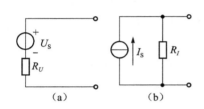

图 1-5-3 实际电源的两种电路模型
(a) 电压源模型;(b) 电流源模型

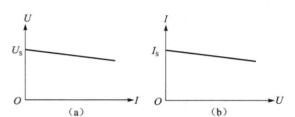

图 1-5-4 实际电源两种电路模型的外特性
(a) 电压源模型外特性;(b) 电流源模型外特性

1.6 电路的等效变换

"等效"就是指作用效果相同。一台拖拉机带一辆拖车,使其速度为 10 m/s;五匹马拉相同的一辆拖车,速度也是 10 m/s,我们就说,拖拉机和五匹马对这辆拖车的作用是"等效"的,但拖拉机决不意味就是五匹马。即"等效"仅仅指对等效部分之外的事物作用效果相同,对其内部特性是不同的。

1.6.1 电阻之间的等效变换

电阻的串联和并联公式在高中物理学课程中已讲过,这里不再重复。但在电路分析中,我们还会经常运用这些公式,其目的当然是为了化简电路。用一个较为简单的电路替代原来看似很复杂的电路,显然会给电路的分析和计算带来很大的方便。

例如图 1-6-1 所示电路,元件数较多,看起来比较复杂,直接求解电流 I 和电压 U 似乎不那么容易。如果我们把虚线框内的 5 个电阻从 A、B 两点断开,求虚线框内的等效电阻 R_{AB},即:

$$R_{AB} = [(R_1 /\!/ R_2) + R_5] /\!/ R_3 /\!/ R_4$$

于是,5 个电阻就由 R_{AB} 来替代了,替代以后,并不改变待求量 I 和 U,所以我们说 R_{AB} 是虚线框内电路部分的"等效"电阻。电路作了这样的等效变换后,流过 A 点的电流和 A、B 两点间的电压可以很方便地求出。即:

$$I = U_S/(R + R_{AB})$$
$$U_{AB} = IR_{AB}$$

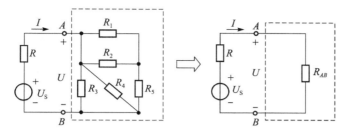

图 1-6-1 电阻之间的等效变换

虚线框内电路部分等效前后,对虚框外部电路来说作用效果相同。但若要对**虚线框内部**某一电阻上的电流进行求解时,就必须返回到原来的电路进行,即电路变换前后**虚线框内部**电路并不"等效"。

2. Y形网络与△形网络之间的等效

3 个电阻的一端汇集于一个电路节点,另一端分别连接于 3 个不同的电路端钮上,这样构成的部分电路称为电阻的Y形网络,如图 1-6-2(a)所示。如果 3 个电阻连接成一个闭环,由 3 个连接点分别引出 3 个接线端钮,所构成的电路部分就称为电阻的△形网络,如图 1-6-2(b)所示。

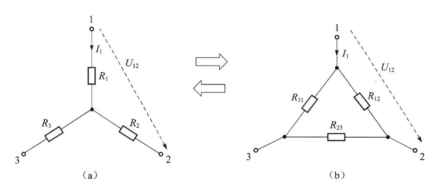

图 1-6-2 Y形网络和△形网络的等效
(a) Y形网络;(b) △形网络

电阻的Y形网络和△形网络都是通过 3 个端钮与外部电路相连接(图中未画电路的其他部分),如果在它们的对应端钮之间具有相同的电压 U_{12}、U_{23} 和 U_{31},而流入对应端钮的电流也分别相等时,我们就说这两种方式的电阻网络相互之间"等效",即它们可以"等效"互换。

满足上述"等效"互换的条件,即可推导出两种电阻网络中各电阻参数之间的关系(推导的详细过程不再赘述,读者可自行推导)。当一个Y形电阻网络变换为△形电阻网络时:

$$\left. \begin{aligned} R_{12} &= \frac{R_1 R_2 + R_2 R_3 + R_3 R_1}{R_3} \\ R_{23} &= \frac{R_1 R_2 + R_2 R_3 + R_3 R_1}{R_1} \\ R_{31} &= \frac{R_1 R_2 + R_2 R_3 + R_3 R_1}{R_2} \end{aligned} \right\} \quad (1-6-1)$$

当一个△形电阻网络变换为丫形电阻网络时:

$$R_1 = \frac{R_{12}R_{31}}{R_{12}+R_{23}+R_{31}} \\ R_2 = \frac{R_{23}R_{12}}{R_{12}+R_{23}+R_{31}} \\ R_3 = \frac{R_{31}R_{23}}{R_{12}+R_{23}+R_{31}}\Bigg\} \quad (1-6-2)$$

若丫形电阻网络中 3 个电阻值相等,则等效△形电阻网络中 3 个电阻也相等,即:

$$R_{\curlyvee} = \frac{1}{3}R_{\triangle}, \quad 或\ R_{\triangle} = 3R_{\curlyvee} \quad (1-6-3)$$

【例 1-6-1】 试求图 1-6-3 所示电路的入端电阻 R_{AB}。

解:图 1-6-3(a)所示电路由 5 个电阻元件构成,其中任何两个电阻元件之间都没有串、并联关系,因此这是一个复杂电路。

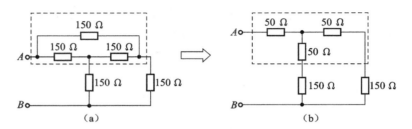

图 1-6-3 例 1-6-1 的图

对这样一个复杂电路的入端电阻进行求解的基本方法就是:假定 A、B 两端钮之间有一个理想电压源 U_S,然后运用 KCL 和 KVL 定律对电路列出足够的方程式并从中解出输入端电流 I,于是就可解出入端电阻 $R_{AB} = U_S/I$。这种方法显然比较烦琐。

如果我们把图 1-6-3(a)中虚线框中的△形电阻网络变换为图 1-6-3(b)虚线框中的丫形电阻网络,复杂的电阻网络就变成了简单的串、并联关系,利用电阻的串、并联公式即可方便地求出 R_{AB}:

$$\begin{aligned} R_{AB} &= 50 + [(50+150)//(50+150)] \\ &= 50 + 100 \\ &= 150(\Omega) \end{aligned}$$

丫形电阻网络与△形电阻网络之间的等效变换,除了计算电路的入端电阻以外,还能较方便地解决实际电路中的一些其他问题。

1.6.2 电源之间的等效变换

前面介绍的理想电压源和理想电流源都是无穷大功率源,实际上并不存在。实际的电源总是存在内阻的。因此,当负载改变时,负载两端的电压及流过负载的电流都会发生改变。

上一节讲到:一个实际的电源既可以用与内阻相串联的电压源作为它的电路模型,也可以用一个与内阻相并联的电流源作为它的电路模型。因此,这两种实际电源的电路模型,在一定条件下也是可以等效互换的。

例如图1-6-4(a)所示电路,如果我们的求解对象是 R 支路中的电流 I 时,观察电路可发现,该电路中的3个电阻之间无串、并联关系,因此是一个复杂电路。对复杂电路的求解显然要应用 KCL 和 KVL 定律对电路列写方程式,然后对方程式联立求解才能得出待求量。

但是,当我们把电路中连接在 A、B 两点之间的两个电压源模型变换成电流源模型时,如图1-6-4(b)所示;再根据 KCL 及电阻的并联公式将两个电流源合并为一个,如图1-6-4(c)所示,原复杂电路就变成了一个简单电路,利用分流关系即可求出电流 I。或者还可以继续将1-6-4(c)图中的电流源模型再等效变换为一个电压源模型,如图1-6-4(d)所示,利用欧姆定律也可求出待求支路电流 I。

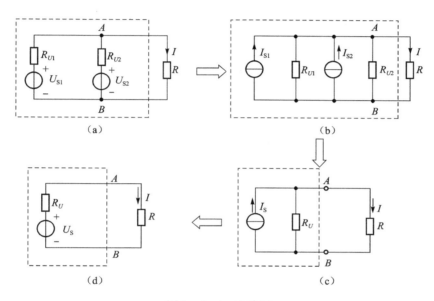

图1-6-4 电路图

提出问题:将一个与内阻相并的电流源模型等效为一个与内阻相串的电压源模型,或是将一个与内阻相串的电压源模型等效为一个与内阻相并的电流源模型,等效互换的条件是什么?

图1-6-5所示为实际电源与负载所构成的电路。对图(a)电路列 KCL 方程式,设回路绕行方向为顺时针,则:

$$U_S = U + IR_U \qquad ①$$

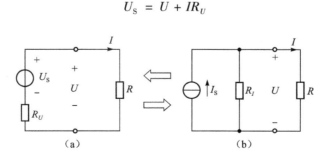

图1-6-5 两种电源模型之间的等效互换
(a) 电压源模型;(b) 电流源模型

对图(b)电路应用 KCL 定律列方程:

$$I_S = U/R_I + I \qquad ②$$

将②式等号两端同乘以 R_I,得到:

$$R_I I_S = U + I R_I \qquad ③$$

比较①式和③式,两式都反映了负载端电压 U 与通过负载的电流 I 之间的关系,假设两个电源模型对负载等效,则①式和③式中的各项应完全相同。于是我们可得到两种电源模型等效互换的条件是:

$$\left. \begin{array}{l} U_S = I_S R_I \\ R_U = R_I \end{array} \right\} \quad \text{或者} \quad \left. \begin{array}{l} I_S = U/R_U \\ R_I = R_U \end{array} \right\} \qquad (1-6-4)$$

注意:在进行上述等效变换时,一定要让电压源由"−"到"+"的方向与电流源电流的方向保持一致,这一点恰恰说明了电源上的电压、电流符合非关联参考方向。

【例 1−6−2】 用电源模型等效变换的方法求图 1−6−6 所示电路的电流 i_1 和 i_2。

解:将电路图 1−6−6(a)变换为图 1−6−6(b)、(c),由此可得:

$$i_2 = \frac{5}{10+5} \times 3 = 1(\text{A})$$

$$i_1 = i_2 - 2 = 1 - 2 = -1(\text{A})$$

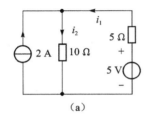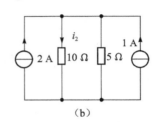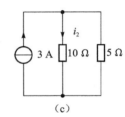

图 1−6−6 例 1−6−2 的图

习 题 1

一、选择题

1. 用一个( )和电阻并联表示的电源称为电流源。
   A. 电压源　　　　　B. 恒压源　　　　　C. 受控源　　　　　D. 恒流源

2. 某电阻元件的额定数据为"1 kΩ,2.5 W",正常使用时允许流过的最大电流为( )。
   A. 50 mA　　　　　B. 2.5 mA　　　　　C. 250 mA　　　　　D. 500 mA

3. 已知电路中 A 点的对地电位是 65 V,B 点的对地电位是 35 V,则 $U_{BA}=$( )。
   A. 100 V;　　　　　B. −100 V　　　　　C. −30 V;　　　　　D. 30 V

4. 一个由线性电阻构成的电器,从 220 V 的电源吸取 1 000 W 的功率,若将此电器接到 110 V 的电源上,则吸取的功率为( )。
   A. 250 W　　　　　B. 500 W　　　　　C. 1 000 W　　　　　D. 2 000 W

5. 如图 1−1 所示,已知 $U=220$ V,$I=-1$ A,则元件消耗的功率 P 为( )。
   A. 220 W　　　　　B. 0 W　　　　　C. −220 W　　　　　D. 不能确定

6. 直流电路如图 1−2 所示,电流 I 应等于( )。
   A. 7 A　　　　　B. 4 A　　　　　C. 3 A　　　　　D. 1 A

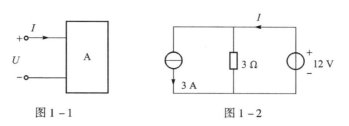

图 1-1   图 1-2

7. 设 60 W 和 100 W 的电灯在 220 V 电压下工作时的电阻分别为 R_1 和 R_2，则 R_1 和 R_2 的关系为(   )。

A. $R_1 > R_2$ B. $R_1 = R_2$ C. $R_1 < R_2$ D. 不能确定

8. 电路如图 1-3 所示，开关 S 从断开状态合上以后，电路中物理量的变化情况是(   )。

A. I 增加   B. U 下降   C. I_1 减少   D. I 不变

9. 电路如图 1-4 所示，根据工程近似的观点，a、b 两点间的电阻值约等于(   )。

A. 0.5 kΩ   B. 1 kΩ   C. 2 kΩ   D. 100 kΩ

10. 如图 1-5 所示，电路中电压 U 为(   )。

A. -50 V   B. -10 V   C. 10 V   D. 50 V

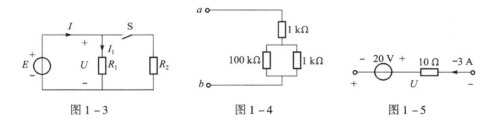

图 1-3   图 1-4   图 1-5

二、填空题

1. 电路的组成包括_____、_____和_____。

2. 电路的工作状态分为_____、_____和_____。

3. 常见的无源电路元件有_____、_____和_____；常见的有源电路元件是_____和_____。

4. 电流沿电压降低的方向取向称为_____方向，这种方向下计算的功率为正值时，说明元件_____电能；电流沿电压升高的方向取向称为_____方向，这种方向下计算的功率为正值时，说明元件_____电能。

5. 理想电压源与理想电流源之间_____进行等效互换。

6. 基尔霍夫电流定律指出：在任一瞬时，流入某一节点的电流之和恒等于_____该节点的电流之和。

7. 一只电阻的额定功率为 5 W，电阻为 500 Ω，其额定电流为_____A。

8. 直流电路如图 1-6 所示，R_1 所消耗的功率为 2 W，则 R_2 的阻值应为_____Ω。

9. 电路如图 1-7 所示，已知 $U_{ab} = -10$ V，$I = 2$ A，$R = 4$ Ω，则 $E =$ _____V。

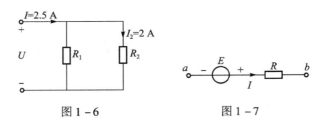

图 1-6　　　　　　图 1-7

10. 过理想电压源的电流的实际方向与其两端电压的实际方向一致时,该理想电压源_____电功率。

三、计算题

1. 求如图 1-8 所示电路中 A、B、C 点的电位。

2. 已知电路如图 1-9 所示,试计算 a、b 两端的电阻。

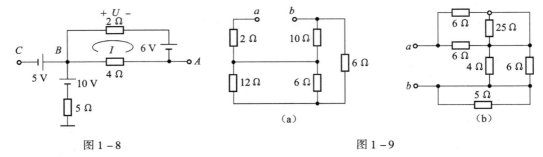

图 1-8　　　　　　图 1-9

3. 根据基尔霍夫定律,求如图 1-10 所示电路中的电流 I_1 和 I_2。

4. 有一盏"220 V,60 W"的电灯接入电路。(1)试求电灯的电阻;(2)当接到 220 V 电压下工作时的电流;(3)如果每晚用 3 h,问一个月(按 30 天计算)用多少电?

5. 根据基尔霍夫定律求图 1-11 所示电路中的电压 U_1、U_2 和 U_3。

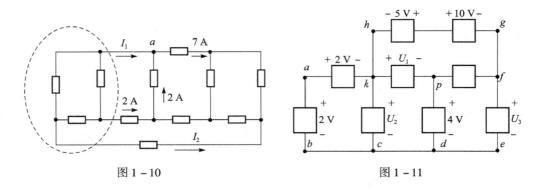

图 1-10　　　　　　图 1-11

第 2 章

电路的分析方法

本章的学习目的和要求：

熟练掌握支路电流法，因为它是直接应用基尔霍夫定律求解电路的最基本方法之一；理解回路电流及节点电压的概念，掌握回路电流法和节点电压法的内容及其正确运用；深刻理解线性电路的叠加性，了解叠加定理的适用范围；理解有源二端网络和无源二端网络的概念及其求解步骤，初步学会应用戴维南定理分析电路的方法。

电路分析，就是在已知电路各元件的参数、激励和电路结构的条件下，分析和计算电路中的响应。

电路的结构形式是多种多样的，最简单的、只有一个回路的电路称为单回路电路。有的电路虽有多个回路，但易于用串联、并联的方法化简成单回路进行分析和计算，这种电路称为简单回路。

但是，有时多回路电路不能用串联、并联的方法化简成单回路电路，或者虽能化简，但化简过程相当烦琐，这种电路称为复杂电路。对于复杂电路，应根据电路的结构特点寻求分析和计算的最简方法。本节介绍的几种分析计算电路的基本方法，主要是用来求解复杂电路的。

本节将以电阻电路为例，分别介绍支路电流法、节点电压法、叠加原理、戴维南定理等几种常用的电路分析方法。**这些分析方法是以欧姆定律和基尔霍夫定律为基础的。** 掌握这些基本方法很重要，但更重要的是能够根据电路的结构特点和问题的性质选择最简便的分析方法。

2.1 支路电流法

以支路电流为未知量，根据基尔霍夫两定律列出必要的电路方程，进而求解客观存在的各支路电流的方法，称为支路电流法。

一般而言，对于有 n 个节点、m 条支路的电路，所能列出的独立的结点方程为 $n-1$ 个，所列写的独立电压方程为 $m-n+1$ 个。要求解支路电流，未知量共有 m 个。只要列出 m 个独立的电路方程，便可以求解这 m 个变量。

因此，**支路电流法**的具体思路如下：

已知条件：具体电路的结构和参数。例如，根据电路的结构，可知电路的节点数 n，支路数 m；根据具体电路的情况，可知电路中的一些具体的已知参数。

未知求解：各支路的电流。

求解步骤：

（1）确定已知电路的支路数 m，并在具体电路图上标示出各支路电流的参考方向。

(2) 应用 KCL 列写 $n-1$ 个独立节点方程式。
(3) 应用 KVL 列写 $m-n+1$ 个独立电压方程式。
(4) 联立求解方程式组,求出 m 个支路电流。

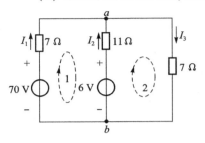

图 2-1-1 例 2-1-1 的图

【例 2-1-1】 用支路电流法求解图 2-1-1 所示电路中各支路电流。

【解】 (1) $n-1=1$ 个 KCL 方程:
节点 a: $\qquad -I_1-I_2+I_3=0$
(2) $m-(n-1)=2$ 个 KVL 方程:
$$\begin{cases} 7I_1-11I_2=70-6=64 \\ 11I_2+7I_3=6 \end{cases}$$
求解得: $I_1=6$ A;$I_2=-2$ A;$I_3=4$ A。

【例 2-1-2】 用支路电流法求解图 2-1-2 所示电路中各支路电流。

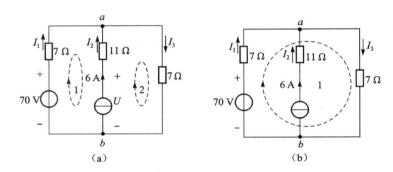

图 2-1-2 例 2-1-2 的图

【解】 ① $n-1=1$ 个 KCL 方程:
节点 a: $\qquad -I_1-I_2+I_3=0$
② $m-(n-1)=2$ 个 KVL 方程:
$$\begin{cases} 7I_1-11I_2=70-U \\ 11I_2+7I_3=U \end{cases}$$
增补方程: $\qquad I_2=6$ A

根据图 2-1-2(b)可知:
由于 I_2 已知,故只列写两个方程:
节点 a: $\qquad -I_1+I_3=6$
避开电流源支路取回路,有:
$$7I_1+7I_3=70$$
求解得: $I_1=2$ A;$I_2=6$ A;$I_3=8$ A。

支路电流法的优点:支路电流法是电路分析中最基本的方法之一。只要根据 KCL、KVL、欧姆定律列方程,就能得出结果。

支路电流法的缺点:电路中支路数多时,所需方程的个数较多,求解不方便。因此,它适用于支路数较少的电路。

2.2 节点电压法

以节点电压为待求量,利用基尔霍夫定律列出各节点电压方程式,进而求解电路响应的方法,称为节点电压法。

应用节点电压法,首先要在电路中任意选择电路中的某个节点为参考节点,其他节点与此参考节点之间的电压称为节点电压。节点电压的参数极性以参考节点为负,其余独立节点为正。

因此,**节点电压法**的具体思路如下:

已知条件:具体电路的结构和参数。例如,根据电路的结构,可知电路的结点数 n,支路数 m;根据具体电路的情况,可知电路中的一些具体的已知参数。

未知求解:电路中各节点电压。

求解步骤:

(1) 选定参考节点。其余各节点与参考点之间的电压就是待求的节点电压(均以参考点为负极)。

(2) 标出各支路电流的参考方向,对 $n-1$ 个节点列写 KCL 方程式。

(3) 用 KVL 和欧姆定律,将节点电流用节点电压的关系式代替,写出节点电压方程式。

(4) 解方程,求解各节点电压。

(5) 由节点电压求各支路电流及其响应。

【**例 2-2-1**】 用节点电压法求解图 2-2-1 所示电路中各支路电流。

【**解**】 选取节点②作为参考结点,求 V_1:

$$I_1 + I_2 - I_3 = 0$$

因为:

$$I_1 = (50 - V_1)/2 \qquad ①$$
$$I_2 = (5 - V_1)/3 \qquad ②$$
$$I_3 = V_1/2 \qquad ③$$

将式①、②、③代入电流方程得:

$$\frac{50 - V_1}{2} + \frac{5 - V_1}{3} - \frac{V_1}{2} = 0$$

解得:$V_1 = 20$ V。

将 V_1 代入式①②③得:

$$I_1 = 15 \text{ A}; I_2 = -5 \text{ A}; I_3 = 10 \text{ A}$$

节点电压法的特殊情况:用节点电压法求解节点 $n=2$ 的复杂电路时,显然只需列写出 $2-1=1$ 个节点电压方程式,如图 2-2-2 为具有两个节点的电路,可列出下列方程:

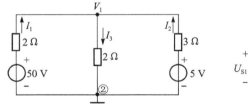

图 2-2-1 例 2-2-1 的图

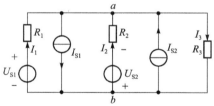

图 2-2-2 具有两个节点的电路

$$U_{ab} = \frac{\dfrac{U_{S1}}{R_1} - \dfrac{U_{S2}}{R_2} - I_{S1} + I_{S2}}{\dfrac{1}{R_1} + \dfrac{1}{R_2} + \dfrac{1}{R_3}} \qquad (2-2-1)$$

式(2-2-1)即为具有两个节点电压的特殊表达式,若是超过两个节点的电路则不能用此式求解。应用该表达式的规律如下:

(1) 式中分母中的各项为除含理想电流源的支路外其余各支路电阻的倒数,且恒为正。

(2) 式中分子中理想电压源的各项可正可负,但电源电压 U_S 和节点电压 U_{ab} 的参考方向相同时取正号,相反时取负号,而与各支路电流的参考方向无关。

(3) 式中分子中理想电流源的各项亦可正可负,但电流源 I_S 与节点电压 U_{ab} 的参考方向相反时,I_S 取正号,否则取负号。(注意:如果在电路的一条支路上同时有电压源和电流源时,列方程式时取理想电流源的分子表达式,而与理想电压源的分子表达式无关。)

【例 2-2-2】 用节点电压法求图 2-2-3 所示电路中节点 a 的电位 U_a。

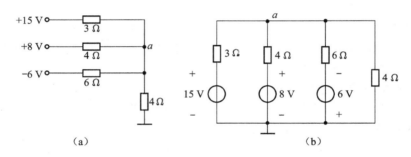

图 2-2-3 例 2-2-2 的图

【解】 图 2-2-3(a)可等效为图 2-2-3(b)。因为电路中只有两个节点,一个是点 a,还有一个零电位点。因此,根据节点电压法的特例思路直接列方程式,求出 a 的电压:

$$U_a = \frac{\dfrac{15}{3} + \dfrac{8}{4} - \dfrac{6}{6}}{\dfrac{1}{3} + \dfrac{1}{4} + \dfrac{1}{6} + \dfrac{1}{4}} = 6(\text{V})$$

在该电路中,只需求出 U_a 后,可用欧姆定律求出电路各支路电流。

下面举例如何用节点电压法求解多个节点电路的问题。

【例 2-2-3】 用节点电压法求图 2-2-4 所示电路中的电流 I。

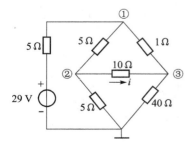

图 2-2-4 例 2-2-3 的图

【解】 在图 2-2-4 中,选择下面的节点为参考节点,即接地的符号。其他 3 个节点电压依次为 U_{N1}、U_{N2}、U_{N3},按节点电压法步骤列写方程:

$$\begin{cases} \left(\dfrac{1}{5} + \dfrac{1}{5} + 1\right)U_{N1} - \dfrac{1}{5}U_{N2} - U_{N3} = \dfrac{29}{5} \\ -\dfrac{1}{5}U_{N1} + \left(\dfrac{1}{5} + \dfrac{1}{10} + \dfrac{1}{5}\right)U_{N2} - \dfrac{1}{10}U_{N3} = 0 \\ -U_{N1} - \dfrac{1}{10}U_{N2} + \left(1 + \dfrac{1}{10} + \dfrac{1}{40}\right)U_{N3} = 0 \end{cases}$$

求解，可得：

$$\begin{cases} U_{N1} = 17(\text{V}) \\ U_{N2} = 10(\text{V}) \\ U_{N3} = 16(\text{V}) \end{cases}$$

根据电路，可求：

$$I = \frac{U_{N2} - U_{N3}}{10} = -0.6(\text{A})$$

节点电压法的优点：节点电压法也是电路分析中最基本的方法之一。适用于支路数较多，节点数目较少的电路。

节点电压法的缺点：节点电压法中的待求量节点电压实际上是指待求节点相对于电路参考点之间的电压值，因此应用节点电压法求解电路时，必须首先选定电路参考节点，否则就失去了待求节点的相对性。

2.3 叠加原理

线性电路是指电路中元件的参数不随电压、电流的变化而改变。而叠加原理是分析线性电路的最基本方法之一，它反映了线性电路的两个基本性质，即叠加性和比例性。

在线性电路中，当多个独立电源共同作用时，任何一条支路的电流或电压，均可看作是由电路中各个电源单独作用时，各自在此支路上产生的电流或电压的叠加，称为叠加原理。

叠加原理的解题思路：在线性电路中，各个电源单独作用是指当电压源不作用时应视其短路，当电流源不作用时则应视其开路。但是它们在短路和开路时，其内阻应保留在电路中。

可将叠加定理解题思路图简化，如图 2-3-1 所示。

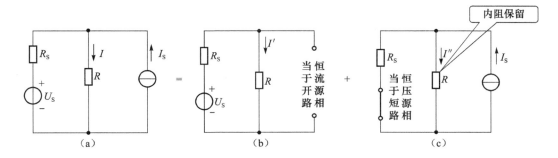

图 2-3-1 叠加定理解题思路图解
(a) 原电路；(b) 电压源单独作用时；(c) 电流源单独作用时

$$I' = \frac{U_S}{R_S + R}, \quad I'' = I_S \times \frac{R_S}{R_S + R}$$

根据叠加定理：

$$I = I' + I''$$

因此，利用叠加原理可以将一个多电源的电路简化成若干个单电源电路。

在应用叠加原理时，要注意以下几点：

（1）叠加定理只适用于线性电路，不适用于非线性电路。

（2）叠加时注意应在参考方向下求代数和。即原电路中各支路电流的参考方向确定后，再求各支路电流。在求各分电流的代数和时，各支路中分电流的参考方向与原电路中对应支路电流的参考方向一致，则取正值；方向相反，则取负值。

（3）叠加原理只能用来分析和计算电流和电压，不能用来计算功率。因为功率与电流、电压的关系不是线性关系，而是平方关系。

【例2-3-1】 用叠加原理求图2-3-2(a)电路中的电流 $I = ?$

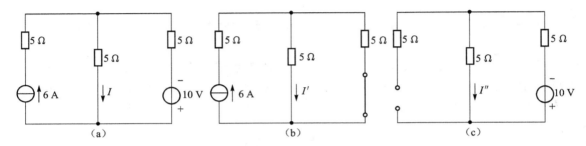

图2-3-2　例2-3-1的图

【解】 先把图2-3-2(a)分解成图2-3-2(b)或图2-3-2(c)所示的电源单独作用的电路，然后按下列步骤计算。

（1）如图2-3-2(b)所示，当6 A电流源单独作用，10 V的电压源短路时：

$$I' = 6 \times \frac{1}{2} = 3(\text{A})$$

（2）如图2-3-2(c)所示，当10 V电压源单独作用，6 A的电流源开路时：

$$I'' = -\frac{10}{5+5} = -1(\text{A})$$

（3）当两个电源共同作用时，由叠加原理可得电流 I 为：

$$I = I' + I'' = 3 + (-1) = 2(\text{A})$$

【例2-3-2】 用叠加原理计算图2-3-3中电阻 R_3 上的电流 I_3。已知 $R_1 = 6\ \Omega$，$R_2 = 3\ \Omega$，$R_3 = 2\ \Omega$，$I_S = 5\ \text{A}$，$E = 5\ \text{V}$。

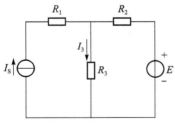

图2-3-3　例2-3-2的图

【解】 图2-3-3根据叠加原理可以等效为图2-3-4(a)和图2-3-4(b)。

（1）由图2-3-4(a)可得：

$$I'_3 = \frac{R_2}{R_2 + R_3} I_S = \frac{3}{3+2} \times 5 = 3(\text{A})$$

（2）由图2-3-4(b)可得：

$$I''_3 = \frac{E}{R_2 + R_3} = \frac{5}{3+2} = 1(\text{A})$$

（3）当电压源和电流源共同作用时，由叠加原理可得电流 I_3 为：

$$I_3 = I'_3 + I''_3 = 3 + 1 = 4(\text{A})$$

叠加原理的适用范围：在多个电源同时作用的电路中，仅研究一个电源对多支路或多个电源对一条支路影响的问题。

叠加原理的研究目的：在电路的基本分析方法基础上，学习线性电路所具有的特殊性质，

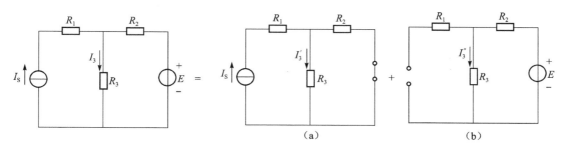

图 2-3-4　图 2-3-3 的叠加原理等效思路

更深入地了解电路中激励(电源)与响应(电压、电流)的关系。

2.4　戴维南定理

计算复杂电路中的某一支路时,为使计算简便些,常常应用戴维南定理等效电源的方法。即在计算复杂电路中某一条支路的电压或电流时,就可以将这条支路划出,而把其余部分看成一个有源二端网路。

二端网络:若一个电路只通过两个输出端与外电路相连,则该电路称为"二端网络"。二端网络分为无源二端网络和有源二端网络。顾名思义,无源二端网络即为二端网络中没有电源,有源二端网络即为二端网络中含有电源,如图 2-4-1 所示。

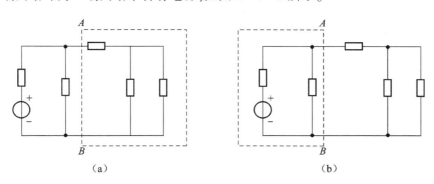

图 2-4-1　二端网络的示意图
(a) 无源二端网络;(b) 有源二端网络

由图 2-4-1(b)可以看出,有源二端网络对所要计算的这条支路而言,就相当于一个电源,也就是说该电源给这条支路提供电能。因此,这个有源二端网络对于这条支路而言,就相当于一个电源。

既然一个有源二端网络相当于一个电源,而一个电源又可以用两种电路模型去表示。因此,可以将一个有源二端网络等效为一个电压源;也可以将一个有源二端网络等效为一个电流源。由此就得出了戴维南定理和诺顿定理两个等效电源定理。本书在这里只讲戴维南定理,诺顿定理希望有兴趣的同学查阅其他课外书籍学习。

对外电路来说,任何一个线性有源二端网络,均可以用一个恒压源 E 和一个电阻 R_0 串联的有源支路等效代替。其中恒压源 E 等于线性有源二端网络的开路电压 U_{ab},电阻 R_0 等于线性有源二端网络除源后的入端等效电阻 R_{ab}。这就是戴维南定理,如图 2-4-2 所示。

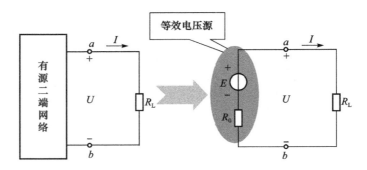

图 2-4-2 戴维南定理的等效电源

因此,**戴维南定理**的具体思路如下:

已知条件:具体电路的结构和参数。例如,根据电路的结构,可知电路的节点数 n,支路数 m;根据具体电路的情况,可知电路中的一些具体的已知参数。

未知求解:求解复杂电路中的某一条支路电流或电压。

求解步骤:

(1) 将待求支路与原有源二端网络分离,对断开的两个端钮分别标以记号(如 a、b)。

(2) 应用所学过的各种电路求解方法,对有源二端网络求解其开路电压 $U_{OC} = U_{ab}$。

(3) 把有源二端网络进行除源处理(规则:各个理想恒压源短路、各个理想电流源开路),对无源二端网络求其入端电阻 $R_0 = R_{ab}$。

(4) 让开路电压等于等效电源的 E,入端电阻等于等效电源的内阻 R_{ab},则戴维南定理等效电路求出。此时再将断开的待求支路接上,最后根据欧姆定律或分压、分流关系求出电路的待求响应。

$$U = E - IR_0$$

或者

$$I = \frac{E}{R_0 + R_L}$$

【**例 2-4-1**】 用戴维南定理求图 2-4-3(a)电路中的电流 I。

【**解**】 (1) 先把图 2-4-3(a)断开待求支路,得有源二端网络如图 2-4-3(b)所示。由图 2-4-3(b)可求得开路电压 U_{OC} 为:

$$U_{OC} = 2 \times 3 + \frac{6}{6+6} \times 24 = 6 + 12 = 18(V)$$

(2) 将图 2-4-3(b)中的电压源短路,电流源开路,得除源后的无源二端网络,如图 2-4-3(c)所示,由图可求得等效电阻 R_0 为:

$$R_0 = 3 + \frac{6 \times 6}{6+6} = 3 + 3 = 6(\Omega)$$

(3) 根据 U_{OC} 和 R_0 画出戴维南等效电路并接上待求支路,得图 2-4-3(a)的等效电路为如图 2-4-3(d)所示,由图 2-4-3(d)可求得 I 为:

$$I = \frac{18}{6+3} = 2(A)$$

【**例 2-4-2**】 如图 2-4-4(a)所示,已知:$R_1 = 20\ \Omega$,$R_2 = 30\ \Omega$,$R_3 = 30\ \Omega$,$R_4 = 20\ \Omega$,$U = 10\ V$。用戴维南定理求:当 $R_5 = 16\ \Omega$ 时,$I_5 = ?$

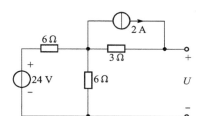
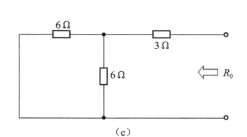
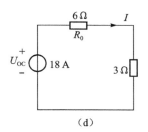

图 2-4-3 例 2-4-1 的图
(a) 原电路;(b) 求开路电压电路;(c) 等效电源的内阻;(d) 原电路的等效电路

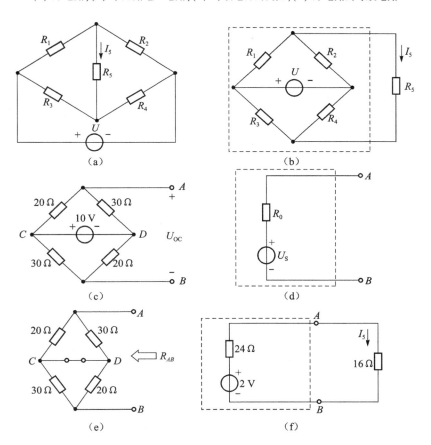

图 2-4-4 例 2-4-2 的图
(a) 原电路;(b) 原电路的等效电路;(c) 求开路电压电路;(d) 戴维南等效电器;
(e) 等效电源的内阻;(f) 原电路的戴维南等效电路

【解】 (1) 先把图2-4-4(a)等效为有源二端网络结构,如图2-4-4(b)所示。
(2) 断开待求支路,得图2-4-4(c)。由图2-4-4(c)可求得开路电压 U_{OC} 为:

$$U_S = U_{OC} = U_{AD} + U_{DB} = 10 \times \frac{30}{20+30} - 10 \times \frac{20}{30+20} = 6 - 4 = 2(\text{V})$$

(3) 将图2-4-4(c)变换成戴维南等效电路的模型,如图2-4-4(d)所示。将图2-4-4(c)中的电压源短路,得除源后的无源二端网络如图2-4-4(e)所示,可将 C、D 成为一点,电阻 R_1 和 R_2、R_3 和 R_4 分别并联后相串联。即:

$$R_0 = R_{AB} = 20 /\!/ 30 + 30 /\!/ 20 = 12 + 12 = 24(\Omega)$$

(4) 根据 U_{OC} 和 R_0 画出戴维南等效电路并接上待求支路,得图2-4-4(a)的等效电路为如图2-4-4(f)所示,由图2-4-4(f)可求得 I_5 为:

$$I_5 = \frac{2}{24+16} = 0.05(\text{A})$$

戴维南定理的适用范围:只求解复杂电路中的某一条支路电流或电压时。

习 题 2

一、选择题

1. 对于有6条支路4个节点的电路,基尔霍夫电流定律可列的独立方程数为(   )。
A. 2个   B. 3个   C. 4个   D. 5个
2. 戴维南定理适用于(   )。
A. 有源线性二端网络   B. 非线性二端网络   C. 任意二端网络   D. 无源二端网络
3. 如图2-1所示安培表内阻极低,伏特表内阻极高,电池内阻不计,如果伏特表被短接,则(   )。
A. 灯D将被烧毁;   B. 灯D特别亮;   C. 安培表被烧   D. 以上均不会发生
4. 如图2-2所示电路中 I 为(   )。
A. 2 A   B. 3 A   C. 5 A   D. 8 A
5. 如图2-3所示电路中 P 点电位为(   )。
A. 5 V   B. 4 V   C. 3 V   D. 2 V

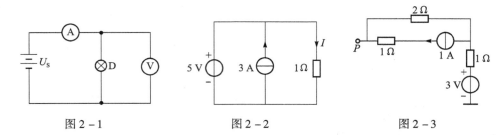

图2-1   图2-2   图2-3

6. 把如图2-4所示的电路进行电压源和电流源的等效变换,求图中等效电压源的参数为(   )。
A. $E_0 = 1$ V, $R_0 = 2$ Ω   B. $E_0 = 2$ V, $R_0 = 1$ Ω
C. $E_0 = 2$ V, $R_0 = 0.5$ Ω   D. $E_0 = 1$ V, $R_0 = 1$ Ω

7. 如图 2-5 所示电路中，A、B 端电压 $U=$（　　）。
   A. -2 V　　　　B. -1 V　　　　C. 2 V　　　　D. 3 V

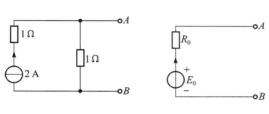
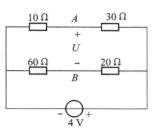

图 2-4　　　　　　　　　　　　　　　　图 2-5

8. 如图 2-6 所示电路中电流 I 为（　　）。
   A. 1 A　　　　B. 2 A　　　　C. -1 A　　　　D. -2 A

9. 任何一个有源二端线性网络的戴维南等效电路是（　　）。
   A. 一个理想电流源和一个电阻的并联电路
   B. 一个理想电流源和一个理想电压源的并联电路
   C. 一个理想电压源和一个理想电流源的串联电路
   D. 一个理想电压源和一个电阻的串联电路

10. 如图 2-7 所示电路中，已知 $I_1=11\text{ mA}$，$I_4=12\text{ mA}$，$I_5=6\text{ mA}$，I_2、I_3 和 I_6 的值为（　　）。
    A. $I_2=-7\text{ mA}$，$I_3=-5\text{ mA}$，$I_6=18\text{ mA}$　　B. $I_2=-7\text{ mA}$，$I_3=5\text{ mA}$，$I_6=18\text{ mA}$
    C. $I_2=-7\text{ mA}$，$I_3=10\text{ mA}$，$I_6=18\text{ mA}$　　D. $I_2=7\text{ mA}$，$I_3=5\text{ mA}$，$I_6=18\text{ mA}$

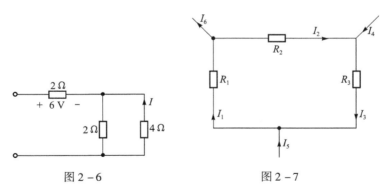

图 2-6　　　　　　　　　　　　　　　　图 2-7

二、填空题

1. 直流电路如图 2-8 所示，$U_{ab}=$ _____ V。
2. 电路如图 2-9 所示，A 点的电位等于 _____ V，B 点的电位等于 _____ V。
3. 电路如图 2-10 所示，A 点的电位等于 _____ V，B 点的电位等于 _____ V。
4. 电源向负载提供最大功率的条件是 _____ 与 _____ 的数值相等，这种情况称为电源与负载相 _____，此时负载上获得的最大功率为 _____。
5. 电路中任意两点之间电位的差值等于这两点间 _____。电路中某点到 _____ 间的电压称为该点的电位，电位具有 _____ 性。

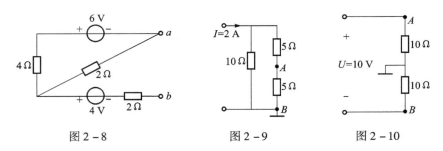

图 2-8　　　　　图 2-9　　　　　图 2-10

6. 线性电阻元件上的电压、电流关系，任意瞬间都受_____定律的约束；电路中各支路电流任意时刻均遵循_____定律；回路上各电压之间的关系则受_____定律的约束。

7. 两个电阻负载并联接于电源上，电阻较小的负载消耗的功率较_____；两个电阻负载串联接于电源上，电阻较小的负载消耗的功率较_____。

8. 过理想电压源的电流的实际方向与其两端电压的实际方向一致时，该理想电压源_____电功率。

9. 如图 2-11 所示电路中，A 点对地的电位 V_A 为_____。

10. 电路如图 2-12 所示，已知 $U = -2.5$ V，$R_1 = 140$ Ω，$R_2 = 110$ Ω，则电压 $U_{ao} =$ _____ V。

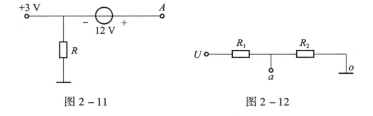

图 2-11　　　　　图 2-12

三、计算题

1. 已知电路如图 2-13 所示，其中 $E_1 = 15$ V，$E_2 = 65$ V，$R_1 = 5$ Ω，$R_2 = R_3 = 10$ Ω。试用支路电流法求 R_1、R_2 和 R_3 三个电阻上的电压。

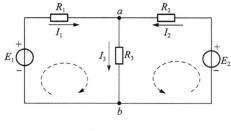

图 2-13

2. 应用电源的等效变换，化简图 2-14 所示的各电路。
3. 试用电源等效变换的方法，求如图 2-15 所示电路中的电流 I。
4. 电路如图 2-15 所示，试应用戴维南定理，求图中的电流 I。
5. 试用戴维南定理计算如图 2-16 所示电路中的电流 I。
6. 已知电路如图 2-17 所示。试应用叠加原理计算支路电流 I 和电流源的电压 U。

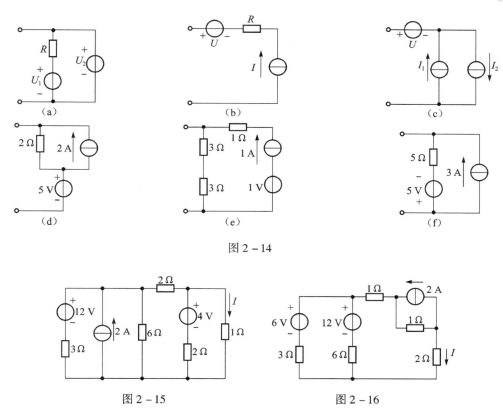

图 2-14

图 2-15　　　　　　图 2-16

7. 电路如图 2-18 所示,试应用叠加原理,求电路中的电流 I_1、I_2 及 36 Ω 电阻消耗的电功率 P。

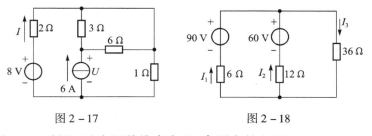

图 2-17　　　　　　图 2-18

8. 电路如图 2-19 所示,试应用戴维南定理,求图中的电压 U。

9. 电路如图 2-20 所示,已知 15 Ω 电阻的电压降为 30 V。试计算电路中 R 的大小和 U 的值。

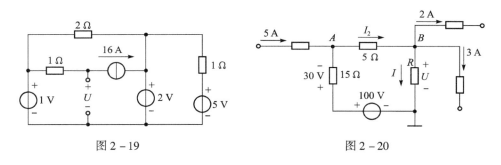

图 2-19　　　　　　图 2-20

10. 试计算图 2-21 中的 A 点的电位。(1) 开关 S 打开；(2) 开关 S 闭合。

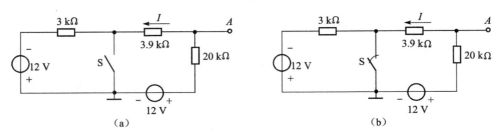

图 2-21

第 3 章

正弦稳态电路分析

本章的学习目的和要求：

掌握正弦量的三要素、正弦量的表示方法、电路与电路定理的相量表示法、单一参数相量表示法、阻抗的概念与应用、谐振的概念与应用和正弦稳态电路的分析方法；了解单相交流电路中的几个基本概念，理解和掌握 R、L、C 三大基本元件的伏安关系，掌握多参数组合电路的简单分析与计算方法，理解有功功率、无功功率及视在功率的概念。

3.1 正弦量的基本概念

3.1.1 正弦交流电的基本概念

我们知道在电力系统中，存在交流与直流两种电压和电流，其中大小和方向均随时间变化的电压和电流叫作交流电。**而正弦交流电是指大小和方向都随时间按正弦规律变化的电压或电流。** 正弦交流电广泛应用于工农业生产、科学研究及日常生活中，了解和掌握正弦交流电的特点，学会正弦交流电路的基本分析方法，是本章学习的目的。

正弦交流电如图 3-1-1 所示，其函数表达式为：

$$i(t) = I_\mathrm{m}\sin(\omega t + \varphi)\,\mathrm{A} \tag{3-1-1}$$

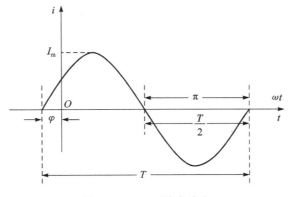

图 3-1-1 正弦交流电

3.1.2 正弦量的三要素

正弦量是随时间按正弦规律变化的，因此要确定一正弦量必须包括 3 个方面，即变化的快慢(频率或周期)、大小(幅值或有效值)及初始值(初相位)。因此我们将频率、幅值、初相位称为正弦量的三要素。

1. 频率、周期和角频率

正弦量一秒钟内经历的循环数称为频率,用 f 表示,单位是赫兹(Hz)。

正弦量变化一次所需时间称为周期,用 T 表示,单位是秒(s)。显然二者的关系为:

$$f = \frac{1}{T} \tag{3-1-2}$$

我国和大多数国家采用的工业频率(简称工频)为 50 Hz,日本和美国等为 60 Hz,通常负载都用这种频率。但频率也是可以改变的,例如变频空调,就可以把 50 Hz 的固定电网频率改为 30~130 Hz 的变化频率。

正弦量变化的快慢还可用角频率 ω 表示,它表示每变化一个周期相当于 2π 弧度(rad)相位角。即:

$$\omega = \frac{2\pi}{T} = 2\pi f \tag{3-1-3}$$

需要指出的是:频率、周期和角频率是从不同的角度反映的同一个问题——正弦量随时间变化的快慢程度,因此均只表示正弦量三要素之一。

2. 幅值与有效值

1) 瞬时值

正弦量在任一时刻的数值称为瞬时值,瞬时值用小写字母表示,如 i、u、e 分别表示瞬时电流、瞬时电压及瞬时电势。瞬时值是一变量,其对应的表达式应是三角函数解析式。例如,$i = I_m \sin(\omega t + \varphi)$ A。

2) 幅值

瞬时值中的最大值称为幅值(或振幅、或峰值),用带下标 m 的大写字母表示,如 I_m、U_m、E_m 分别表示电流、电压及电势的幅值。

3) 有效值

通常,正弦电流、电压和电动势的大小往往不是用它们的幅值,而是常用有效值来计算的,所以正弦量的有效值是用来表征该正弦量大小的数值。

所谓有效值是指在一段时间内,与正弦量热效应相同的直流电数值。

设某一交流电 i 通过阻值为 R 的电阻在一个周期 T 内产生热量为 $\int_0^T i^2 R \mathrm{d}t$,如果在该电阻上通一直流电流 I,则在相同时间 T 内产生的热量应为 $I^2 RT$,依上所述应有:

$$\int_0^T i^2 R \mathrm{d}t = I^2 RT \tag{3-1-4}$$

由此解出 i 的有效值为:

$$I = \sqrt{\frac{1}{T}\int_0^T i^2 \mathrm{d}t} = \sqrt{\frac{1}{T}\int_0^T I_m^2 \sin(\omega t + \varphi) \mathrm{d}t}$$

$$= \sqrt{\frac{1}{T}I_m^2 \int_0^T \frac{1 - \cos 2(\omega t + \varphi)}{2} \mathrm{d}t}$$

$$= \frac{I_m}{\sqrt{2}} = 0.707 I_m \tag{3-1-5}$$

同理，对正弦电压和正弦电势的有效值也分别有：

$$U = \frac{U_m}{\sqrt{2}} = 0.707U_m \quad (3-1-6)$$

$$E = \frac{E_m}{\sqrt{2}} = 0.707E_m \quad (3-1-7)$$

如上所示，正弦量的有效值用大写字母表示，如 I、U、E 等。这里特别指出，一般所讲的正弦电压或电流的大小，例如，交流电压 220 V，交流电流 5 A，都是指的有效值。而我们用交流电表所测量的读数，也都是有效值。

3. 相位与初相位

我们将正弦量中的 $(\omega t + \varphi)$ 称为正弦量的相位角或相位，它反映出正弦量变化的进程。$t=0$ 时的相位角称为初相位角或初相位，即 φ 角，规定初相角的绝对值不能超过 π。

如图 3-1-2 所示，u 和 i 的波形可用下式表示：

$$u = U_m \sin(\omega t + \varphi_u)$$
$$i = I_m \sin(\omega t + \varphi_i)$$

两个同频率正弦量的相位角之差或初相位角之差，称为相位差，图 3-1-2 中 u 与 i 的相位差可表示为：

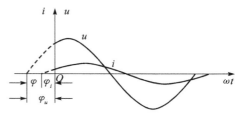

图 3-1-2 同频率正弦量的相位差

$$\varphi = (\omega t + \varphi_u) - (\omega t + \varphi_i) = \varphi_u - \varphi_i \quad (3-1-8)$$

可见，同频率的两个正弦量的相位差即是它们的初相之差。若 $\varphi = \varphi_u - \varphi_i > 0$，则说明 u 较 i 先到达正的幅值。在相位上 u 比 i 超前 φ 角，或者说 i 比 u 滞后 φ 角。反之，若 $\varphi = \varphi_u - \varphi_i < 0$，则上述情况相反。若 $\varphi = 0$，则说明 u、i 同相位。另外若 $\varphi = 180°$ 则称两个正弦量反相；若 $\varphi = 90°$，称为正交。同频率的正弦量相位关系如图 3-1-3 所示。

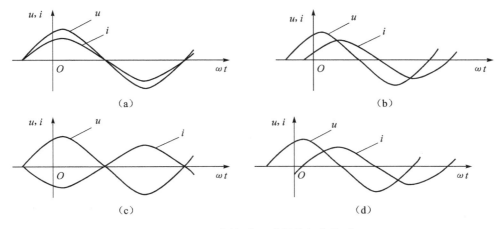

图 3-1-3 同频率正弦量的相位关系
(a) u 与 i 同相；(b) u 超前 i；(c) u 与 i 反相；(d) u 与 i 正交

【例 3-1-1】 已知 $u_A = 220\sqrt{2}\sin 314t$ V，$u_B = 220\sqrt{2}\sin(314t - 120°)$ V。

(1) 试指出各正弦量的振幅值、有效值、初相、角频率、频率、周期及两者之间的相位差各为多少？

(2) 画出 u_A、u_B 的波形。

【解】 u_A 的振幅值是 311 V,有效值是 220 V,初相是 0,角频率等于 314 rad/s,频率是 50 Hz,周期等于 0.02 s;u_B 的幅值也是 311 V,有效值是 220 V,初相是 $-120°$,角频率等于 314 rad/s,频率是 50 Hz,周期等于 0.02 s。u_A 超前 u_B 120°角。u_A、u_B 的波形如图 3-1-4 所示。

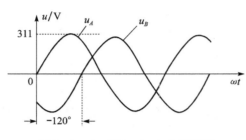

图 3-1-4 例 3-1-1 的波形图

3.2 正弦量的相量表示法

3.2.1 复数及其四则运算

正弦量的相量是用复数表示的。因此学习相量法之前应首先复习巩固一下有关复数的概念及其运算法则。

1. 复数及其表示方法

复数 A 可用复平面上的有向线段来表示,如图 3-2-1 所示。该有向线段的长度 a 称为复数 A 的模,模总是取正值。该有向线段与实轴正方向的夹角 θ 称为复数 A 的辐角。

A 在实轴上的投影是它的实部数值 a_1,A 在虚轴上的投影是它的虚部数值 a_2,则复数 A 可表示为代数式:

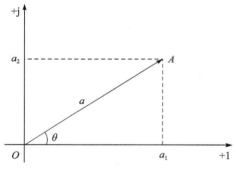

图 3-2-1 复数的矢量表示

$$A = a_1 + ja_2 \quad (3-2-1)$$

由图可得出复数 A 的模 a 和辐角 θ 与实部、虚部的关系为:

$$\begin{cases} a_1 = a\cos\theta \\ a_2 = a\sin\theta \end{cases} \quad (3-2-2)$$

$$a = \sqrt{a_1^2 + a_2^2} \quad (3-2-3)$$

$$\theta = \arctan\frac{a_2}{a_1} \quad (3-2-4)$$

由此可推得 A 的三角函数表达式为:

$$A = a_1 + ja_2 = a\cos\theta + ja\sin\theta \quad (3-2-5)$$

复数在电学中还常常用极坐标形式表示为:

$$A = a\underline{/\theta} \quad (3-2-6)$$

2. 复数的四则运算

复数的表示形式有多种,它们之间可以相互转换,在计算时选择合适的形式可让计算变得更加简单。

1) 复数的加减法

设两复数为:

$$A = a_1 + ja_2 = a \underline{/\theta_1}$$
$$B = b_1 + jb_2 = b \underline{/\theta_2}$$

则:

$$A \pm B = (a_1 + ja_2) \pm (b_1 + jb_2) = (a_1 \pm b_1) + j(a_2 \pm b_2)$$

即两个复数作加减法时,通常用代数形式表示。两个复数相加减,等于实部与实部、虚部与虚部分别相加减。

2) 复数的乘除法

同样为上述两复数 A、B,则两复数的乘除法为:

$$A \cdot B = a \underline{/\theta_1} \cdot b \underline{/\theta_2} = ab \underline{/(\theta_1 + \theta_2)}$$

$$\frac{A}{B} = \frac{a \underline{/\theta_1}}{b \underline{/\theta_2}} = \frac{a}{b} \underline{/(\theta_1 - \theta_2)}$$

即两个复数作乘除法时,通常用极坐标形式表示。两复数相乘,等于模相乘、幅角相加;两复数相除,等于模相除、幅角相减。

3.2.2 正弦量的相量表示法

利用正弦量做四则运算是比较复杂的,而在交流电路中经常要进行两个甚至多个正弦量之间的运算,因此,我们将正弦量转化为相量,这样又有利于分析电路,又简化了计算过程。设有一有向线段 $I_m \underline{/\theta}$,让该有向线段在复平面上以角速度 ω 逆时针旋转,其在虚轴上的投影等于 $I_m \sin(\omega t + \theta)$,正好是用正弦函数表示的正弦电流 i。图 3-2-2 表示了相量与正弦量的关系。

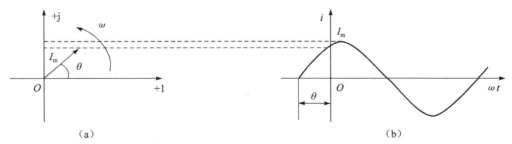

图 3-2-2 相量与正弦量的关系
(a) 以角速度 ω 旋转的复数;(b) 旋转复数在虚轴上的投影

可见复数 $I_m \underline{/\theta}$ 与正弦量 $i = I_m \sin(\omega t + \theta)$ 是相互对应的关系,因此,可用 $I_m \underline{/\theta}$ 来表示正弦电流 i,记为:

$$\dot{I}_m = I_m \underline{/\theta} \qquad (3-2-7)$$

表示正弦量的复数,就称为该正弦量的幅值相量。由上式可知,**该幅值相量的模就等于原正弦量的幅值,幅角就等于原正弦量的初相位。**

用有效值表示的正弦量的相量称为有效值相量,而在一般情况下,在没特别说明情况下所指的相量均为有效值相量。有效值相量与幅值相量的关系为:

$$\dot{I} = \frac{\dot{I}_m}{\sqrt{2}} = \frac{I_m\angle\theta}{\sqrt{2}} = \frac{I_m}{\sqrt{2}}\angle\theta = I\angle\theta \qquad (3-2-8)$$

将按照各个正弦量的大小和相位关系用初始位置的有向线段画出的若干个相量的图形,称为相量图,如图 3-2-3 所示。

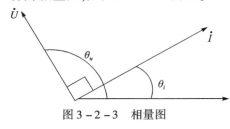

图 3-2-3 相量图

在用相量表示正弦量及画相量图的时候,应特别注意以下几点。

(1) 由于一个电路中各正弦量都是同频率的,所以相量只需对应正弦量的两要素即可。即模值对应正弦量的最大值或有效值,幅角对应正弦量的初相。而不同频率的相量是不能画在同一相量图中的。

(2) 相量只是用来表示正弦量,而并不等于正弦量,即 $\dot{I} = I\angle\theta \neq I_m\sin(\omega t + \theta)$,只是旋转相量任何时刻在纵轴上的投影值等于同一时刻该正弦量的瞬时值。两者是完全不同的概念,这点希望初学者一定要多加注意。

(3) 只有用复数表示的正弦量才称为相量,用复数表示的其他量并不能称为相量。

3.3 KCL、KVL 的相量形式

3.3.1 KCL 的相量形式

KCL 定律:对于电路中,任一时刻,通过任一节点的各电流的代数和恒等于零,其数学表达式为:

$$\sum i = 0 \qquad (3-3-1)$$

因此,KCL 对于正弦量也仍然是成立的。那么式(3-3-1)可以写成:

$$\sum i = \sum_{k=1}^{n} I_{km}\sin(\omega t + \varphi_k) = 0 \qquad (3-3-2)$$

由前面可知,同频率的正弦量的运算可以转化为相量形式进行运算,故有:

$$\sum_{k=1}^{n} \dot{I}_k = 0 \qquad (3-3-3)$$

KCL 相量形式的意义为:**具有相同频率的正弦电路中,任一节点,通过该节点的各电流相量的代数和等于零**。根据 KCL,在相量图中,任一节点所有各支路电流的相量构成一闭合的多边形。也就是说我们在应用 KCL 的相量形式时,一定要注意相量的方向,如图 3-3-1 所示。

3.3.2 KVL 的相量形式

KVL 定律:对于电路中的任一回路,在任一时刻,沿回路全部支路电压的代数和等于零,其数学表达式为

$$\sum u = 0 \qquad (3-3-4)$$

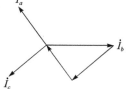

图 3-3-1 KCL 的相量形式

因此 KVL 同样也适用于正弦交流电路,用正弦量表示式(3-3-4)为:

$$\sum u = \sum_{k=1}^{n} U_{km}\sin(\omega t + \varphi_k) = 0 \qquad (3-3-5)$$

同样将式(3-3-5)化为相量形式有:

$$\sum_{k=1}^{n} \dot{U}_k = 0 \qquad (3-3-6)$$

KVL 相量形式的意义为:**具有相同频率的正弦电路中,沿任一回路全部支路电压相量的代数和等于零。**

3.4 电阻、电感、电容元件特征方程的相量形式及其功率

3.4.1 电阻元件

1. 电压与电流的关系

如图 3-4-1 所示为一电阻交流电路,电压、电流取参考方向,则根据欧姆定律有:

$$u = iR \qquad (3-4-1)$$

设电流表达式为 $i = \sqrt{2}I\sin\omega t$,则:

$$u = Ri = \sqrt{2}IR\sin\omega t = R \cdot \sqrt{2}I\sin\omega t \qquad (3-4-2)$$

从正弦量的三要素,比较 u 和 i 的瞬时值表达式,可得出电阻的电压与电流的关系有:
(1) 频率关系:电压、电流的角频率相同,均为 ω,即电压、电流同频率。
(2) 大小关系:$U = IR$。
(3) 相位关系:电压、电流初相角相同,即电压、电流同相位。

根据以上关系,可得电阻元件电压与电流的相量表达式为:

$$\dot{U} = R\dot{I} \qquad (3-4-3)$$

它们的相量图如图 3-4-2 所示。

图 3-4-1 电阻元件的交流电路　　图 3-4-2 电阻元件的电压与电流的相量图

2. 功率关系

1) 瞬时功率

所谓瞬时功率,是指电路中元件在某瞬间吸收或释放的功率,用小写字母 p 表示。因此有:

$$p = ui = \sqrt{2}U\sin\omega t \cdot \sqrt{2}I\sin\omega t = 2UI\sin^2\omega t \qquad (3-4-4)$$

由 p 的表达式可知,在任何时刻均有 $p \geq 0$,也就是说**电阻元件总是吸收能量转化为热能**

而消耗掉,是耗能元件。

2) 平均功率

同正弦量的瞬时值一样,瞬时功率也是随时间在不断变化的,因此并不能测量,在实际中,通常用平均功率来衡量元件所消耗的功率大小,而用功率表所测得的功率的数值,也代表平均功率。所谓平均功率,就是瞬时功率在一个周期内的平均值,用大写字母 P 表示,即:

$$P = \frac{1}{T}\int_0^T p dt = \frac{1}{T}\int_0^T u \cdot i dt = \frac{1}{T}\int_0^T 2UI\sin^2\omega t dt$$

$$= \frac{1}{T}\int_0^T UI(1 - \cos 2\omega t) dt = \frac{1}{T}\int_0^T UI(1 - \cos 2\omega t) dt$$

$$= UI = I^2 R = \frac{U^2}{R} \tag{3-4-5}$$

平均功率也称为有功功率,单位是瓦(W)或千瓦(kW)。

3.4.2 电感元件

1. 电压与电流的关系

如图 3-4-3 所示为一电感交流电路,电压、电流取关联参考方向,在一般情况下,电感元件的电压、电流的瞬时关系为:

$$u = L\frac{di}{dt} \tag{3-4-6}$$

设电流表达式为 $i = \sqrt{2}I\sin\omega t$,则:

$$u = L\frac{di}{dt} = L\frac{d(\sqrt{2}I\sin\omega t)}{dt} = \sqrt{2}\omega LI\cos\omega t = \sqrt{2}\omega LI\sin(\omega t + 90°) \tag{3-4-7}$$

图 3-4-3 电感元件的交流电路

同样从正弦量的三要素,比较 u 和 i 的瞬时值表达式,可得出电感的电压与电流的关系为:

(1) 频率关系:电压、电流的角频率相同,均为 ω,即电压、电流同频率。

(2) 大小关系:$U = \omega LI$,令 $X_L = \omega L$,则 $U = X_L I$。**其中,X_L 称为电感的电抗,简称感抗,感抗的单位同电阻一样,也是欧姆(Ω)。**感抗是表示电感对电流阻碍能力大小的物理量。

由于感抗 $X_L = \omega L = 2\pi f L$,即 X_L 与 L 以及 f 成正比,因此频率越高,感抗越大,在相同电压作用下,产生的电流也就越小,或者说对电流阻碍能力越强。当 $\omega \to \infty$ 时,$X_L \to \infty$,电感相当于开路。而在直流电路中,由于 $f = 0$,则 $X_L = 0$,电感相当于短路。**因此感抗有隔交流通直流的作用。**

(3) 相位关系:相位差 $\varphi = \varphi_u - \varphi_i = 90°$,即电压超前电流 90°,或电流滞后电压 90°。

根据以上关系,可得电感元件电压与电流的相量表达式为:

$$\dot{U} = j\omega L\dot{I} = jiX_L \tag{3-4-8}$$

它们的相量图如图 3-4-4 所示。

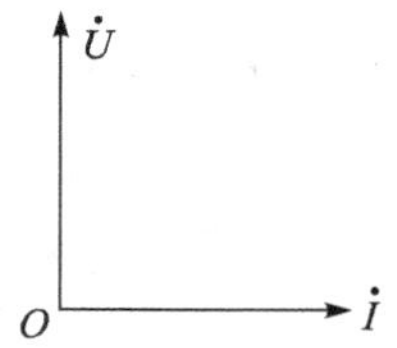

2. 功率关系

1) 瞬时功率

$$p = ui = \sqrt{2}U\cos\omega t \cdot \sqrt{2}I\sin\omega t = 2UI\sin\omega t\cos\omega t = UI\sin 2\omega t \tag{3-4-9}$$

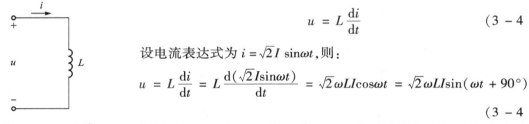

图 3-4-4 电感元件电压与电流的相量图

可见电感的瞬时功率是一正弦函数,因此它可正可负,当 $p>0$ 时,表示电源向电感输送能量;当 $p<0$ 时,表示电感释放能量返回电源。

2) 平均功率

在一个周期内电感的平均功率为:

$$P = \frac{1}{T}\int_0^T p\,\mathrm{d}t = 0 \qquad (3-4-10)$$

上式说明,电感并不消耗能量,只和电源进行能量交换,因此电感是一种储能元件。

3) 无功功率

无功功率是描述这种能量交换的规模。**无功功率用大写字母 Q 表示,其大小等于电感上交流电压与电流的有效值的乘积**,即:

$$Q = UI = I^2 X_L = \frac{U^2}{X_L} \qquad (3-4-11)$$

无功功率的单位是乏(var)或千乏(kvar),以区别有功功率。

3.4.3 电容元件

1. 电压与电流的关系

如图 3-4-5 所示为一电容交流电路,电压、电流取关联参考方向,在一般情况下,电容元件的电压、电流的瞬时关系为:

$$i = C\frac{\mathrm{d}u}{\mathrm{d}t} \qquad (3-4-12)$$

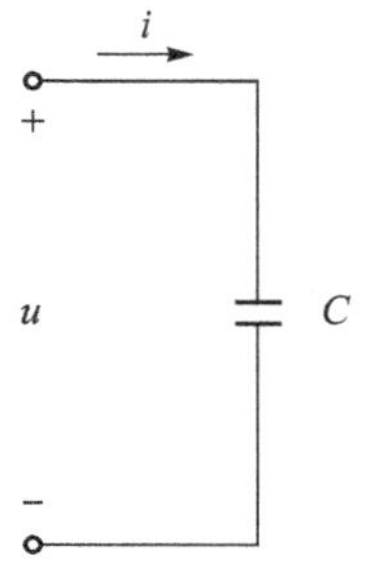

设电压表达式为 $u = \sqrt{2}U\sin\omega t$,则:

$$i = C\frac{\mathrm{d}u}{\mathrm{d}t} = C\frac{\mathrm{d}(\sqrt{2}U\sin\omega t)}{\mathrm{d}t} = \sqrt{2}\omega CU\cos\omega t = \sqrt{2}\omega CU\sin(\omega t + 90°) \qquad (3-4-13)$$

图 3-4-5 电容元件的交流电路

比较 u、i 的表达式,电容的电压与电流的关系为:

(1) 频率关系:电压、电流的角频率相同,均为 ω,即电压、电流同频率。

(2) 大小关系:$I = \omega CU$,或 $U = \frac{I}{\omega C}$,在这里我们令 $X_C = \frac{1}{\omega C}$,则 $U = X_C I$。**其中,X_C 称为电容的电抗,简称容抗,容抗的单位也是欧姆(Ω)。** 容抗同样表示电容对电流阻碍能力大小的物理量。

由容抗 $X_C = \frac{1}{\omega C} = \frac{1}{2\pi fC}$,可知 X_C 与 f 成反比,所以电路频率越低,容抗越大,即电容对电流的阻碍能力越强。而在直流电路中 $f = 0$,则 $X_C \to \infty$,即电容相当于开路。**所以,电容有隔直流通交流的作用。**

(3) 相位关系:相位差 $\varphi = \varphi_u - \varphi_i = -90°$,即电压滞后电流 $90°$,或电流超前电压 $90°$。

根据以上关系,可得电容元件电压与电流的相量表达式为:

$$\dot{U} = -\mathrm{j}\frac{\dot{I}}{\omega C} = -\mathrm{j}X_C \dot{I} \qquad (3-4-14)$$

2. 功率关系

1）瞬时功率

$$p = ui = \sqrt{2}U\sin\omega t \cdot \sqrt{2}I\cos\omega t = UI\sin2\omega t \quad (3-4-15)$$

同电感的瞬时功率一样,电容瞬时功率也是一正弦函数,因此它可正可负,当 $p>0$ 时,表示电源向电感输送能量;当 $p<0$ 时,表示电感释放能量返回电源。

2）平均功率

在一个周期内电感的平均功率为:

$$P = \frac{1}{T}\int_0^T p\,\mathrm{d}t = 0 \quad (3-4-16)$$

上式说明,电容也不消耗能量,只和电源进行能量交换,因此电容也是一种储能元件。

3）无功功率

虽然电容也不消耗有功功率,但要与电源间进行能量的交换,它的无功功率为:

$$Q = -UI = -I^2 X_C = -\frac{U^2}{X_C} \quad (3-4-17)$$

其单位也是乏(var)或千乏(kvar)。

式中负号只是为了与电感无功功率相区别,表明它们能量的吸收与释过程正好相反。

3.5 正弦交流电路的阻抗、导纳及等效转换

3.5.1 *RLC* 串联电路与复阻抗

1. 电压和电流的关系

图 3-5-1(a)为一 *RLC* 串联电路,串联元件的电流相等。该电路的电源为一正弦交流电压 u,则各个元件的电压 u_R、u_L、u_C 也都是同一频率的正弦交流量。根据 KVL 有:

$$u = u_R + u_L + u_C = iR + L\frac{\mathrm{d}i}{\mathrm{d}t} + \frac{1}{C}\int i\,\mathrm{d}t \quad (3-5-1)$$

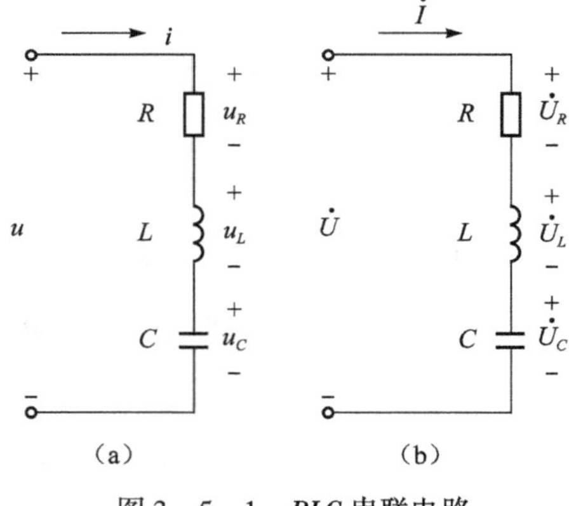

将图 3-5-1(a)中各个量用相量形式表示得到图 3-5-1(b),根据 KVL 的相量形式有:

$$\dot{U} = \dot{U}_R + \dot{U}_L + \dot{U}_C \quad (3-5-2)$$

根据单一参数电压与电流的关系式代入式(3-5-2)得:

$$\dot{U} = R\dot{I} + jX_L\dot{I} - jX_C\dot{I} = \dot{I}[R + j(X_L - X_C)] \quad (3-5-3)$$

图 3-5-1 *RLC* 串联电路

令复数 $Z = R + jX = R + j(X_L - X_C)$,则上式可写为:

$$\dot{U} = \dot{I}Z \quad (3-5-4)$$

$$Z = \frac{\dot{U}}{\dot{I}} = \frac{U\underline{/\varphi_u}}{I\underline{/\varphi_i}} = \frac{U}{I}\underline{/(\varphi_u - \varphi_i)} = |Z|\underline{/\varphi} \quad (3-5-5)$$

这就是复数形式的欧姆定律。其中 $Z = R + j(X_L - X_C)$ 称为复阻抗,单位为欧姆(Ω)。由

于 Z 是一个复数,不是相量,上面不能加点。$X = X_L - X_C$,称为电抗,单位也是欧姆(Ω)。

复阻抗的模为 $|Z| = \sqrt{R^2 + X^2} = \sqrt{R^2 + (X_L - X_C)^2}$,简称阻抗,单位是欧姆($\Omega$)。

阻抗角为:

$$\varphi = \arctan \frac{X}{R} = \arctan \frac{X_L - X_C}{R} \quad (3-5-6)$$

因此,已知一串联电路的 R、L、C 时,可以直接写出复阻抗 Z。它们之间还可以组成一直角三角形,称为阻抗三角形,如图 3-5-3 所示。

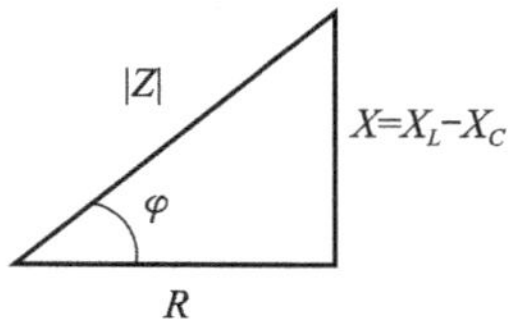

从图 3-5-2 可知,当 $X = X_L - X_C > 0$ 时,阻抗角 $\varphi > 0$,说明电路中总电压超前总电流,该电路呈电感性,如图 3-5-3(a)所示。

当 $X = X_L - X_C < 0$ 时,阻抗角 $\varphi < 0$,说明电路中总电流超前总电压,该电路呈电容性,如图 3-5-3(b)所示。

当 $X = X_L - X_C = 0$ 时,阻抗角 $\varphi = 0$,说明电路中电压电流同相位,该电路呈电阻性,这时我们也称电路发生了串联谐振。如图 3-5-3(c)所示。

图 3-5-2 阻抗三角形

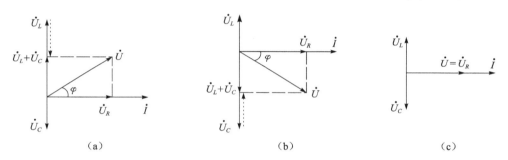

图 3-5-3 RLC 串联电路相量图
(a)电感性;(b)电容性;(c)电阻性

因此,以 $\dot{I}$ 作为参考相量,分别作出 $\dot{U}_R$、$\dot{U}_L$、$\dot{U}_C$ 以及 $\dot{U}$ 的相量,可得一关于电压的直角三角形,称之为电压三角形。其中:

$$\dot{U}_X = \dot{U}_L + \dot{U}_C = j(X_L - X_C)\dot{I} \quad (3-5-7)$$

称为电抗电压。

【例 3-5-1】 RLC 串联电路。已知 $R = 5 \text{ k}\Omega$,$L = 6 \text{ mH}$,$C = 0.001 \text{ }\mu\text{F}$,$u = 5\sqrt{2} \sin 10^6 t \text{ V}$。求电流 i 和各元件上的电压。

【解】 $X_L = \omega L = 10^6 \times 6 \times 10^{-3} = 6(\text{k}\Omega)$

$$X_C = \frac{1}{\omega C} = \frac{1}{10^6 \times 0.001 \times 10^{-6}} = 1(\text{k}\Omega)$$

$$Z = R + j(X_L - X_C) = 5 + j(6 - 1) = 5\sqrt{2} \underline{/45°} (\text{k}\Omega)$$

因为 $\varphi_Z > 0$,电路呈感性。

由 $u = 5\sqrt{2} \sin 10^6 t \text{ V}$,得电压相量为:

$$\dot{U}_m = 5\sqrt{2} \underline{/0°} \text{ V}$$

则:

$$\dot{I}_m = \frac{\dot{U}_m}{Z} = \frac{5\sqrt{2}\angle 0°}{5\sqrt{2}\angle 45°} = 1\angle -45° \text{ (mA)}$$

$$\dot{U}_{Rm} = R\dot{I}_m = 5 \times 1\angle -45° = 5\angle -45° \text{ (V)}$$

$$\dot{U}_{Lm} = jX_L\dot{I}_m = j6 \times 1\angle -45° = 6\angle 45° \text{ (V)}$$

$$\dot{U}_{Cm} = -jX_C\dot{I}_m = -j1 \times 1\angle -45° = 1\angle -135° \text{ (V)}$$

$$i = \sin(10^6 t - 45°) \text{ mA} \qquad u_R = 5\sin(10^6 t - 45°) \text{ V}$$
$$u_L = 6\sin(10^6 t + 45°) \text{ V} \qquad u_C = \sin(10^6 t - 135°) \text{ V}$$

2. 功率关系

1）瞬时功率

设 $i = \sqrt{2}I\sin\omega t$，$u = \sqrt{2}U\sin(\omega t + \varphi)$，则：

$$p = u \cdot i = \sqrt{2}U\sin(\omega t + \varphi) \cdot \sqrt{2}I\sin\omega t = UI\cos\varphi - UI\cos(2\omega t + \varphi) \quad (3-5-8)$$

上式分为两部分，其中第一项为耗能元件上的瞬时功率，第二项为储能元件上的瞬时功率。这说明在每一瞬间，电源提供的功率一部分被耗能元件（电阻）消耗掉，一部分与储能元件（电感或电容）进行能量交换。

2）平均功率（有功功率）

电阻上消耗的电能的大小用平均功率表示：

$$P = \frac{1}{T}\int_0^T p\,dt$$
$$= \frac{1}{T}\int_0^T [UI\cos\varphi - UI\cos(2\omega t + \varphi)]dt$$
$$= UI\cos\varphi \qquad (3-5-9)$$

3）无功功率

电感与电容与电源进行能量交换的大小，即为无功功率：

$$Q = U_L I - U_C I = (U_L - U_C)I = I^2(X_L - X_C) \quad (3-5-10)$$

4）视在功率

在交流电路中，将 U 和 I 的乘积定义为电路的视在功率，用 S 表示，即：

$$S = UI = I^2|Z| \qquad (3-5-11)$$

视在功率的单位为伏安（V·A）或千伏安（kV·A）。通过上式，我们可以看出，**视在功率 S、有功功率 P 与无功功率 Q 也可以组成一直角三角形，称之为功率三角形**，如图 3-5-4 所示。

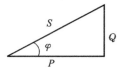

图 3-5-4 功率三角形

观察功率三角形，可以得出视在功率 S、有功功率 P 与无功功率 Q 的关系：

$$\begin{cases} P = UI\cos\varphi \\ Q = UI\sin\varphi \\ S = \sqrt{P^2 + Q^2} \end{cases} \qquad (3-5-12)$$

【例 3-5-2】 正弦交流电路如图 3-5-5 所示。已知 $R = 40\ \Omega$，$L = 30\ \text{mH}$，$C = 20\ \mu\text{F}$，电源电压 $u = 5\sqrt{2}\sin 10^3 t$ V，计算：(1) $\dot{I}_1$、$\dot{I}_2$ 和 $\dot{I}$；(2) 电路的平均功率 P。

【解】 (1) 电源电压相量为 $\dot{U} = 5 \underline{/0°}$ (V)

RL 支路的复阻抗为 $Z = R + j\omega L = 40 + j(1000 \times 30 \times 10^{-3}) = 40 + 30j = 50 \underline{/37°}$ (Ω)

$$\dot{I}_1 = \frac{\dot{U}}{Z} = \frac{5 \underline{/0°}}{50 \underline{/37°}} = 0.1 \underline{/-37°} \text{ (A)}$$

$$\dot{I}_2 = j\omega C\dot{U} = j \times 1000 \times 20 \times 10^{-6} \times 5 \underline{/0°} = 0.1 \underline{/90°} \text{ (A)}$$

$$\dot{I} = \dot{I}_1 + \dot{I}_2 = 0.1 \underline{/-37°} + 0.1 \underline{/90°} = 0.08 - 0.06j + 0.1j$$
$$= 0.08 + 0.04j = 0.283 \underline{/26.6°} \text{ (A)}$$

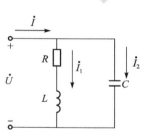

图 3-5-5 例 3-5-2 的电路图

(2) $\dot{U}$ 与 $\dot{I}$ 的相位差为 $\varphi = 26.6°$，则：

$$P = UI\cos\varphi = 5 \times 0.106 \times 0.75 = 0.398 \text{ (W)}$$

3.5.2 复阻抗的等效变换

同直流电路中电阻的串、并联一样，复阻抗也有串联和并联两种连接形式。我们也要分析两个或两个以上复阻抗分别在串联和并联下的等效阻抗。

1. 复阻抗的串联

图 3-5-6(a) 为 n 个复阻抗串联的电路，我们可以用一个复阻抗 Z 等效代替这 n 个复阻抗，如图 3-5-6(b) 所示。

同电阻的串联一样，其等效阻抗与原来串联阻抗关系为：

$$Z = Z_1 + Z_2 + \cdots Z_n = \sum_{k=1}^{n} Z_k = \sum_{k=1}^{n} R_k + j\sum_{k=1}^{n} X_k \quad (3-5-13)$$

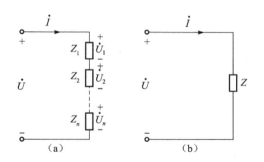

图 3-5-6 复阻抗的串联
(a) 复阻抗的串联电路；(b) 等效电路

也就是串联电路的等效阻抗等于各个串联阻抗之和。

此时，电路的阻抗为：

$$|Z| = \sqrt{\left(\sum_{k=1}^{n} R_k\right)^2 + \left(\sum_{k=1}^{n} X_{Lk} - \sum_{k=1}^{n} X_{Ck}\right)^2} \quad (3-5-14)$$

等效的阻抗角为：

$$\varphi = \arctan \frac{\sum_{k=1}^{n} X_{Lk} - \sum_{k=1}^{n} X_{Ck}}{\sum_{k=1}^{n} R_k} \quad (3-5-15)$$

对于复阻抗串联电路而言，分压公式仍然成立，只是电压应为相量，掌握两个复阻抗串联的分压公式就可以推导出多个复阻抗串联的分压情况，如图 3-5-7 所示。

两个阻抗上的电压分别为：

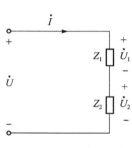

图 3-5-7 两个复阻抗的串联电路

$$\dot{U}_1 = \frac{Z_1}{Z_1 + Z_2} \dot{U} \qquad (3-5-16)$$

$$\dot{U}_2 = \frac{Z_2}{Z_1 + Z_2} \dot{U} \qquad (3-5-17)$$

2. 复阻抗的并联

图 3-5-8(a)为 n 个复阻抗并联的电路,我们可以用一个复阻抗 Z 等效代替这 n 个复阻抗,如图 3-5-8(b)所示。

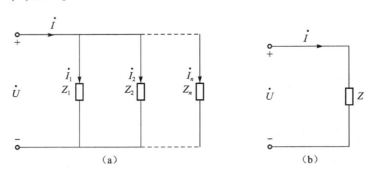

图 3-5-8 复阻抗的并联
(a) 复阻抗的并联电路;(b) 等效电路

同电阻的并联一样,其等效阻抗与原来串联阻抗关系为:

$$\frac{1}{Z} = \frac{1}{Z_1} + \frac{1}{Z_2} + \cdots \frac{1}{Z_n} = \sum_{k=1}^{n} \frac{1}{Z_k} \qquad (3-5-18)$$

即并联电路的等效阻抗的倒数等于各个并联支路复阻抗的倒数之和。

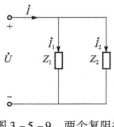

图 3-5-9 两个复阻抗的并联电路

对于复阻抗并联电路而言,分流仍然成立,只是电流应为相量,这里主要掌握两个复阻抗并联的分流公式,如图 3-5-9 所示。

两个阻抗上的电流分别为:

$$\dot{I}_1 = \frac{Z_2}{Z_1 + Z_2} \dot{I} \qquad (3-5-19)$$

$$\dot{I}_2 = \frac{Z_1}{Z_1 + Z_2} \dot{I} \qquad (3-5-20)$$

3.6 正弦稳态电路的谐振

当阻抗角 $\varphi = 0$ 时,**电路中总电压与总电流同相位,电路呈现纯电阻性,我们也称此时电路发生了谐振。**谐振是正弦交流电路特有的现象,根据电路中 L、C 连接方式的不同,**谐振又分为串联谐振与并联谐振两种。**

3.6.1 串联谐振

由电感与电容串联而产生的谐振称为串联谐振,电路如图 3-6-1(a)所示,图 3-6-2(b)为发生串联谐振时的相量图。

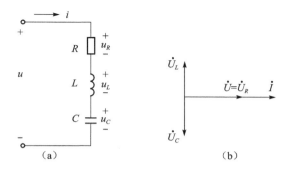

图 3-6-1 串联谐振
(a) 串联谐振电路图；(b) 串联谐振相量图

由电路图可得电路的复阻抗为：

$$Z = R + j(X_L - X_C) = R + j\left(\omega L - \frac{1}{\omega C}\right) \qquad (3-6-1)$$

u 和 i 的相位差为：

$$\varphi = \arctan\frac{X}{R} = \arctan\frac{X_L - X_C}{R} \qquad (3-6-2)$$

由谐振的定义知，发生谐振时，u 和 i 同相位，即 $\varphi = 0$，有：

$$X_L = X_C \qquad (3-6-3)$$

将 $X_L = \omega L, X_C = \dfrac{1}{\omega C}$ 代入上式得：

$$\omega L = \frac{1}{\omega C} \qquad (3-6-4)$$

则谐振角频率为：

$$\omega = \frac{1}{\sqrt{LC}} = \omega_0 \qquad (3-6-5)$$

又由 $\omega = 2\pi f$ 得发生谐振时的谐振频率 f_0 为：

$$f_0 = \frac{1}{2\pi\sqrt{LC}} \qquad (3-6-6)$$

可见谐振频率 f_0 只与电路中 L、C 相关而与电阻 R 无关，故也称为电路的固有谐振频率。当电路的频率等于固有谐振频率时，电路就会发生谐振。 同时，也可以通过调节 L、C 和 f 的大小来使电路产生谐振。

电路发生串联谐振时，主要有以下特征：

(1) 电压与电流同相，电路呈现纯电阻性质。

(2) 复阻抗 $Z = R$，说明阻抗值最小，外加电压 U 一定时，电流具有最大值 $I_0 = \dfrac{U}{R}$。

(3) 因为 $X_L = X_C \gg R$，故 $U_L = U_C \gg U_R = U$，即电感和电容上的电压远远高于电路的端电压。

如上所述，由于谐振时，$X_L = X_C$，使得电路的电压 $\dot{U} = \dot{U}_R$，并不表示电路中电感与电容上没有电压，相反，U_L 和 U_C 在数值上远大于总电压 U，只是由于 $\dot{U}_L$ 和 $\dot{U}_C$ 大小相等而方向相反才互相抵消。

下面我们讨论一下发生谐振时,这几个电压的大小关系:

$$U_L = IX_L = \frac{U}{R}\omega_0 L = \frac{\omega_0 L}{R}U = U_C = IX_C = \frac{U}{R}\frac{1}{\omega_0 C} = \frac{1}{\omega_0 CR}U \quad (3-6-7)$$

令 $Q = \frac{\omega_0 L}{R} = \frac{1}{\omega_0 CR}$,则:

$$U_L = U_C = QU \quad (3-6-8)$$

式中,**Q 称为谐振电路的品质因数**,其值一般从几十到几百,即电容与电感上电压的有效值是总电压的有效值的 Q 倍,**所以串联谐振又叫作电压谐振**。由于发生串联谐振时,$\omega_0 L = \frac{1}{\omega_0 C} \gg R$,致使 $U_L = U_C \gg U$,即电感和电容上会出现远超过外加的电压,这一高压会使电感和电容的绝缘损坏,因而,在电力系统中应避免谐振的发生。但是在通信系统中,为了使信号放大,则利用谐振。

3.6.2 并联谐振

同样,当电感与电容并联,电路中总电压与总电流相位相同时,电路产生的谐振我们称为并联谐振。由于电感线圈中总会有一定的内阻,因此并联谐振的电路如图 3-6-2(a)所示,图 3-6-2(b)为发生并联谐振时,电路中各个量的相量图。

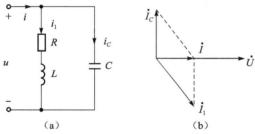

图 3-6-2 并联谐振电路
(a)并联谐振电路图;(b)并联谐振相量图

对图(a),并联支路两复阻抗分别为:

$$Z_1 = R + j\omega L \quad (3-6-9)$$

$$Z_C = \frac{1}{j\omega C} \quad (3-6-10)$$

则并联后的等效阻抗为:

$$Z = \frac{Z_1 Z_C}{Z_1 + Z_C} = \frac{(R + j\omega L)\frac{1}{j\omega C}}{R + j\omega L + \frac{1}{j\omega C}} \quad (3-6-11)$$

由于发生谐振时,$\omega L \gg R$,那么:

$$Z = \frac{(R + j\omega L)\frac{1}{j\omega C}}{R + j\omega L + \frac{1}{j\omega C}} \approx \frac{\frac{L}{C}}{R + j\omega L + \frac{1}{j\omega C}} = \frac{1}{\frac{RC}{L} + j\left(\omega C - \frac{1}{\omega L}\right)} \quad (3-6-12)$$

发生谐振时,阻抗虚部应为 0,即上式中

$$\omega C - \frac{1}{\omega L} = 0 \quad (3-6-13)$$

可得谐振角频率为:

$$\omega_0 = \frac{1}{\sqrt{LC}} \quad (3-6-14)$$

所以谐振频率为:

$$f_0 = \frac{1}{2\pi\sqrt{LC}} \qquad (3-6-15)$$

由此,电路发生并联谐振时的特点:

(1) 并联谐振时,阻抗角 $\varphi = 0°$,电压与电流同相位。

(2) 在 $\omega L \gg R$ 的情况下,并联谐振电路与串联谐振电路的谐振频率相同,均为 $f_0 = \dfrac{1}{2\pi\sqrt{LC}}$。

(3) 阻抗为 $Z = \dfrac{L}{RC}$,阻抗的模最大,在外加电压一定时,电路的总电流最小,为:

$$I_0 = \frac{U}{|Z|} = \frac{U}{L/RC} \qquad (3-6-16)$$

3.7 正弦稳态电路的分析计算

常用的正弦稳态电路的分析计算方法有两种,一是直接利用相量进行分析求解,该方法是利用相量能直接表示正弦量的大小与相位这一特点,将电路中各个参数用相量形式表示,直接采用线性电路的分析方法进行求解。

【例 3 - 7 - 1】 如图 3 - 7 - 1 所示电路,已知:$R_1 = 5\ \Omega$,$R_2 = 2\ \Omega$,$\omega L = 35\ \Omega$,$\dfrac{1}{\omega C} = 38\ \Omega$,$\dot{I}_S = 5\ \underline{/-15°}\ A$,求等效阻抗 Z_{eq} 及 $\dot{I}_1$、$\dot{I}_2$。

【解】 $Z_1 = R_1 + j\omega L = 5 + j35\ (\Omega)$,$Z_2 = R_2 + \dfrac{1}{j\omega C} = 2 - j38\ (\Omega)$

$$Z_{eq} = \frac{Z_1 Z_2}{Z_1 + Z_2} = \frac{(5+j35)(2-j38)}{5+j35+2-j38} = 176.7\ \underline{/18.08°}\ (\Omega)$$

$$\dot{I}_1 = \frac{Z_2}{Z_1 + Z_2}\dot{I}_S = \frac{2-j38}{5+j35+2-j38} \times 5\ \underline{/-15°} = 24.98\ \underline{/-78.79°}\ (A)$$

$$\dot{I}_2 = \frac{Z_1}{Z_1 + Z_2}\dot{I}_S = \frac{5+j35}{5+j35+2-j38} \times 5\ \underline{/-15°} = 23.20\ \underline{/90.26°}\ (A)$$

【例 3 - 7 - 2】 电路如图 3 - 7 - 2 所示,已知 $R = R_1 = R_2 = 10\ \Omega$,$L = 31.8\ mH$,$C = 318\ \mu F$,$f = 50\ Hz$,$U = 10\ V$。试求(1)并联支路端电压 $\dot{U}_{ab}$;(2)求 P、Q、S 及 $\cos\varphi$。

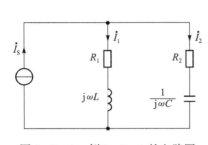 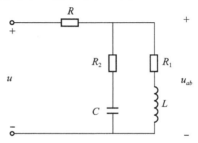

图 3 - 7 - 1 例 3 - 7 - 1 的电路图　　图 3 - 7 - 2 例 3 - 7 - 2 的电路图

【解】 (1) $\qquad X_L = 2\pi f L = 2 \times 3.14 \times 50 \times 31.8 \times 10^{-3} = 10\ (\Omega)$

$$X_C = 1/(2\pi fC) = 1/(2 \times 3.14 \times 50 \times 318 \times 10^{-6}) = 10(\Omega)$$

$$Z_1 = R_1 + jX_L = 10 + j10(\Omega), Z_2 = R_2 - jX_C = 10 - j10(\Omega)$$

$$Z_{12} = \frac{Z_1 Z_2}{Z_1 + Z_2} = \frac{(10+j10)(10-j10)}{10+j10+10-j10} = 10(\Omega)$$

设电压 $\dot{U} = 10\angle 0°\text{V}$,则 $\dot{U}_{ab} = \frac{Z_{12}}{Z_{12} + R}\dot{U} = \frac{10}{10+10} \times 10 = 5(\text{V})$

(2) 电路的等效阻抗 $Z = Z_{12} + R = 10 + 10 = 20(\Omega), \varphi = 0°$

所以:
$$\dot{I} = \frac{\dot{U}}{Z} = \frac{10}{20} = 0.5(\text{A})$$

$P = UI\cos\varphi = 10 \times 0.5 \times 1 = 5(\text{W}), \quad Q = UI\sin\varphi = 10 \times 0.5 \times 0 = 0(\text{var})$

$S = UI = 10 \times 0.5 = 5(\text{V}\cdot\text{A})$

正弦稳态电路的分析计算的另一种方法是通过画相量图分析求解的方法。该方法是数量形式在作图方面的具体体现。元件的 $\dot{U}$ 和 $\dot{I}$ 的关系,通过相量图来描述,其超前、滞后等相位关系直观,再利用 KCL、KVL,体现在相量图中,相量和符合平行四边形法则。

【例 3-7-3】 一台功率为 1.1 kW 的感应电动机,接在 220 V、50 Hz 的电路中,电动机需要的电流为 10 A,求:(1)电动机的功率因数;(2)若在电动机两端并联一个 79.5 μF 的电容器,电路的功率因数为多少?

【解】 (1) $\cos\varphi = \frac{P}{UI} = \frac{1.1 \times 1000}{220 \times 10} = 0.5$

(2) 在未并联电容前,电路中的电流为 $\dot{I}_1$。并联电容后,电动机中的电流不变,仍为 $\dot{I}_1$,这时电路中的电流为:$\dot{I} = \dot{I}_1 + \dot{I}_C$,电路如图 3-7-3(a)所示,图(b)为变化前后的相量图。

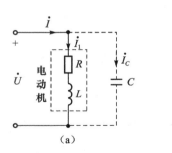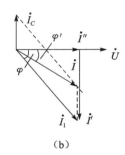

图 3-7-3 例 3-7-3 的图
(a) 电路图;(b) 相量图

$$I_C = \frac{U}{X_C} = \omega CU = 314 \times 79.5 \times 10^{-6} = 5.5(\text{A})$$

$I' = I\sin 60° = 10\sin 60° = 8.66(\text{A}), \quad I'' = I\cos 60° = 10\cos 60° = 5(\text{A})$

$$\varphi' = \arctan\frac{I' - I_C}{I''} = \arctan\frac{8.66 - 5.5}{5} = 32.3°$$

所以: $\cos\varphi' = \cos 32.3° = 0.844$

通过这个例题,我们还可以看到在并联了电容以后,电路的功率因数提高了。而功率因数反映的是电路中负载对电源的利用能力,**功率因数越高,那么负载对电源的利用率越好**。并且还能减少输电线路的电压降和功率损失。因此提高功率因数,对工业发展有着重要的意义。而我们经常就会利用在感性负载上两端并联适当的电容的方法来提高功率因数。

习 题 3

一、选择题

1. 已知工频正弦电压有效值和初始值均为 380 V,则该电压的瞬时值表达式为(　　)。
   A. $u = 380 \sin(314t)$ V
   B. $u = 537 \sin(314t + 45°)$ V
   C. $u = 380 \sin(314t + 90°)$ V
   D. $u = 537 \sin(50t + 45°)$ V

2. 一个电热器,接在 10 V 的直流电源上,产生的功率为 P。把它改接在正弦交流电源上,使其产生的功率为 P/2,则正弦交流电源电压的最大值为(　　)。
   A. 7.07 V
   B. 5 V
   C. 14 V
   D. 10 V

3. 提高供电线路的功率因数,下列说法正确的是(　　)。
   A. 减少了用电设备中无用的无功功率
   B. 可以节省电能
   C. 减少了用电设备的有功功率,提高了电源设备的容量
   D. 可提高电源设备的利用率并减小输电线路中的功率损耗

4. 已知 $i = 10\sin(314t + 30°)$ A, $u = 10\sin(314t + 60°)$ V,则(　　)。
   A. i 超前 u 30°
   B. i 滞后 u 30°
   C. 两者同相位
   D. 相位差无法判断

5. 纯电容正弦交流电路中,电压有效值不变,当频率增大时,电路中电流将(　　)。
   A. 增大
   B. 减小
   C. 不变
   D. 无法判断

6. 在 R、L 串联电路中, $U_R = 16$ V, $U_L = 12$ V,则总电压为(　　)。
   A. 28 V
   B. 20 V
   C. 2 V
   D. 10 V

7. 已知单相交流电路中某负载无功功率为 6 kvar,有功功率为 8 kW,则其视在功率为(　　)。
   A. 13 kV·A
   B. 2 kV·A
   C. 10 kV·A
   D. 0 kV·A

8. 下列物理量中,通常采用相量法进行分析的是(　　)。
   A. 随时间变化的同频率正弦量
   B. 随时间变化的不同频率正弦量
   C. 不随时间变化的直流量
   D. 随时间变化不同周期的方波变量

9. 已知某元件 $Z = 10 - j4 (\Omega)$,则可判断该元件为(　　)。
   A. 电阻性
   B. 电感性
   C. 电容性
   D. 不能确定

10. 某交流电路中,电感 L 与电阻 R 串联,已知感抗 $X_L = 7.07$ Ω,电阻 $R = 7.07$ Ω,则其串联等效阻抗 $|Z|$ 为(　　)。
    A. 14.14 Ω
    B. 10 Ω
    C. 7.07 Ω
    D. 0 Ω

二、填空题

1. 正弦交流电的三要素是_____、_____和_____。_____值可用来确切反映交流电的做功能力,其值等于与交流电_____相同的直流电的数值。

2. 已知正弦交流电压 $u = 380\sqrt{2}\sin(314t - 60°)$ V,则它的最大值是_____ V,有效值是_____ V,频率为_____ Hz,周期是_____ s,角频率是_____ rad/s,初相是

_____。

3. 实际电气设备大多为_____性设备,功率因数往往_____。若要提高感性电路的功率因数,常采用人工补偿法进行调整,即_____。

4. 电阻元件正弦电路的复阻抗是_____;电感元件正弦电路的复阻抗是_____;电容元件正弦电路的复阻抗是_____;多参数串联电路的复阻抗是_____。

5. 某一复阻抗为 $Z = 20 - j30(\Omega)$,则该负载电路可等效为一_____元件和一_____元件的串联电路。

6. 电阻元件上的伏安关系相量表达式为_____,电感元件上伏安关系相量表达式为_____,电容元件上伏安关系相量表达式为_____。

7. RLC 串联电路发生谐振的条件是_____,谐振频率为_____。

8. 当 RLC 串联电路发生谐振时,电路中_____最小且等于_____;电路中电压一定时_____最大,且与电路总电压_____。

9. 在正弦交流电路中,电容 C 越大,频率 f 越高,则其容抗越_____。

10. R、C 串联的正弦交流电路中,电阻元件的端电压为 12 V,电容元件的端电压为 16 V,则电路的总电压为_____。

三、计算题

1. 图 3-1 中,$U_1 = 40$ V,$U_2 = 30$ V,$i = 10\sin(314t)$ A,则 U 为多少?并写出其瞬时值表达式。

2. 图 3-2 所示电路中,已知 $u = 100\sin(314t + 30°)$ V,$i = 22.36\sin(314t + 19.7°)$ A,$i_2 = 10\sin(314t + 83.13°)$ A,试求:i_1、Z_1、Z_2 并说明 Z_1、Z_2 的性质,绘出相量图。

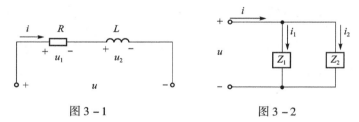

图 3-1   图 3-2

3. 图 3-3 所示电路中,$X_C = X_L = R$,并已知电流表 A_1 的读数为 3 A,试问 A_2 和 A_3 的读数为多少?

4. 有一 R、L、C 串联的交流电路,已知 $R = X_L = X_C = 10$ Ω,$I = 1$ A,试求电压 U、U_R、U_L、U_C 和电路总阻抗 $|Z|$。

5. 电路如图 3-4 所示,已知 $\omega = 2$ rad/s,求电路的总阻抗 Z_{ab}。

6. 电路如图 3-5 所示,已知 $R = 20$ Ω,$\dot{I}_R = 10\angle 0°$ A,$X_L = 10$ Ω,$\dot{U}_1$ 的有效值为 200 V,求 X_C。

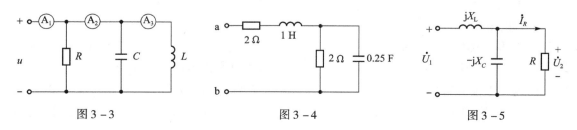

图 3-3   图 3-4   图 3-5

7. 图3-6所示电路中，$u_S = 10\sin(314t)\text{V}$，$R_1 = 2\ \Omega$，$R_2 = 1\ \Omega$，$L = 637\ \text{mH}$，$C = 637\ \mu\text{F}$，求电流 i_1，i_2 和电压 u_C。

8. 图3-7所示电路中，已知电源电压 $U = 12\ \text{V}$，$\omega = 2000\ \text{rad/s}$，求电流 I、I_1。

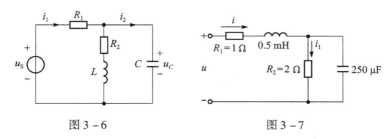

图3-6　　　　　　　　图3-7

9. 图3-8所示电路中，已知 $R_1 = 40\ \Omega$，$X_L = 30\ \Omega$，$R_2 = 60\ \Omega$，$X_C = 60\ \Omega$，接至220 V 的电源上。试求各支路电流及总的有功功率、无功功率和功率因数。

10. 图3-9所示电路中，求：(1) AB 间的等效阻抗 Z_{AB}；(2) 电压相量 $\dot{U}_{AF}$ 和 $\dot{U}_{DF}$；(3) 整个电路的有功功率和无功功率。

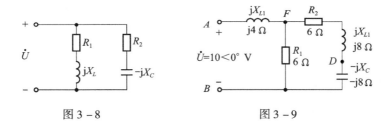

图3-8　　　　　　　　图3-9

第 4 章

三相交流电路

本章的学习目的和要求：

了解三相交流电的基本概念；熟悉三相电源和三相负载的两种连接方式；掌握对称三相交流电的概念及对称三相电路的分析与计算；理解中线的作用和两种连接方式；掌握线、相电压之间的关系和线、相电流之间的关系；了解安全用电的基本常识。

在工农业生产和人们的日常生活中，常采用三相交流电源供电。由三相交流电源供电的电路称为三相电路。第 4 章所介绍的单相交流电路仅是三相交流电路中的单相电路。

4.1 三相电源

4.1.1 三相对称电压的产生

1. 三相对称电源的产生

三相交流电是由三相发电机产生的。发电机主要由定子和转子两大部分构成。定子也称电枢，它包括机座、定子铁芯和电枢绕组三部分。转子由转子铁芯、励磁绕组和通直流电励磁组成。图 4-1-1 为三相交流发电机。

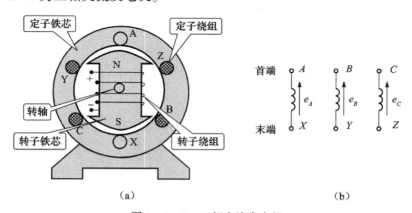

图 4-1-1 三相交流发电机
(a) 三相交流发电机原理图；(b) 三相绕组电路模型

三相交流发电机的工作方式：当原动机带动转子绕轴旋转时，产生的气隙旋转磁场将依次切割定子电枢绕组，并在每相绕组内产生出频率相同、幅值相等、初相互差 120°的三相对称正弦感应电动势，简称三相对称电源。感应电动势正方向规定从电枢绕组的末端指向首端，如图 4-1-1(b) 所示。

2. 三相对称电源的表示

若以 e_A 为参考正弦量,则三相电源的瞬时值表达式为:

$$e_A = E_m \sin\omega t$$

$$e_B = E_m \sin(\omega t - 120°)$$
$$e_C = E_m \sin(\omega t - 240°)$$
$$= E_m \sin(\omega t - 120°)$$

或 $\begin{cases} \dot{E}_A = E \angle 0° \\ \dot{E}_B = E \angle -120° \\ \dot{E}_C = E \angle 120° \end{cases}$ （4-1-1）

也可用正弦波形图和相矢量来反映式(4-1-1),如图 4-1-2(a)、(b)所示。

3. 三相对称电源的特征

由三相对称电压的表达式、波形相量图可得到三相对称电压的特征。

（1）三相对称正弦电压是由在空间上彼此互差 120°的三个同频、同幅的单相正弦电压组合而成。

（2）三相正弦电源出现最大值(或过零值)的先后时间顺序,称为三相电源的相序。图 4-1-1(a)所示电源的相序为 $A \to B \to C \to A$,称为正序;而当相序为 $A \to C \to B \to A$,就称为负序。

（3）三相对称电源的瞬时值之和或相量之和为零,即:

$$e_A + e_B + e_C = 0 \qquad \dot{E}_A + \dot{E}_B + \dot{E}_C = 0 \qquad （4-1-2）$$

4.1.2 三相对称电源的连接

1. 三相对称电源中的常用名词

地线:三相交流发电机的三相电枢绕组末端 X、Y、Z 连接在一起的点,称为电源的中点或零点,通常用 N 表示,从中点引出的线称为中线或零线(俗称地线)。

火线:从三相电枢绕组始端 A、B、C 分别对外引出的三根线称为端线或相线(俗称火线),用 L_1、L_2、L_3 表示。这种连接方式称为星形连接,记为"Y_0"。图 4-1-3 为三相交流发电机电枢绕组作"Y"连接时的接线图。

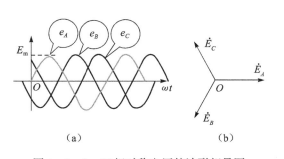

图 4-1-2 三相对称电压的波形相量图
(a)三相对称电压的正弦波形;(b)三相对称电压的相量图

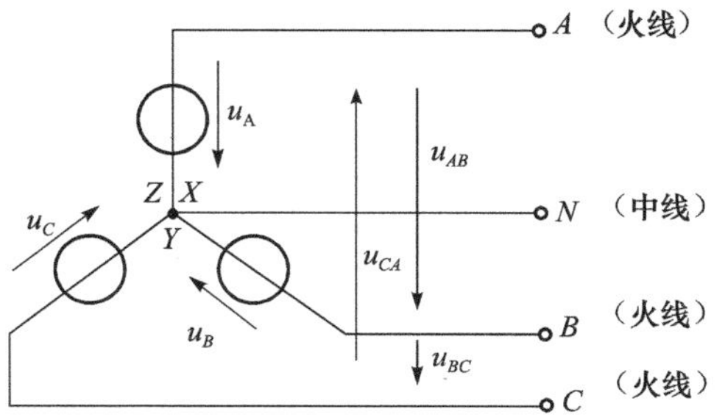

图 4-1-3 绕组作星形连接时的接线图

相电压:端线与中线之间的电压称为相电压,用 U_p 表示,在图 4-1-3 中用 U_A、U_B、U_C 表示。

线电压:端线与端线之间的电压称为线电压,用 U_l 表示,在图 4-1-3 中用 U_{AB}、U_{BC}、U_{CA} 表示。

三相四线制：具有一根中线和三根相线的三相供电线路，称为三相四线制，如图 4-1-4(a) 所示。

三相三线制：星形连接、不引出中线，为负载提供一种线电压的供电线路，称为三相三线制，如图 4-1-4(b) 所示。

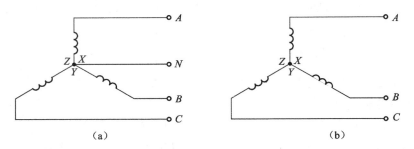

图 4-1-4　三相电源对外供电的方式
(a) 三相四线制；(b) 三相三线制

4. 相电压和线电压的表示

根据相电压的定义，由图 4-1-3 可得相电压的表达式为：

$$u_A = e_A \qquad \dot{U}_A = U_A \underline{/0°}$$
$$u_B = e_B \quad 或 \quad \dot{U}_B = U_B \underline{/-120°} \qquad (4-1-3)$$
$$u_C = e_C \qquad \dot{U}_C = U_C \underline{/120°}$$

根据线电压的定义，由图 4-1-3 可得线电压的表达式为：

$$\dot{U}_{AB} = \dot{U}_A - \dot{U}_B$$
$$\dot{U}_{BC} = \dot{U}_B - \dot{U}_C \qquad (4-1-4)$$
$$\dot{U}_{CA} = \dot{U}_C - \dot{U}_A$$

5. 相电压和线电压的关系

作电压相量图，如图 4-1-5 所示。

由相量图可得相电压和线电压的关系为：

$$\dot{U}_{AB} = \dot{U}_A - \dot{U}_B = \sqrt{3}\,U_A \underline{/30°}$$
$$\dot{U}_{BC} = \dot{U}_B - \dot{U}_C = \sqrt{3}\,U_B \underline{/-90°}$$
$$\dot{U}_{CA} = \dot{U}_C - \dot{U}_A = \sqrt{3}\,U_C \underline{/150°}$$

$$\Rightarrow \begin{array}{l} \dot{U}_{AB} = \sqrt{3}\,\dot{U}_A \underline{/30°} \\ \dot{U}_{BC} = \sqrt{3}\,\dot{U}_B \underline{/30°} \\ \dot{U}_{CA} = \sqrt{3}\,\dot{U}_C \underline{/30°} \end{array}$$

$$(4-1-5)$$

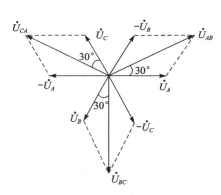

图 4-1-5　相电压和线电压的相量图

由式(4-1-5)可得：

$U_l = \sqrt{3}\,U_p$，且线电压的相位超前于相应的其下标第一个字符所对应的相电压 30° 角。

通常,在日常生活与工农业生产中,多数用户的电压等级为 $U_p = 220$ V, $U_l = 380$ V。

4.2 负载星形连接的三相电路

1. 三相负载

必须由三相电源供电的负载称为**三相负载**。当三相负载的阻抗参数完全相等时,即 $Z_1 = Z_2 = Z_3 = |Z|\underline{/\varphi}$,就称为**三相对称负载**。三相电源带三相负载工作时,就称为**三相电路**。

2. 负载星形连接的三相四线制电路(Y–Y)

图 4-2-1 为三相对称电源带三相对称负载作的三相四线制连接的三相电路。

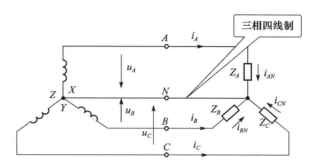

图 4-2-1 负载星形连接的三相四线制电路

1) **相电流**:流过每一相负载中的电流称为相电流,用 I_p 表示,有效值为 I_{AN}、I_{BN}、I_{CN}。

2) **线电流**:流过端线上的电流称为线电流,用 I_l 表示,有效值为 I_A、I_B、I_C。

3) **中线电流**:流过中线上的电流称为中线电流,用 I_N 表示。

3. Y–Y 三相电路的特征

由图 4-2-1,可得三相对称电源带三相对称负载的特征如下:

(1) 线电流和相电流相等,即 $I_l = I_p$。

(2) 线电压和相电压的关系为:$U_l = \sqrt{3}\, U_p$,**且线电压的相位超前于相应的其下标第一个字符所对应的相电压 30°角**。

(3) 因三相负载相电流对称,所以流过中线上的电流为零,即 $\dot{I}_N = \dot{I}_{AN} + \dot{I}_{BN} + \dot{I}_{CN} = 0$。

(4) 因电源对称、负载对称,所以三相负载的相电流也对称,故仅需计算一相负载的相电流,其余二相根据对称性可得。即:

$$\dot{I}_A = \frac{\dot{U}_{AN}}{Z} = I\underline{/\varphi_A}$$

则:

$$\dot{I}_B = I\underline{/\varphi - 120°}\ (\text{A}), \quad \dot{I}_C = I\underline{/\varphi + 120°}\ (\text{A})$$

(5) 三相电源对外输出的三相有功功率,等于三相负载所消耗的有功功率之和。因为三相负载对称,所以每相负载消耗的有功功率相同,即 $P_A = P_B = P_C = P_0$,故:

$$P_Y = P_A + P_B + P_C = 3P_0 = 3U_p \cdot I_p \cdot \cos\varphi\ (\text{W})$$

又因为星形连接时,有:

$$U_{l\curlyvee} = \sqrt{3}\,U_{p\curlyvee}, I_{l\curlyvee} = I_{p\curlyvee}$$

所以：
$$P_{\curlyvee} = \sqrt{3}\,U_l \cdot I_l \cdot \cos\varphi\,(\mathrm{W})$$

同理可知：
$$Q_{\curlyvee} = \sqrt{3}\,U_l \cdot I_l \cdot \sin\varphi\,(\mathrm{var}),\quad S_{\curlyvee} = \sqrt{3}\,U_l \cdot I_l\,(\mathrm{V\cdot A})$$

4.3　负载三角形连接的三相电路

1. 负载三角形连接的三相三线制电路（Y－△）

三相负载的首、尾端依次连接在一起构成一个闭环，再从各相负载的首端分别引出三根线与电源的三根端线相连接的方式就称为三角形（△）连接，也称为**三相三线制电路**，如图4-3-1所示。

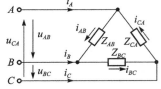

图4-3-1　负载三角形连接的三相三线制电路

2. Y－△的特征

（1）线电压 = 相电压，即 $U_l = U_p$。

（2）线电流和相电流的关系为：$I_l = \sqrt{3}\,I_p$，**且线电流的相位滞后于相应的其下标第一个字符所对应的相电流30°角**。

（3）因电源对称、负载对称，所以三相负载的相电流也对称，故仅需计算一相负载的相电流，其余二相根据对称性可得。即：

$$\dot{I}_{AB} = \frac{\dot{U}_{AB}}{Z} = I\underline{/\varphi_A}$$

则：$\dot{I}_{BC} = I\underline{/\varphi - 120°}$（A），$\dot{I}_{CA} = I\underline{/\varphi + 120°}$（A）。

（4）因三相负载相电流对称，所以负载作"△"连接时，在三相负载闭环中无环流存在，三相负载均能正常工作，即 $\dot{I}_{AB} + \dot{I}_{BC} + \dot{I}_{CA} = 0$。

（5）三相电源对外输出的三相有功功率，等于三相负载所消耗的有功功率之和。

因为三相负载对称，所以每相负载消耗的有功功率相同，即 $P_A = P_B = P_C = P_0$，故：

$$P_{\curlyvee} = P_A + P_B + P_C = 3P_0 = 3U_P \cdot I_P \cdot \cos\varphi\,(\mathrm{W})$$

又因为负载作"△"连接时，有：

$$U_{l\curlyvee} = U_{p\curlyvee}, I_{l\triangle} = \sqrt{3}\,I_{p\triangle}$$

所以：
$$P_{\triangle} = \sqrt{3}\,U_l \cdot I_l \cdot \cos\varphi\,(\mathrm{W})$$

同理可知：
$$Q_{\triangle} = \sqrt{3}\,U_l \cdot I_l \cdot \sin\varphi\,(\mathrm{var}),\quad S_{\curlyvee} = \sqrt{3}\,U_l \cdot I_l\,(\mathrm{V\cdot A})$$

4.4　安　全　用　电

用电安全包括人身安全和用电设备安全，只有懂得安全用电常识，才能主动灵活地驾驭电，避免触电事故的发生，保障人身和设备的安全。

4.4.1 电流对人体的危害

1. 触电的分类

当人体触及带电体承受过高的电压而导致死亡或局部受伤的现象,称为触电。触电依伤害程度不同可分为电击和电伤两种。

电击:指电流触及人体而使内部器官受到损害,它是最危险的触电事故。当电流通过人体时,轻者使人体肌肉痉挛,产生麻电感觉,重者会造成呼吸困难,心脏麻痹,甚至导致死亡。电击多发生在对地电压为 220 V 的低压线路或带电设备上,因为这些带电体是人们日常工作和生活中易接触到的。

电伤:由于电流的热效应、化学效应、机械效应以及在电流的作用下使熔化或蒸发的金属微粒等侵入人体皮肤,使皮肤局部发红、起泡、烧焦或组织破坏,严重时更能危及人命。电伤多发生在 1 000 V 及 1 000 V 以上的高压带电体上。

2. 伤害程度与电流强度之间的关系

对于工频交流电,按照人体对所通过大小不同的电流所呈现的反应,通常可将电流划分为三级,如表 4-4-1 所示。

表 4-4-1 人体对电流呈现的反应

名称	定义	大小	
		男子	女子
感知电流	引起感觉的最小电流	1.1 mA	0.7 mA
摆脱电流	人触电后能自主摆脱电源的最大电流	9 mA	6 mA
致命电流	在较短时间内引起心室颤动、危及生命的电流	与通电时间有关	

3. 触电的原因

在日常生活中,触电的原因主要为:缺乏电气安全常识;违反操作规程;设备不合格;维修维护不及时;偶然因素等。

4. 触电的急救措施

(1) 对于低压触电事故:如果触电地点附近有电源,可立即断开开关、拔下插头或熔断器等;如果事故现场离电源太远,可用有绝缘柄的电工钳或有干燥木柄的斧头切断电线;当电线搭接在触电者身上或被压在身下时,可使用非导电体,如木棒、竹竿、塑料棍等,去拨开电源。

(2) 对于高压触电事故:首先应立即电话通知有关部门停电,然后带上绝缘手套,穿上绝缘靴,用相应电压等级的绝缘工具拉开高压开关,最后抛掷裸露金属导线使线路短路、接地,迫使保护装置动作,断开电源。

注意:①救护人不可直接用手或其他导电及潮湿的物件作为救护工具,必须使用适当的绝缘工具。②要防止触电者脱离电源后可能的摔伤。

4.4.2 常见的触电方式

常见的触电方式有单相触电、两相触电和跨步触电等,最常见的是单相触电。

1. 单相触电

在人体与大地之间互不绝缘情况下,人体的某一部位触及到三相电源线中的任意一根导线,电流从带电火线经过人体流入大地而造成的触电伤害,称为**单相触电**。单相触电又可分为中性点接地和中性点不接地两种情况。图 4-4-1(a)为中性点接地系统的单相触电；图 4-4-1(b)为中性点不接地系统的单相触电。

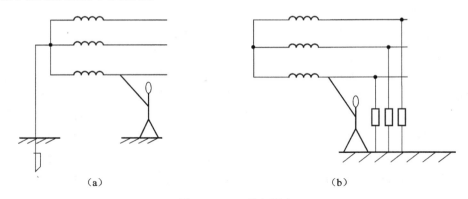

图 4-4-1 单相触电
(a) 中性点接地系统的单相触电；(b) 中性点不接地系统的单相触电

图 4-4-2 为单相触电电流通过的路径。电流是通过人体的心脏、肺部和中枢神经系统的危险性比较大，特别是电流通过心脏时危险最大。所以从手到脚的电流途径最为危险。

2. 两相触电

两相触电：指在人体与大地绝缘的情况下，同时接触到两根不同的相线，或者人体同时触及到电气设备的两个不同相的带电部位时，电流由一根相线经过人体到另一根相线，形成闭合回路，如图 4-4-3 所示。

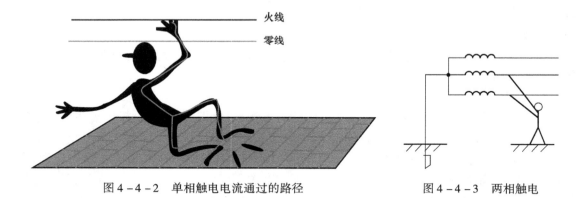

图 4-4-2 单相触电电流通过的路径　　　　图 4-4-3 两相触电

两相触电比单相触电更危险，因两相触电加在人体心脏上的电压是线电压，图 4-4-4 为两相触电的示意图。

3. 跨步触电

输电线路火线断线落地时，落地点的电位即导线电位，电流将从落地点流入地中。离落地点越远，电位越低。根据实际测量，在离导线落地点 20 m 以外的地方，由于入地电流非常小，地面的电位近似等于零。如果有人走近导线落地点附近，由于人的两脚电位不同，则在两脚之间出现电位差，这个电位差称为**跨步电压**，如图 4-4-5 所示。

距离电流入地点越近，人体承受的跨步电压越大；距离电流入地点越远，人体承受的跨步电压越小；在 20 m 以外，跨步电压很小，可以看作为零。

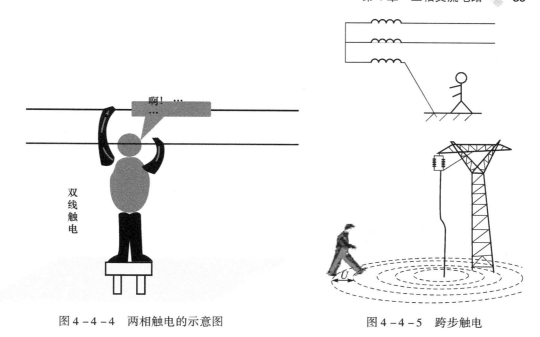

图 4-4-4 两相触电的示意图　　　　图 4-4-5 跨步触电

4. 预防措施

触电能使人造成烧伤或死亡，但是事故的多数原因是人为造成的。用电中注意以下问题，可以预防触电事故。

(1) 损坏的开关、插销等应赶快修理或更换，不能将就使用。

(2) 不懂电气技术和一知半解的人，对电气设备不要乱拆、乱装，更不要乱接电线。

(3) 灯头用的软线不要东拉西扯，灯头距地不要太低，扯灯照明时，不要往铁丝上搭。

(4) 电灯开关最好用拉线开关，尤其是土地潮湿的房间里，不要用床头开关和灯头开关。

(5) 屋内电线太乱或发生问题时，不能私自摆弄，一定要找电气承装部门或电工来改修。

(6) 拉铁丝搭东西时，注意不要接触到附近的电线。

(7) 屋外电线和进户线要架设牢固，以免被风吹断，发生危险。

(8) 外线折断时，不要靠近或用手去拿，应找人看守，赶快通知电工修理。

(9) 不要用湿手、湿脚接触电气设备和开关插销，以免触电。

(10) 大清扫时，不要用湿抹布擦电线、开关和插销，也不要用水冲洗电线及各种用电器具、电灯和收音机等。

4.4.3　保护接地和保护接零

电力系统和电气装置的中性点，电气设备的外露导电部分通过导体与大地相连称为接地。**接地的目的**：一方面是保证人身安全，使人可能接触到的设备外露导电部分的电位基本降低到接近地电位，当人触及这些部位时，即使这些部位带电，因其电位与地电位基本接近，可以减少电击危险；另一方面是保证电力系统正常、稳定运行。

由接了地的变压器和发电机中性点引出的中性线称为**地线**。电器设备的某部分直接与地线相连接称为**保护接零**。保护接零也能起到与接地相似的安全保护作用。

1. 保护接地的原理

在中性点不接地系统中，设备外壳不接地且意外带电，外壳与大地间存在电压，人体触及外壳,人体将有电容电流流过,如图4-4-6(a)所示。如果将外壳接地,人体与接地体相当于电阻并联,流过每一通路的电流值将与其电阻的大小成反比。人体电阻通常为600~1 000 Ω,而接地电阻通常小于4 Ω,因此流过人体的电流很小,这样就完全能保证人体的安全,如图4-4-6(b)所示。

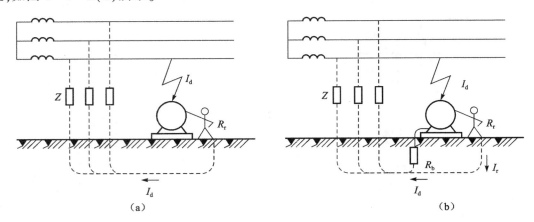

图4-4-6 保护接地的示意图
(a)设备外壳不接地;(b)设备外壳接地

2. 保护接零的原理

当设备正常工作时,外露部分不带电,人体触及外壳相当于触及零线,无危险,如图4-4-7所示。采用保护接零时,应注意不宜将保护接地和保护接零混用,而且中性点工作接地必须可靠。

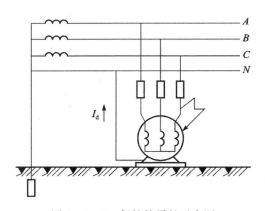

图4-4-7 保护接零的示意图

在电源中性线做了工作接地的系统中,为确保保护接零的可靠,还需相隔一定距离将中性线或接地线重新接地,称为重复接地。

习 题 4

一、选择题

1. 对称三相电路是指( )。

A. 三相电源对称的电路　　　　　　　B. 三相负载对称的电路
C. 三相电源和三相负载都是对称的电路　　D. 三相完全一样的电路

2. 三相四线制供电线路,已知作星形连接的三相负载中 A 相为纯电阻,B 相为纯电感,C 相为纯电容,通过三相负载的电流均为 10 安培,则中线电流为(　　)。
A. 30 A　　　　B. 10 A　　　　C. 7.32 A　　　　D. 0 A

3. 在电源对称的三相四线制电路中,若三相负载不对称,则该负载各相电压(　　)。
A. 不对称　　　B. 仍然对称　　C. 不一定对称　　D. 可能对称

4. 三相发电机绕组接成三相四线制,测得三个相电压 $U_A = U_B = U_C = 220$ V,三个线电压 $U_{AB} = 380$ V,$U_{BC} = U_{CA} = 220$ V,这说明(　　)。
A. A 相绕组接反了　B. B 相绕组接反了　C. C 相绕组接反了　D. 无法判断

5. 负载为△形连接对称三相电路中,每相电阻为 19 Ω,三相电源线电压为 380 V,则线电流为(　　)。
A. 20 A　　　　B. $20\sqrt{3}$ A　　　C. $20\sqrt{2}$ A　　　D. 40 A

6. 三相四线制中,中线的作用是(　　)。
A. 保证三相负载对称　　　　　　B. 保证三相功率对称
C. 保证三相电压对称　　　　　　D. 保证三相电流对称

7. 三相四线制电路中,已知三相电流是对称的,并且 $I_A = 10$ A,$I_B = 10$ A,$I_C = 10$ A,则中线电流 I_N 为(　　)。
A. 10 A　　　　B. 5 A　　　　C. 0 A　　　　D. 30 A

8. 在正弦交流电路计算中,正确的基尔霍夫电流定律相量表达式是(　　)。
A. $\Sigma i = 0$　　B. $\Sigma \dot{I} = 0$　　C. $\Sigma I_m = 0$　　D. $\Sigma I = 0$

9. 若三相四线制供电系统的相电压为 220 V,则线电压为(　　)。
A. 220 V　　　B. $220\sqrt{2}$ V　　C. $220\sqrt{3}$ V　　D. $380\sqrt{2}$ V

10. 当三相对称交流电源接成星形时,若线电压为 380 V,则相电压为(　　)。
A. $380\sqrt{3}$ V　　B. $380\sqrt{2}$ V　　C. $380/\sqrt{3}$ V　　D. 380 V

二、填空题

1. 对称三相交流电是指三个＿＿＿＿相等、＿＿＿＿相同、＿＿＿＿上互差120°的三个＿＿＿＿的组合。

2. 三相四线制供电系统中,负载可从电源获取＿＿＿＿和＿＿＿＿两种不同的电压值。其中＿＿＿＿是＿＿＿＿的$\sqrt{3}$倍,且相位上＿＿＿＿与其相对应的＿＿＿＿30°。

3. ＿＿＿＿与＿＿＿＿之间的电压是线电压,＿＿＿＿与＿＿＿＿之间的电压是相电压。对称三相丫接电路中,中线电流通常为＿＿＿＿。

4. 有一对称三相负载丫接,每相阻抗均为 22 Ω,功率因数为 0.8,测出负载中的电流是 10 A,那么三相电路的有功功率等于＿＿＿＿;无功功率等于＿＿＿＿;视在功率等于＿＿＿＿。

5. 实际生产和生活中,工厂的一般动力电源电压标准为＿＿＿＿;生活照明电源电压的标准一般为＿＿＿＿;＿＿＿＿V 以下的电压称为安全电压。

6. ＿＿＿＿适用于系统中性点不接地的低压电网;＿＿＿＿适用于系统中性点直接接地

的电网。

7. 三相负载的额定电压等于电源线电压时,应作_____形连接,额定电压约等于电源线电压的 0.577 倍时,三相负载应作_____形连接。按照这样的连接原则,两种连接方式下,三相负载上通过的电流和获得的功率_____。

8. 负载三角形连接的对称三相电路中,线电流 I_l 是相电流 I_p 的_____倍。

9. 若三相电动势依次达到最大值的次序为 A→C→B,则称此种次序为_____。

10. 有一三相对称负载联成三角形接于线电压 U_l = 220 V 的三相电源上,已知负载相电流为 20 A,功率因数为 0.5。则负载从电源所取用的平均功率 P = _____ W;
视在功率 S = _____ V·A。

三、计算题

1. 一台三相交流电动机,定子绕组星形连接于 U_l = 380 V 的对称三相电源上,其线电流 I_l = 2.2 A,cosφ = 0.8,试求每相绕组的阻抗 Z。

2. 已知对称三相交流电路,每相负载的电阻为 R = 8 Ω,感抗为 X_L = 6 Ω。设电源电压为 U_l = 380 V,求负载星形连接时的相电流、相电压和线电流,并画相量图。

3. 电路如图 4 – 1 所示的三相四线制电路,三相负载连接成星形,已知电源线电压为 380 V,负载电阻 R_a = 11 Ω,R_b = R_c = 22 Ω,试求:

(1) 负载的各相电压、相电流、线电流和三相总功率;

(2) 中线断开,A 相又短路时的各相电流和线电流;

(3) 中线断开,A 相断开时的各线电流和相电流。

4. 三相对称负载三角形连接,其线电流为 I_L = 5.5 A,有功功率为 P = 7 760 W,功率因数 cosφ = 0.8,求电源的线电压 U_l、电路的无功功率 Q 和每相阻抗 Z。

5. 对称三相负载星形连接,已知每相阻抗为 Z = 31 + j22 Ω,电源线电压为 380 V,求三相交流电路的有功功率、无功功率、视在功率和功率因数。

6. 在线电压为 380 V 的三相电源上,接有两组电阻性对称负载,如图 4 – 2 所示。试求线路上的总线电流 I 和所有负载的有功功率。

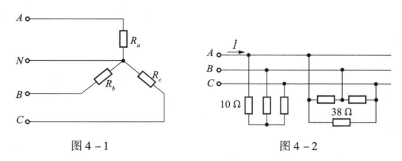

图 4 – 1   图 4 – 2

7. 对称三相电源,线电压 U_l = 380 V,对称三相感性负载作三角形连接,若测得线电流 I_l = 17.3 A,三相功率 P = 9.12 kW,求每相负载的电阻和感抗。

8. 对称三相电源,线电压 U_l = 380 V,对称三相感性负载作星形连接,若测得线电流 I_l = 17.3 A,三相功率 P = 9.12 kW,求每相负载的电阻和感抗。

9. 三相异步电动机的三个阻抗相同的绕组连接成三角形,接于线电压 U_l = 380 V 的对称三相电源上,若每相阻抗 Z = 8 + j6 Ω,试求此电动机工作时的相电流 I_p、线电流 I_l 和三相功率 P。

第 5 章

暂 态 分 析

本章的学习目的和要求：
  了解暂态的基本概念；理解"换路"及其相关概念；掌握电路初始值和稳态值的求解方法；掌握一阶电路暂态过程分析的两种解题方法；了解对微分与积分电路的结构和电路实现微积分变换的条件。

5.1 暂态分析的基本概念

1. 暂态和稳态

稳定状态是在指定条件下电路中电压、电流达到某一稳定值的工作状态。在前面的几章的电路分析，都是在稳态下进行的，称为稳态分析。

电路从一种稳态变化到另一种稳态的过渡过程，由于该过程时间极为短暂，所以称为暂态。例如，当电路中的开关突然接通或断开，或电路中某一参数发生了改变，或电路结构发生了变化，或电路突然发生了短路或开路故障，或电源发生了波动等，这些电路运行状态的改变统称为**换路**。图 5-1-1 所示的电路是开关接通发生的暂态过程。

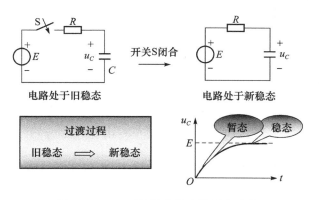

图 5-1-1 开关闭合发生的暂态过程

2. 研究暂态过程的实际意义

电路中的暂态过程虽然十分短暂，但它对电路产生的影响十分重要。一方面要充分利用电路暂态过程产生特定波形的电信号，如锯齿波、三角波、尖脉冲等，应用于电子电路。另一方面是控制和预防暂态过程可能产生的危害，因为暂态过程开始的瞬间可能产生过电压、过电流使电气设备或元件损坏。

因此,进行暂态分析是要充分利用电路的暂态特性来满足技术上对电气线路和电气装置性能的要求,同时又要避免暂态过程中的过电压或过电流现象对电气设备或人身产生的危害。

3. 暂态产生的条件和原因

【例 5 – 1 – 1】 比较图 5 – 1 – 2 所示电路,当开关 S 闭合前后电路发生的变化有什么不同?

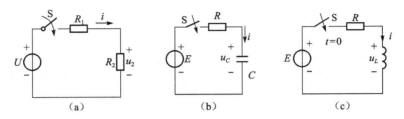

图 5 – 1 – 2 例 5 – 1 – 1 的图
(a) 电阻电路;(b) 电容电路;(c) 电感电路

【解】 对于图(a):R 为耗能元件,当合 S 前:$i = 0, u_2 = 0$;当合 S 后:$u_C = iR_2$。
可得:电阻电路不存在暂态过程。
对于图(b):电容为储能元件,它储存的能量为电场能量,其大小为:

$$W_C = \int_0^T u i \mathrm{d}t = \frac{1}{2}Cu^2$$

当合 S 前:$i = 0, u_C = 0$;当合 S 后:$i = C\dfrac{\mathrm{d}u_C}{\mathrm{d}t}$。
可得:电容能量的存储需要一个过程,所以有电容的电路存在过渡过程。
对于图(c):电感为储能元件,它储存的能量为磁场能量,其大小为:

$$W_L = \int_0^T u i \mathrm{d}t = \frac{1}{2}Li^2$$

当合 S 前:$i = 0, u_L = 0$;当合 S 后:$u_L = L\dfrac{\mathrm{d}i}{\mathrm{d}t}$。
可得:电感能量的存储需要一个过程,所以有电感的电路存在过渡过程。
综合例 5 – 1 – 1,可得产生暂态过程的必要条件:
(1) 内因条件:电路中含有储能元件 L 或者 C。
(2) 外因条件:电路发生换路。例如,电源的接通、断开、电路参数改变等所有电路状态的改变。
根据能量守恒原则可知,产生暂态过程的原因为:**物体所具有的能量不能跃变而造成在换路瞬间储能元件的能量也不能跃变。**

因为 C 储能:$W_C = \dfrac{1}{2}Cu_C^2$,所以 u_C 不能突变;

因为 L 储能:$W_L = \dfrac{1}{2}Li_L^2$,所以 i_L 不能突变。

5.2 换路定则

1. 换路定则

换路定则：设 $t=0$ 表示换路瞬间，$t=0_-$ 表示换路前的终了瞬间，$t=0_+$ 表示换路后的初始瞬间，根据能量守恒原则可得电容元件的端电压 u_C 和电感元件中的电流 i_L 在换路前后瞬间是不能突变的，而应该相等。即：

$$u_C(0_-) = u_C(0_+), \quad i_L(0_-) = i_L(0_+) \qquad (5-2-1)$$

换路定则仅用于换路瞬间来确定暂态过程中 u_C、i_L 的初始值。

2. 初始值的确定

在换路后的初始瞬间 $t=0_+$ 时刻，电路中各处的电压和电流之值称为初始值，记为 $f(0_+)$。

求 $f(0_+)$ 的步骤：

（1）根据换路前电路的储能状况，画出 $t=0_-$ 时刻的等效电路，求出 $i_L(0_-)$、$u_C(0_-)$。

① 当电感元件已储满能量时，可将电感元件视为短路，则 $u_L(0_-)=0$ V；当电容元件已储满能量时，可将电容元件视为开路，则 $i_C(0_-)=0$ A。

② 当电感元件没有储能时，可将电感元件视为开路，则 $i_L(0_-)=0$ A；当电容元件没有储能时，可将电容元件视为短路，则 $u_C(0_-)=0$ V。

（2）根据换路定则，画出 $t=0_+$ 时刻的等效电路，求出其他各个电量的初始值 $f(0_+)$。

① 当 $i_L(0_+)=0$ A，将电感元件视为开路；当 $u_C(0_+)=0$ V，将电容元件视为短路。

② 当 $i_L(0_+)\neq 0$ A，将电感元件用一个恒流源 $i_L(0_+)$ 等效代替；当 $u_C(0_+)\neq 0$ V，将电容元件用一个恒压源 $u_C(0_+)$ 等效代替。

【例 5-2-1】 已知图 5-2-1 所示电路换路前 S 在"1"处已为稳态，在 $t=0$ 时，S 合向"2"。求 i、i_1、i_2、u_C、u_L。

【解】（1）根据图 5-2-1 电路换路前电路的储能状况，画出 $t=0_-$ 时刻的等效电路，如图 5-2-2 所示，求出 $i_L(0_-)$、$u_C(0_-)$。

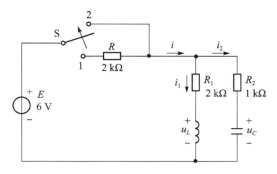
图 5-2-1　例 5-2-1 的图

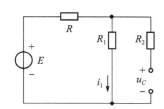
图 5-2-2　$t=0_-$ 时刻的等效电路

$$\begin{cases} i_L(0_-) = i_1(0_-) = \dfrac{E}{R+R_1} = 1.5 \text{ (mA)} \\ u_C(0_-) = i_1(0_-) \cdot R_1 = 3 \text{ (V)} \end{cases}$$

（2）根据换路定则，画出 $t=0_+$ 时刻的等效电路，如图 5-2-3 所示，并求出其他各个电量

的初始值 $f(0_+)$。

① 根据换路定则,可得:

$$\begin{cases} i_1(0_+) = i_L(0_+) = i_L(0_-) = 1.5 \text{ (mA)} \\ u_C(0_+) = u_C(0_-) = 3 \text{ (V)} \end{cases}$$

② 根据图 5-2-3 求出其他各个电量的初始值 $f(0_+)$。

$$i_L(0_+) = 1.5 \text{ (mA)}$$

$$u_C(0_+) = 3 \text{ (V)}$$

$$i_2(0_+) = \frac{E - u_C(0_+)}{R_2} = 3 \text{ (mA)}$$

$$i(0_+) = i_1(0_+) + i_2(0_+) = 4.5 \text{ (mA)}$$

$$u_L(0_+) = E - i_1(0_+)R_1 = 3 \text{ (V)}$$

3. 稳态值的确定

电路在稳态时 $(t \to \infty)$,各处的电压和电流值称为稳态值,记为 $f(\infty)$。

求 $f(\infty)$ 的步骤:

(1) 根据换路后,新电路处于稳态下储能元件的储能状况,画出 $t \to \infty$ 时刻的等效电路。

① 当 $i_L(\infty) = 0$ A,将电感元件视为开路;当 $u_C(\infty) = 0$ V,将电容元件视为短路。

② 当 $i_L(\infty) \neq 0$ A,将电感元件视为短路;当 $u_C(\infty) \neq 0$ V,将电容元件视为开路。

(2) 根据前面所学知识,依据 $t \to \infty$ 时刻的等效电路,即可求出稳态时电路中各处的电压和电流稳态值 $f(\infty)$。

【例 5-2-2】 已知图 5-2-4 所示电路换路前电路处于稳态,在 $t=0$ 时断开 S 开关。试求换路后电路中各个电压和电流的初始值 $f(0_+)$ 和稳态值 $f(\infty)$。

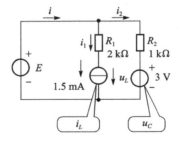

图 5-2-3 $t=0_+$ 时刻的等效电路图

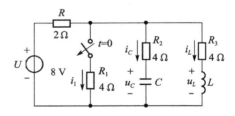

图 5-2-4 例 5-2-2 的图

【解】 (1) 求初始值 $f(0_+)$。

① 根据图 5-2-4 电路换路前电路的储能状况,画出 $t=0_-$ 时刻的等效电路,如图 5-2-5 所示,求出 $i_L(0_-)$、$u_C(0_-)$。

$$i_L(0_-) = 1 \text{ (A)}$$

$$u_C(0_-) = R_3 i_L(0_-) = 4 \times 1 = 4 \text{ (V)}$$

② 根据换路定则,画出 $t=0_+$ 时刻的等效电路,如图 5-2-6 所示,并求出其他各个电量的初始值 $f(0_+)$。

由换路定则得:

$$i_L(0_+) = i_L(0_-) = 1 \text{ (A)}, \quad u_C(0_+) = u_C(0_-) = 4 \text{ (V)}$$

由图 5-2-6 所示的 $t=0_+$ 时刻的等效电路,可列方程:

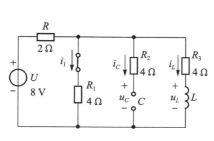

图 5-2-5 $t=0_-$ 时刻的等效电路

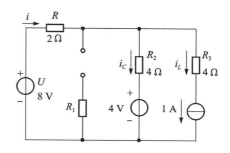

图 5-2-6 $t=0_+$ 时刻的等效电路

$$U = Ri(0_+) + R_2 i_C(0_+) + u_C(0_+)$$
$$i(0_+) = i_C(0_+) + i_L(0_+)$$

代入数据,可得:

$$8 = 2i(0_+) + 4i_C(0_+) + 4$$
$$i(0_+) = i_C(0_+) + 1$$

解之得:

$$i_C(0_+) = \frac{1}{3}(\text{A})$$

$$\begin{aligned} u_L(0_+) &= R_2 i_C(0_+) + u_C(0_+) - R_3 i_L(0_+) \\ &= 4 \times \frac{1}{3} + 4 - 4 \times 1 = 1\frac{1}{3}(\text{V}) \end{aligned}$$

(2) 求稳态值 $f(\infty)$。

① 根据换路后,新电路处于稳态下储能元件的储能状况,画出 $t \to \infty$ 时刻的等效电路,如图 5-2-7 所示。

② 由图 5-2-7 可得 $t \to \infty$ 时刻,电路各处的电压和电流稳态值:

$$i_1(\infty) = i_C(\infty) = 0,$$
$$i_L(\infty) = \frac{8}{R + R_3} = \frac{8}{2+4} = \frac{4}{3}(\text{A})$$
$$u_C(\infty) = i_L(\infty) \cdot R_3 = \frac{4}{3} \times 4 = \frac{16}{3}(\text{V})$$

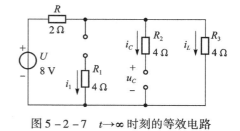

图 5-2-7 $t \to \infty$ 时刻的等效电路

5.3 一阶线性电路的响应

1. 激励和响应

电路从电源(或信号源)输入的信号称为激励。激励也称输入,记为 $f_i(t)$。

电路在激励作用下,或在内部储能作用下,所产生的电压或电流随时间变化的信号称为响应。响应也称输出,记为 $f_o(t)$。

2. 一阶电路线性电路

一阶电路是指一阶微分方程描述的电路,对于仅含 R、C 或仅含 R、L 元件的电路通常可用一阶微分方程描述,称为一阶线性电路。一阶电路在不同激励的作用下,电路的响应可分为零输入响应、零状态响应和全响应等。

对一阶电路暂态过程分析的最常用的方法是经典法。经典法就是根据激励,通过求解电路的微分方程来得出电路的响应的方法。本书主要分析的是由 R、C 元件组成的一阶线性电路。

5.3.1 RC 电路的零输入响应

电路在无外来激励作用的情况下,换路后仅由电路内部储能所引起的响应,称为零输入响应。即:

$$f_i(t) = 0, \quad f(0_-) \neq 0$$

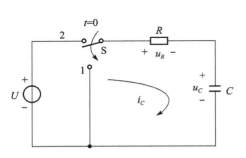

图 5-3-1 RC 串联电路的零状态响应

在图 5-3-1 所示电路中,换路前电路已处于稳态,即 $u_C(0_-) = U$。当开关从端 2 切换到端 1 时,发生了换路,电容 C 经电阻 R 放电。即分析串联 RC 电路的零输入响应,实质上是分析电容器放电过程。

由换路定则得:$u_C(0_+) = u_C(0_-) = U$。

列换路后电路的 KVL 方程:

$$0 = Ri + u_C = RC\frac{du_C}{dt} + u_C \quad (5-3-1)$$

式(5-3-1)为一阶常系数线性齐次微分方程。

此方程的通解为:

$$u_C = Ae^{pt} \quad (5-3-2)$$

(A:特定系数, p:特征根)

特征方程:$RCp + 1 = 0$,故:

$$p = -\frac{1}{RC}$$

$$u_C(t) = Ae^{-t/RC}$$

代入初始条件:

$$u_C(0_+) = U, \quad u_C(0) = Ae^{-0/RC} = U \quad (5-3-3)$$

得:

$$A = U$$

于是得:

$$u_C(t) = Ue^{-t/RC}$$

综上所述,有:

$$RC\frac{du_C}{dt} + u_C = 0$$

解得:

$$u_C(t) = Ue^{-t/RC}$$

可得如下结论:

(1) 电容上电压随时间按指数规律变化。
(2) 变化的起点是初始值 U,变化的终点是稳态值 0。
(3) 令 $\tau = RC$,电容放电的变化速度取决于时间常数 τ,即 τ 决定电路过渡过程变化的快慢,其单位为秒(s)。τ 越小,$u_C(t)$ 的衰减越快;τ 越大,$u_C(t)$ 的衰减越慢,如图 5-3-2 所示。

当 $t = \tau$ 时,带入式(5-3-3),有:
$$u(\tau) = 0.368U$$
可见,时间常数 τ 等于电容电压衰减到初始值的 36.8% 时所需的时间,如图 5-3-2 所示。

同样可计算出 $t = 2\tau, 3\tau, 4\tau, \cdots$ 时刻的 u_C 值,列于表 5-3-1 中。

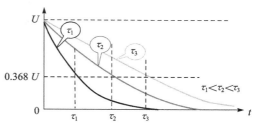

图 5-3-2 不同 τ 的变化曲线

表 5-3-1 不同时刻 u_C 值

t	τ	2τ	3τ	4τ	5τ	6τ
$e^{-\frac{t}{\tau}}$	e^{-1}	e^{-2}	e^{-3}	e^{-4}	e^{-5}	e^{-6}
u_C	$0.368U$	$0.135U$	$0.050U$	$0.018U$	$0.007U$	$0.002U$

理论上当 $t \to \infty$ 时,过渡过程结束,u_C 达到稳态值;实际上当 $t = 5\tau$ 时,过渡过程基本结束,u_C 达到稳态值。

【例 5-3-1】 如图 5-3-3 所示电路中,开关闭合前电路已达稳态,在 $t=0$ 时,将开关闭合,求 $t \geq 0$ 时的电压 u_C,电流 i_C、i_1 和 i_2。

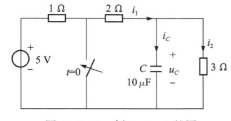

图 5-3-3 例 5-3-1 的图

【解】 (1) 当 $t = 0$ 时电路处于稳态:
$$u_C(0_-) = \frac{3}{1+2+3} \times 5 = 2.5(\text{V})$$

(2) 根据换路定则,可得:
$$u_C(0_+) = u_C(0_-) = 2.5(\text{V})$$

(3) 当 $t \geq 0$ 时,开关闭合,电容通过两个电阻放电,此时电路为零输入响应。

$$\tau = \frac{2 \times 3}{2+3} \times 10 \times 10^{-6} = 12 \times 10^{-6}(\text{s})$$

由 $u_C(t) = u_C(0_+) e^{-\frac{t}{\tau}}$ 得:
$$u_C(t) = 2.5 e^{-\frac{10^6}{12}t} = 2.5 e^{-8.3 \times 10^4 t}(\text{V})$$

由 $i(t) = C \dfrac{\mathrm{d}u_C}{\mathrm{d}t} = -\dfrac{u_C(0_+)}{R} e^{-\frac{t}{\tau}}$ 得:
$$i_C(t) = -\frac{2.5}{1.2} e^{-8.3 \times 10^4 t} = -2.08 e^{-8.3 \times 10^4 t}(\text{A})$$

$$i_2(t) = \frac{u_C(t)}{3} = \frac{2.5}{3} e^{-8.3 \times 10^4 t} = 0.83 e^{-8.3 \times 10^4 t}(\text{A})$$

$$i_1(t) = i_C(t) + i_2(t) = (-2.08 + 0.83) e^{-8.3 \times 10^4 t} = -1.25 e^{-8.3 \times 10^4 t}(\text{A})$$

5.3.2 RC 电路的零状态响应

电路储能元件未储能,换路后仅有外部激励引起的响应,称为零状态响应。 即:

$$f(0_+) = 0, \quad f_i(t) \neq 0$$

在图 5-3-4 所示电路中,换路前电路已处于稳态,即 $u_C(0_-) = 0$ V。在 $t = 0$ 时换路,电源与电路接通,并经过电阻开始给电容充电。即分析串联 RC 电路的零状态响应,实质上是分析电容器充电过程。

设在 $t = 0$ 时,合上开关 S,此时加在电路上的电压为一阶跃电压 u,如图 5-3-5 所示。与恒定电压不同,其电压 u 表达式为:

$$u = \begin{cases} 0, & t < 0 \\ U, & t \geq 0 \end{cases} \tag{5-3-4}$$

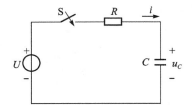
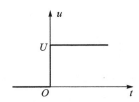

图 5-3-4　RC 串联电路的零状态响应　　　图 5-3-5　阶跃信号

由换路定则得:$u_C(0_+) = u_C(0_-) = 0$ V。

(1) 根据图 5-3-4,当 $t = 0$ 时,合上开关 S 可列换路后电路的 KVL 方程:

$$U = Ri + u_C = RC\frac{du_C}{dt} + u_C \tag{5-3-5}$$

式(5-3-5)为一阶常系数线性微分方程。

$$RC\frac{du_C}{dt} + u_C = U$$

由数学分析知此种微分方程的解由两部分组成:

$$u_C(t) = u'_C + u''_C$$

其中,u'_C 为方程的特解,u''_C 为对应齐次方程的通解。

(2) 解方程。

① 求特解 u'_C:

$$RC\frac{du_C}{dt} + u_C = U$$

设:$u'_C = K$ 代入方程,

$$U = RC\frac{dK}{dt} + K$$

解得:

$$K = U$$

即:

$$u'_C = U$$

方程的通解：
$$u_C = u'_C + u''_C = U + Ae^{-\frac{t}{RC}}$$

② 求对应齐次微分方程的通解 u''_C：

通解即：$RC\dfrac{\mathrm{d}u_C}{\mathrm{d}t} + u_C = 0$ 的解。

其解：
$$u''_C = Ae^{pt} = Ae^{-\frac{t}{RC}}$$

③ 微分方程的通解为：
$$u_C = u'_C + u''_C = U + Ae^{-\frac{t}{\tau}} \quad (令\tau = RC)$$

根据换路定则，在 $t = 0_+$ 时，$u_C(0_+) = 0$，则：
$$A = -U$$

（3）电容电压 u_C 的变化规律为：
$$u_C(t) = U - Ue^{-t/RC} = U(1 - e^{-t/RC}) \tag{5-3-6}$$

综上所述，可得如下结论：

(1) 电容上电压随时间按指数规律变化，如图 5-3-6 所示。

(2) 变化的起点是初始值 0，变化的终点是稳态值 U。

(3) 令 $\tau = RC$，电容充电的变化速度取决于时间常数 τ，τ 表示电容电压 u_C 从初始值上升到稳态值的 63.2% 时所需的时间，如图 5-3-6 所示。

【例 5-3-2】 如图 5-3-7 所示电路中，开关断开前电路已达稳态，在 $t = 0$ 时，将开关闭合，求 $t \geq 0$ 时的电压 u_C。

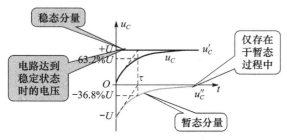

图 5-3-6 电容电压 u_C 的变化规律

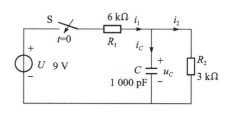

图 5-3-7 例 5-3-2 的图

【解】 (1) 当 $t = 0$ 时电路处于稳态，$u_C(0_-) = 0$ V。

(2) 根据换路定则，可得：$u_C(0_+) = u_C(0_-) = 0$ V。

(3) 当 $t > 0$ 时，开关闭合，电容充电，此时电路为零状态响应，根据图 5-3-7，可列方程组为：

$$i_1 = i_C + i_2 = C\dfrac{\mathrm{d}u_C}{\mathrm{d}t} + i_2$$
$$i_1 R_1 + u_C = U$$
$$u_C = i_2 R_2$$

联立上述三个方程解得：

$$\left(\frac{R_1 R_2 C}{R_1+R_2}\right)\frac{du_C}{dt} + u_C = \frac{R_2}{R_1+R_2}U$$

根据式(5-3-6),可解得其通解为:

$$u_C = \frac{R_2}{R_1+R_2}U \times (1-e^{-\frac{t}{\tau}}) = \frac{3\times 9}{6+3}(1-e^{-\frac{t}{2\times 10^{-6}}}) = 3(1-e^{-5\times 10^5 t})(V)$$

式中,$\tau = \frac{R_1 R_2 C}{R_1+R_2} = \frac{3\times 6}{3+6}\times 10^3 \times 1\,000 \times 10^{-12} = 2\times 10^{-6}(s)$。

5.3.3 RC 电路的全响应

换路前,电路中储能元件已储有能量,再加上换路后的外部激励共同作用于电路上所引起的响应,称为全响应。 即

$$f(0_+) \neq 0, \quad f_i(t) \neq 0$$

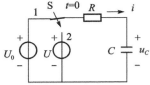

图 5-3-8 RC 全响应电路

在图 5-3-8 所示电路中,换路前电路已处于稳态,即 $u_C(0_-) = U_0$。在 $t=0$ 时,开关从端 1 切换到端 2 时,发生了换路,则 $t \geq 0$ 后可列 KVL 方程:

$$U = Ri + u_C = RC\frac{du_C}{dt} + u_C$$

即:

$$RC\frac{du_C}{dt} + u_C = U \tag{5-3-7}$$

根据前面所分析的零输入响应和零状态响应,可得:

全响应 = 零输入响应 + 零状态响应

由叠加原理,式(5-3-7)的全解为:

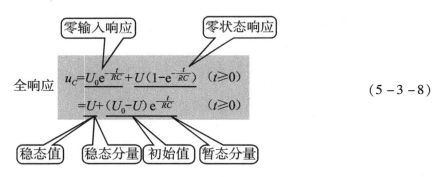

$$\tag{5-3-8}$$

由式(5-3-8),可得:

全响应 = 稳态分量 + 暂态分量

综上所述,全响应是叠加原理在线性电路暂态分析中的体现。

【例 5-3-3】 在图 5-3-9 电路中,换路前已处于稳态。在 $t=0$ 时将开关 S 从端 a 切换到端 b,求 $t \geq 0$ 后的 $u_C(t)$。

【解】(1)当 $t=0$ 时电路处于稳态,有:

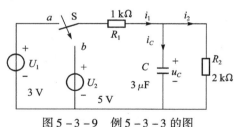

图 5-3-9 例 5-3-3 的图

$$u_C(0_-) = \frac{R_2}{R_1+R_2}U_1 = \frac{2}{1+2} \times 3 = 2 \text{ (V)}$$

（2）根据换路定则，可得：$u_C(0_+) = u_C(0_-) = 2$ (V)。

（3）当 $t>0$ 时，开关 S 从端 a 切换到端 b，可列 KCL 方程：

$$i_1 = i_2 + i_C,$$

即：

$$\frac{U_2 - u_C}{R_1} = \frac{u_C}{R_2} + i_C$$

由 $i_C = C\dfrac{du_C}{dt}$，可得：

$$\left(\frac{R_1 R_2 C}{R_1+R_2}\right)\frac{du_C}{dt} + u_C = \frac{R_2}{R_1+R_2}U_2$$

代入参数值得：

$$RC\frac{du_C}{dt} + u_C = \frac{10}{3}$$

其中，$R = R_1 // R_2 = \dfrac{R_1 R_2}{R_1+R_2}$。

解之得：

$$u_C = u_C' + u_C'' = \frac{10}{3} + Ae^{-500t} \text{ V}$$

因为：

$$u_C(0_+) = u_C(0_-) = 2 \text{ (V)}$$

则：

$$A = -\frac{4}{3} \text{ (V)}$$

所以：

$$u_C = \frac{10}{3} - \frac{4}{3}e^{-500t} \text{V}, t \geq 0$$

5.4 一阶线性电路暂态分析的三要素法

1. 三要素的基本概念

仅含一个储能元件或可等效为一个储能元件的线性电路，且由一阶微分方程描述，称为一阶线性电路。

由前面的全响应分析可知：一阶线性电路的全响应是由稳态分量和暂态分量叠加而成的，即：

$$u_C = U + (U_0 - U)e^{-\frac{t}{\tau}}$$
$$u_C(\infty) = U \quad \text{（稳态解）}$$
$$u_C(0_+) = u_C(0_-) = U_0 \quad \text{（初始值）}$$
$$u_C = u_C(\infty) + [u_C(0_+) - u_C(\infty)]e^{-\frac{t}{\tau}}$$

所以，在直流电源激励的情况下，一阶线性电路微分方程解的通用表达式为：

$$f(t) = f(\infty) + [f(0_+) - f(\infty)]e^{-t/\tau} \qquad (5-4-1)$$

式中 $f(t)$——代表一阶电路中任一电压、电流函数；

$f(0_+)$——初始值；

$f(\infty)$——稳态值；

τ——时间常数。

利用求三要素的方法求解暂态过程，称为三要素法。只要确定了电路中的初始值$f(0_+)$、稳态值$f(\infty)$和时间常数τ这三个量，代入(5-4-1)中，那么一阶线性电路的暂态过程也就完全确定了。所以称$f(0_+)$、$f(\infty)$和τ为一阶线性电路暂态分析的三要素。

2. 三要素的求解步骤

(1) 求初始值、稳态值、时间常数。

(2) 将求得的三要素结果代入暂态过程通用表达式。

3. 响应中"三要素"的确定

(1) 求初始值$f(0_+)$的步骤：

① 由$t(0_-)$电路求$u_C(0_-)$和$i_L(0_-)$。

② 根据换路定则求出$u_C(0_+)$和$i_L(0_+)$。

③ 由$t=0_+$时的电路，求所需其他各量的$u(0_+)$和$i(0_+)$。

(2) 求稳态值$f(\infty)$的步骤：$t\to\infty$时刻的等效电路，求所需其他各量的$u(0_+)$和$i(0_+)$。

(3) 求时间常数τ的方法：换路后的电路除去电源和储能元件后，在储能元件两端所求得的无源二端网络的等效电阻（**恒压源短路，恒流源开路，电路结构不变**），类似于应用戴维南定理解题时计算电路等效电阻的方法。

在求三要素中的初始值$f(0_+)$和稳态值$f(\infty)$时，电路中的电容和电感如何进行等效画图，可参考 5.2 节所讲的内容。

【例 5-4-1】 在图 5-4-1 电路中，换路前已处于稳态。在$t=0$时将开关 S 从端 a 切换到端 b，用三要素的方法求$t\geqslant 0$后的$u_C(t)$。

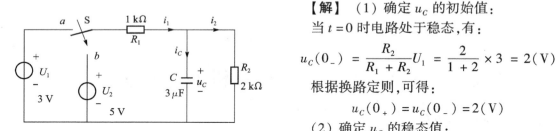

图 5-4-1 例 5-4-1 的图

【解】 (1) 确定u_C的初始值：

当$t=0$时电路处于稳态，有：

$$u_C(0_-) = \frac{R_2}{R_1+R_2}U_1 = \frac{2}{1+2}\times 3 = 2(\text{V})$$

根据换路定则，可得：

$$u_C(0_+) = u_C(0_-) = 2(\text{V})$$

(2) 确定u_C的稳态值：

$$u_C(\infty) = \frac{R_2 U_2}{R_1+R_2} = \frac{2\times 10^3 \times 5}{(1+2)\times 10^3} = \frac{10}{3}(\text{V})$$

(3) 确定电路的时间常数τ：

$$R' = \frac{R_1 R_2}{R_1+R_2}$$

$$\tau = R'C = \frac{1\times 2}{1+2}\times 10^3 \times 3 \times 10^{-6} = 2\times 10^{-3}(\text{s})$$

(4) 代入公式，得出$u_C(t)$。

依据$f(t) = f(\infty) + [f(0_+) - f(\infty)]e^{-t/\tau}$得：

$$u_C(t) = \frac{10}{3} + \left(2 - \frac{10}{3}\right)e^{-t/(2\times 10^{-3})} = \frac{10}{3} - \frac{4}{3}e^{-500t}(\text{V})$$

比较例 5-4-1 和例 5-3-3 的分析方法，得出自己分析题目的心得。

【例 5-4-2】 在图 5-4-2 电路中,换路前已处于稳态。在 $t=0$ 时将开关 S 断开,用三要素的方法求 $t \geq 0$ 后的 $u_C(t)$。

【解】（1）确定 u_C 的初始值：
当 $t=0$ 时电路处于稳态,有：
$$u_C(0_-) = \frac{R_2}{R_1 + R_2}E = \frac{3}{2+3} \times 10 = 6(\text{V})$$
根据换路定则,可得：
$$u_C(0_+) = u_C(0_-) = 6(\text{V})$$

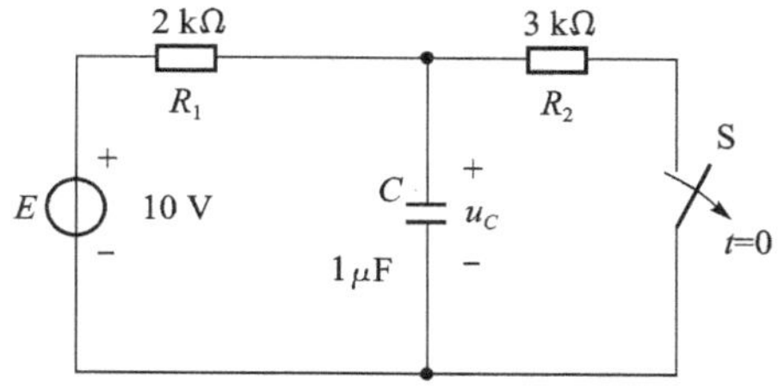

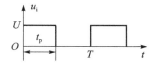

图 5-4-2　例 5-4-2 的图

（2）确定 u_C 的稳态值：
$$u_C(\infty) = 10(\text{V})$$
（3）确定电路的时间常数 τ：
$$\tau = R_1 C = 2(\text{ms})$$
（4）代入公式,得出 $u_C(t)$。
依据 $f(t) = f(\infty) + [f(0_+) - f(\infty)]\mathrm{e}^{-t/\tau}$ 得：
$$u_C(t) = u_C(\infty) + [u_C(0_+) - u_C(\infty)] \cdot \mathrm{e}^{-t/\tau} = 10 - 4\mathrm{e}^{-500t}(\text{V})$$

5.5　微分电路与积分电路

微分电路与积分电路是矩形脉冲激励下的 RC 电路。若选取不同的时间常数,可构成输出电压波形与输入电压波形之间微分或积分的关系。

5.4.1　微分电路

在图 5-5-1 所示电路中,激励源 u_i 为一矩形脉冲信号,如图 5-5-2 所示,响应是从电阻两端取出的电压,即 $u_o = u_R$,电路时间常数 τ 小于脉冲信号的脉宽 t_p,通常取 $\tau = \frac{t_p}{10}$。

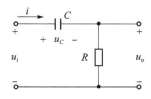

图 5-5-1　微分电路图

图 5-5-2　激励源 u_i 的波形

由图 5-5-1,可列 KVL 方程：
$$u_i = u_C + u_o$$
当 $R \to 0$ 时,$u_o = u_R \to 0$,可得：
$$u_i \approx u_C$$
$$u_o = i_C R = RC\frac{\mathrm{d}u_C}{\mathrm{d}t} \approx RC\frac{\mathrm{d}u_i}{\mathrm{d}t} \quad (5-5-1)$$

由公式（5-5-1）可得:**输出电压近似与输入电压对时间的微分成正比**,其波形图如图 5-5-3 所示。

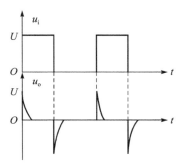

图 5-5-3　微分电路的 u_i 与 u_o 波形

综上所述,**微分电路应满足三个条件：**①激励必须为一周期性的矩形脉冲;②响应必须是从电阻两端取出的电压;③电路时间常数远小于脉冲宽度,即$\tau \ll t_p$。

5.5.2 积分电路

在图 5-5-4 所示电路中,激励源 u_i 为一矩形脉冲信号,响应是从电阻两端取出的电压,即 $u_o = u_C$,电路时间常数 τ 大于脉冲信号的脉宽 t_p,通常取 $\tau = 10t_p$。

由图 5-5-4,可列 KVL 方程:

$$u_i = u_C + u_o$$

因为 $\tau \gg t_p$,可得:

$$u_i \approx u_R = iR \Rightarrow i \approx \frac{u_i}{R}$$

$$u_o = u_C = \frac{1}{C}\int i \, dt \approx \frac{1}{RC}\int u_i \, dt \qquad (5-5-2)$$

由公式(5-5-2)可得:**输出电压与输入电压近似成积分关系**,其波形图如图 5-5-5 所示。

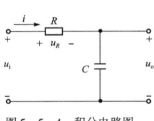
图 5-5-4 积分电路图

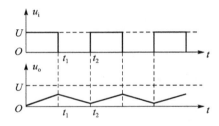
图 5-5-5 积分电路的 u_i 与 u_o 波形

综上所述,积分电路应满足三个条件:①激励必须为一周期性的矩形脉冲;②响应必须是从电阻两端取出的电压;③电路时间常数远大于脉冲宽度,即 $\tau \gg t_p$。

习 题 5

一、选择题

1. 在换路瞬间,下列说法中正确的是(　　)。
   A. 电感电流不能跃变　　　　　　　　B. 电感电压必然跃变
   C. 电容电流必然跃变　　　　　　　　D. 电容电压必然跃变

2. R、L、C 相串联后接入电压源的瞬间,三个元件上的电压 u_R、u_L 和 u_C 以及电路中的电流 i 这四个量中,可以跃变的量是(　　)。
   A. u_L　　　　B. u_C　　　　C. i 和 u_R　　　　D. u_C 和 i

3. 下列表示零状态响应的是(　　)。
   A. $f_i(t) = 0$, $f(0_+) \neq 0$　　　　B. $f_i(t) \neq 0$, $f(0_+) = 0$
   C. $f_i(t) = 0$, $f(0_+) = 0$　　　　D. $f_i(t) \neq 0$, $f(0_+) \neq 0$

4. 下列表示零输入响应的是(　　)。

A. $f_i(t)=0$，$f(0_+)\neq 0$ B. $f_i(t)\neq 0$，$f(0_+)=0$
C. $f_i(t)=0$，$f(0_+)=0$ D. $f_i(t)\neq 0$，$f(0_+)\neq 0$

5. 下列表示全响应的是(   )。

A. $f_i(t)=0$，$f(0_+)\neq 0$ B. $f_i(t)\neq 0$，$f(0_+)=0$
C. $f_i(t)=0$，$f(0_+)=0$ D. $f_i(t)\neq 0$，$f(0_+)\neq 0$

6. 关于微分电路,下列说法正确的是(   )。
A. 必须满足$\tau\ll t_p$,且输出电压取自电阻两端
B. 必须满足$\tau\gg t_p$,且输出电压取自电阻两端
C. 必须满足$\tau=t_p$,且输出电压取自电容两端
D. 必须满足$\tau\gg t_p$,且输出电压取自电容两端

7. 关于积分电路,下列说法正确的是(   )。
A. 必须满足$\tau\ll t_p$,且输出电压取自电阻两端
B. 必须满足$\tau\gg t_p$,且输出电压取自电阻两端
C. 必须满足$\tau=t_p$,且输出电压取自电容两端
D. 必须满足$\tau\gg t_p$,且输出电压取自电容两端

二、填空题

1. 暂态是指从一种_____态过渡到另一种_____态所经历的过程。
2. 换路定律指出:在电路发生换路后的一瞬间,_____元件上通过的电流和_____元件上的端电压,都应保持换路前一瞬间的原有值不变。
3. 一阶 RC 电路的时间常数$\tau=$_____。
4. 一阶线性电路的暂态分析分为_____响应、_____响应和全响应。
5. 一阶电路全响应的三要素是指待求响应的_____值、_____值和_____。
6. 一阶线性电路的暂态分析的方法可分为_____和_____。

三、计算题

1. 如图 5-1 所示电路原先已稳定,求在开关断开瞬间的 $i_C(0_+)$ 和 $u_C(0_+)$,电路时间常数τ以及电路稳定后的 $i_C(\infty)$ 和 $u_C(\infty)$。

2. 如图 5-2 所示电路原先已稳定,求开关断开后 $u_C(t)$ 的表达式。

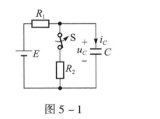

图 5-1

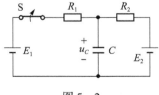

图 5-2

3. 如图 5-3 所示电路原先已稳定,在 $t=0$ 瞬间开关 S 闭合,求 $t=20$ ms 时的 $u_C(t)$。图中,$R_1=6$ kΩ,$R_2=3$ kΩ,$C=20$ μF,$I_S=15$ mA。

4. 如图 5-4 所示电路原先已稳定,求在 $t=0$ 瞬间开关 S 闭合时的 $u_C(t)$。图中 $I_S=10$ mA,$R_1=2$ kΩ,$R_2=3$ kΩ,$R_3=5$ kΩ,$C=20$ μF。

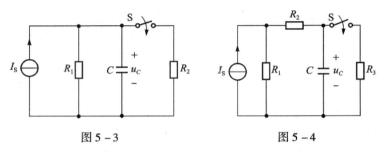

图 5-3　　　　　　　　图 5-4

5. 如图 5-5 所示电路原先已稳定,求在 $t=0$ 瞬间开关 S 闭合时的 $u_C(t)$ 和电流 $i(t)$。

6. 如图 5-6 所示电路,已知 $U_S=35$ V, $R_1=5$ Ω, $R_2=5$ kΩ, $C=40$ μF。电路原先已稳定,求在 $t=0$ 瞬间开关 S 断开时的 $u_C(t)$ 和电流 $i_C(t)$。

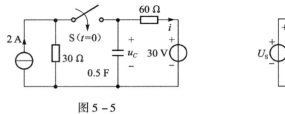 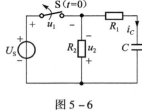

图 5-5　　　　　　　　图 5-6

第 6 章

磁路与电器

本章的学习目的和要求：

在电力系统和电气设备中常用电磁转换来实现能量的转换，以致在工程上实际应用的一些常用的电气设备，如电磁铁、变压器、电动机等。为了掌握这些电气设备的应用，不仅要熟悉电路的问题，而且还要掌握磁路的问题。所以，在本章学习过程中，要熟练掌握磁路的基本知识和交流铁芯线圈的分析；熟悉变压器、电动机的结构原理和使用；学会分析电动机的继电控制基本控制系统。

6.1 磁 路

磁场是一种特殊物质，有电流的地方就会有磁场的存在，它与电流在空间的分布和周围空间介质的性质密切相关。

6.1.1 磁场的基本物理量

1. 磁路

常用的电气设备，如变压器、电动机和电工仪表等，在工作时都要有磁场参与作用，因此必须把磁场聚集在一定的空间范围内，以便加以利用。为此，在电气设备中常用高导磁率的铁磁材料做成一个形状的铁芯，使之形成一个磁通的路径，**使磁通的绝大部分通过这一路径而闭合，这种磁通的路径称为磁路**。图 6-1-1 所示为变压器的原理图。

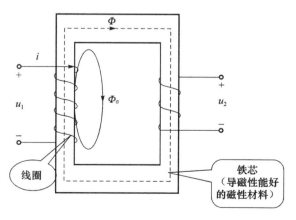

图 6-1-1 变压器的原理图

2. 磁感应强度 B

磁感应强度 B：表示磁场内某点磁场强弱及方向的物理量。B 的大小等于通过垂直于磁场方向单位面积的磁力线数目，B 的方向用右手螺旋定则确定。

如果磁场内各点的磁感应强度的大小相等、方向相同，则这样的磁场称为均匀磁场。磁感应强度的单位是特斯拉(T)。

3. 磁通 Φ

线圈通入电流后，产生磁通，分为主磁通和漏磁通。绝大部分磁通穿过铁芯中的闭合，称为**主磁通 Φ**；少量磁通在空气中穿过，称为**漏磁通 $Φ_σ$**。主磁通 Φ 和漏磁通 $Φ_σ$ 可见图 6-1-1。

均匀磁场中磁通 Φ 等于磁感应强度 B 与垂直于磁场方向的面积 S 的乘积，单位是韦伯(Wb)。

$$Φ = BS$$

4. 磁导率 μ

磁导率 μ 表示物质的导磁能力大小的物理量，单位是亨/米(H/m)。真空的磁导率是一个常数，$μ_0 = 4π×10^{-7}$ H/m。任一种物质的磁导率 μ 和真空的磁导率 $μ_0$ 的比值 $μ_r$，**称为该物质的相对磁导率**，即 $μ_r = \dfrac{μ}{μ_0}$。

5. 磁场强度 H

由于物质的导磁性能的不同，对磁场的影响也不同，使磁场的计算变得比较复杂，尤其是在计算不同铁磁材料的磁场。为了方便计算磁场，引用一个物理量——磁场强度 H，它与磁感应强度 B 的关系为：

$$H = \dfrac{B}{μ}$$

磁场强度单位是安/米(A/m)。

6.1.2 铁磁物质的磁特性

1. 铁磁物质与非铁磁物质

磁性材料分为磁性材料和非磁性材料。磁性材料的特点是磁导率高，它的相对磁导率 $μ_r \gg 1$，如铁、钴、镍及少数稀土元素；非磁性材料的特点是磁导率低，它的相对磁导率 $μ_r ≈ 1$，如真空、空气、木材、橡胶等非金属物质。

2. 铁磁物质的磁化特性

铁磁材料主要是指铁、钴、镍及其合金。

1）高磁导率

铁磁物质分子中的电子环绕原子核运动和本身的自转运动形成分子电流，分子电流产生磁场。**分子电流磁场在局部区域内方向趋向一致，显示磁性，称为磁畴**。在没有外电场作用时，各磁畴排列混乱，磁场互相抵消，对外不显磁性。如图 6-1-2 所示。

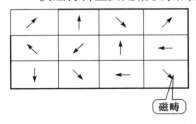

图 6-1-2 未磁化时的磁畴排列

当有外磁场作用时，磁畴区偏转方向，使之与外磁场方向一致，从而使总磁场大小增强，称为磁化。如图 6-1-3 所示为有外磁场磁化的演示过程。

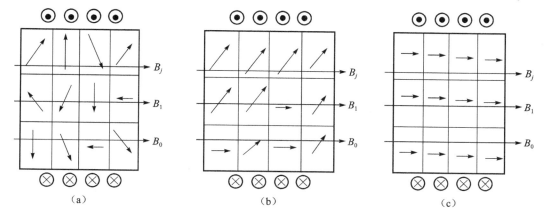

图 6-1-3 在外磁场下磁场磁化的演示过程

外磁场的磁力线穿过磁性物质时,因物质被磁化而使磁场大大增强,磁力线集中于磁性物质中穿过,如电流穿过导体一样。磁性物质还能导磁,所以**具有很高的磁导率**。

2) 磁饱和性

磁性物质由于磁化所产生的磁化磁场不会随着外磁场的增强而无限增强,当外磁场增大到一定值时,全部磁畴的磁场方向都转向与外磁场的方向一致。这时:磁化磁场的磁感应强度 B_j 即达到饱和值,如图 6-1-3(c) 所示。

3) 磁滞性

当线圈中通交流电产生交变外磁场时,线圈中的磁性物质则被交变磁场反复磁化,$B-H$ 曲线形成闭合回线,称为磁滞回线,如图 6-1-4 所示。

在图 6-1-4 所示中,当外磁场 $H=0$ 时,铁磁材料的磁感应强度 $B\neq 0$,而为某一个特定值,则把这时的磁感应强度称为**剩磁 B**;当加反向外磁场 H 时,铁磁材料的 $B=0$,则把这个反向外磁场 H 的大小称为**矫顽磁力**。

在现实工程中的永久磁铁由剩磁产生,但有时又需要去掉剩磁,就采用矫顽磁力去掉剩磁。例如,工作在平面磨床上的工件加工完毕后,由于电磁吸盘有剩磁,能将工件吸附,为此,应加反方向的外磁场,通过反向去磁电流,去掉剩磁,才能将工件取下。

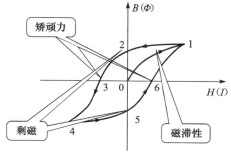

图 6-1-4 磁滞回线

磁性材料按其磁滞回线的形状不同,可分为软磁材料、硬磁材料和矩磁材料,如图 6-1-5 所示。

软磁材料:这类磁滞回线窄长,剩磁和矫顽力均较小,可用来制作电动机、变压器的铁芯,也可作计算机的磁芯、磁鼓以及录音机的磁带和磁点。这种磁性材料的主要代表有纯铁、铸铁、硅钢等。

硬磁材料:这类磁滞回线较宽,剩磁和矫顽力均较大,可用来作永久材料。这种磁性材料的主要代表有碳钢、钨钢、铁镍合金等。

矩磁材料:这类磁滞回线接近矩形,在计算机和控制系统中,可用作记忆元件、开关元件和逻辑元件。这种磁性材料的主要代表有镁锰铁氧体、某些铁型铁镍合金等。

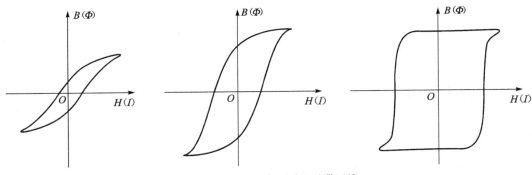

图 6-1-5 三种不同的磁滞回线

6.1.3 磁路的基本定律

1. 磁路的欧姆定律(均匀磁路的环路磁压定律)

磁路的欧姆定律是磁路中最基本的定律。对于材料相同截面相等的磁路称为均匀磁路,如图 6-1-6 所示,有:

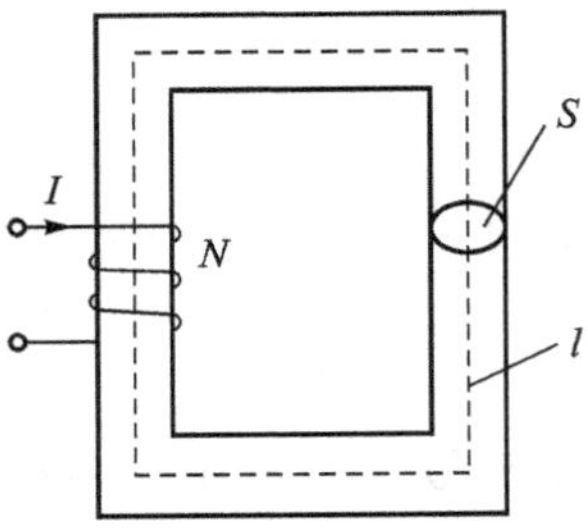

$$\Phi = BS = \mu HS = \mu \frac{NI}{l}S = \frac{NI}{\frac{l}{\mu S}} = \frac{F}{R_m}$$

式中 R_m —— $R_m = \frac{l}{\mu S}$ 称为磁阻,表示磁路对磁通的阻碍作用,单位为 H^{-1};

F —— $F = NI$ 产生 Φ 的原因,称为磁动势,单位为安培(A);

Φ —— $\Phi = \frac{F}{R_m}$,磁路的欧姆定律。

图 6-1-6 均匀磁路

因此,仿照电路欧姆定律的含义,可将 Φ 称为磁通。

磁路的欧姆定律与电路的欧姆定律相比较,两者形式相似,如表 6-1-1 所示。但有一点需说明,电路中的电阻是消耗电能的,而磁阻是不耗能的。

表 6-1-1 磁路与电路欧姆定律的比较

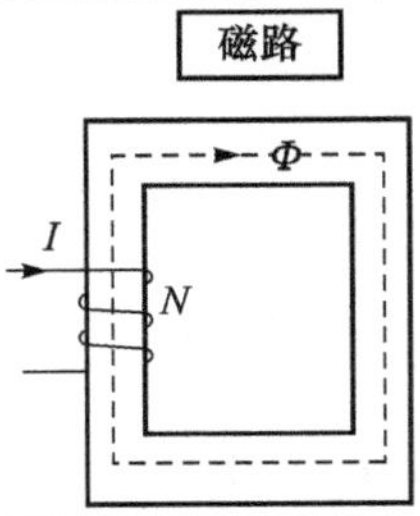 磁路	磁动势 $F = IN$	磁通 Φ	磁压降 HL	磁阻 $R_m = \frac{l}{\mu S}$	欧姆定律 $\Phi = \frac{F}{R_m}$
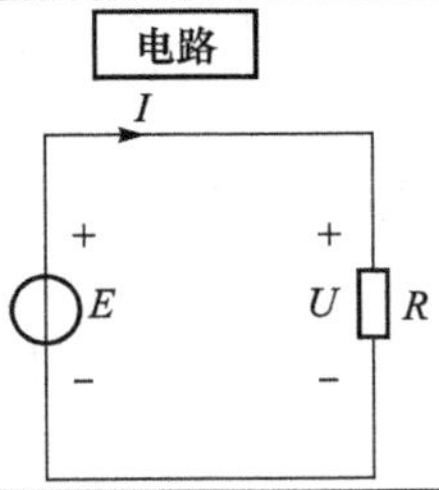 电路	电动势 E	电流 I	电压降 U	电阻 $R = \frac{l}{rS}$	欧姆定律 $I = \frac{E}{R}$

2. 磁路的基尔霍夫定律(非均匀磁路的环路磁压定律)

一般形式的磁路,材料不一定相同、截面不相等,有的还具有极小的空气隙,如电动机的磁路、继电器的磁路,这样的磁路称为非均匀磁路。

对于这样的磁路,H 分段计算,则:

$$\oint_l H \cdot dl = \sum (H_i l_i) = NI \qquad (6-1-1)$$

可写作:

$$NI = H_1 l_1 + H_2 l_2 + H_0 \delta \qquad (6-1-2)$$

式中,$H_i l_i$ 又称为磁路的磁压降,所以式(6-1-1)便为非均匀磁路的环路磁压定律,类似于电路的基尔霍夫电压定律。

6.2 交流铁芯线圈电路

6.2.1 铁芯线圈

励磁电流是在磁路中用来产生磁通的电流,即线圈中的电流。根据励磁电流分为直流电和交流电,可把铁芯线圈分为直流铁芯线圈和交流铁芯线圈。

1. 直流铁芯线圈

直流铁芯线圈通过直流来励磁。分析直流铁芯线圈比较简单:

因为励磁电流是直流,产生的磁通恒定,所以线圈和铁芯中不会有感应出电动势。在一定电压 U 下,线圈中的电流 I 只与线圈电阻 R 有关,功率损耗也只有 $I^2 R$。即:

励磁电流为直流:

$$I = \frac{U}{R}$$

磁动势恒定:

$$F = NI$$

磁通:

$$\Phi = F/R_m$$

功率损耗:

$$P = I^2 R$$

2. 交流铁芯线圈

如图 6-2-1 所示,铁芯线圈中通入交流电流 i 时,在铁芯线圈中产生交变磁通,其参考方向可用右手螺旋定则确定,绝大部分磁通穿过铁芯中闭合,称为主磁通 Φ,少量磁通由空气中穿过,称为漏磁通 Φ_σ。这两部分交变磁通分别产生电动势 e 和 e_σ,其大小和方向可用法拉第—楞次电磁感应定律和右手螺旋定则确定。

交流励磁:线圈中上加正弦交流电压,励磁电流为交流电流 ⟹ 产生交流磁通 ⟹ 在线圈中产生感应电动势。

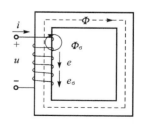

图 6-2-1 交流铁芯线圈

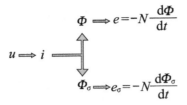

其中,Φ 为主磁通,Φ_σ 为漏磁通。

电流与磁通方向符合右手螺旋定则。

由图 6-2-1 所示,根据法拉第一楞次电磁感应定律和右手螺旋定则可得到电压的表达式:

$$u \approx -e = N\frac{d\Phi}{dt} \quad (6-2-1)$$

$$U \approx 4.44fN\Phi_m \quad (6-2-2)$$

式(6-2-2)说明,当外加电压 u 及其频率 f 不变时,主磁通的最大值 Φ_m 基本保持不变。这样,当交流磁路中的空气气隙大小发生变化时,只要 U、f 不变,Φ_m 仍基本恒定,这是交流磁路的一个重要特点。(6-2-2)称为**恒磁通公式**。

另一方面,当空气气隙大小改变时,其磁阻 R_m 会随之变化,根据磁路欧姆定律,磁动势 iN 必然会发生变化。也就是说,当 U、f 保持一定时,交流磁路中空气气隙大小的改变会引起励磁绕组中电流 i 的变化。这是交流磁路的另一个重要特点。

6.2.2 功率损耗

在交流铁芯线圈中功率损失有两部分:一部分为铜损 P_{Cu},另一部分为铁损 P_{Fe}。即:

$$\Delta P = P_{Cu} + P_{Fe}$$

(1) 铜损:$P_{Cu} = I^2R$,即线圈电阻的功率损耗。

(2) 铁损:$P_{Fe} = P_h + P_e$。

① P_h:磁滞损耗 ∝ 铁芯材料的磁滞回线面积,采用软磁性材料做铁芯可以减少磁滞损耗。

② P_e:涡流损耗 ∝ 与铁芯的截面积、电源频率、磁感应强度有关,可采用顺磁场方向的硅钢片叠成的铁芯,以减少涡流损耗。

即交流铁芯线圈的有功功率:

$$P = UI\cos\varphi$$
$$= \Delta P_{Cu} + \Delta P_{Fe}$$
$$= I^2R + \Delta P_h + \Delta P_e$$

磁路可分为直流磁路和交流磁路,表 6-2-1 对直流磁路和交流磁路进行了一定的比较。

表 6-2-1 直流磁路与交流磁路的比较

直流磁路	$I = \dfrac{U}{R}$ (U 不变,I 不变)	⟹	$\Phi = \dfrac{IN}{R_m}$ (Φ 随 R_m 变化)
交流磁路	$\Phi_m = \dfrac{U}{4.44fN}$ (U 不变时,Φ_m 基本不变)	⟹	$IN = \Phi R_m$ (I 随 R_m 变化)

6.3 变压器

变压器是一种常见的电气设备,具有变换电压、变换电流和变换电阻的作用,在电力系统和电子线路及工程技术中具有广泛的应用。

在电力系统中,电力变压器是不可缺少的重要设备。在视在功率相同的情况下,输电的电压越高,电流就越小。如果输电线路上的功率损耗相同,则输电线的截面积就允许取得较小,可以节省材料,同时还可减小线路的功率损耗。

因此,在输电时必须利用变压器将电压升高;但在用电方面,为了保证用电的安全和用电设备的电压要求,要利用变压器将电压降低。图6-3-1为变压器输电、用电线路方面的一个简单的演示例子。

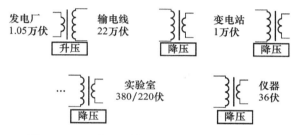

图6-3-1 变压器输电、用电线路的演示例子

6.3.1 变压器的基本结构

变压器的形式多种多样,但它们的基本结构是相同的,都由铁芯和绕在铁芯上的绕组、绝缘套管组成。

1. 铁芯

变压器的主磁路,为了提高导磁性能和减少铁损,用厚为0.35~0.5 mm、表面涂有绝缘漆的硅钢片叠成。

2. 绕组

变压器的电路,一般用绝缘铜线或铝线绕制而成,是变压器的导电部分。变压器的绕组有一次绕组和二次绕组。

与电源相连的绕组称为一次绕组(或称原绕组、初级绕组);与负载相连的绕组称为二次绕组(或称副绕组、次级绕组)。

3. 绝缘套管

将线圈的高、低压引线引到箱外,是引线对地的绝缘,担负着固定的作用。

图6-3-2为变压器的几种不同的表现形式。

6.3.2 变压器的工作原理

变压器由闭合铁芯和高压、低压绕组等几个主要部分组成。为了便于分析,将高压绕组和低压绕组分别画在两边,如图6-3-3(a)所示。一、二次绕组的匝数分别为N_1和N_2。变压器在电路图中的示意图如图6-3-3(b)所示。

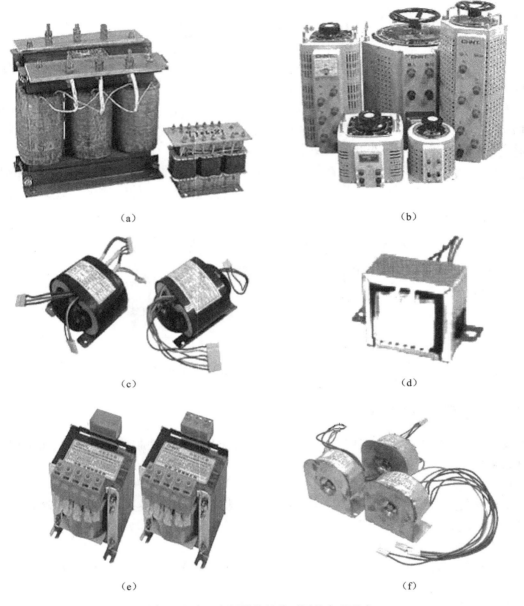

图 6-3-2 变压器的几种不同的表现形式

(a) 三相干式变压器;(b) 接触调压器;(c) 电源变压器;(d) 普通变压器;(e) 控制变压器;(f) 环形变压器

变压器的工作原理过程:

(1) 当一次绕组接上交流电压 u_1 时,一次绕组中便有电流 i_1 通过。一次绕组的磁动势 $i_1 N_1$ 产生的磁通绝大部分通过铁芯而闭合,因此在二次绕组中感应出电动势。

(2) 如果二次绕组接有负载,那么二次绕组中有电流 i_2 通过,二次绕组的磁动势也会产生磁通,其绝大部分也通过铁芯而闭合。因此铁芯中磁通是一、二次绕组在磁动势共同产生的合成磁通,称为主磁通,用 Φ 表示。

(3) 主磁通穿过一次绕组和二次绕组而在其中感应出的电动势分别为 e_1 和 e_2。

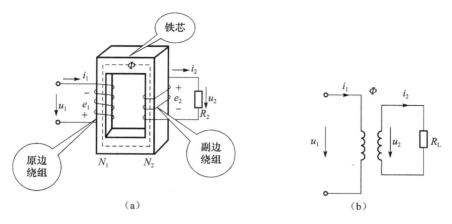

图 6-3-3 变压器的工作原理图

变压器的工作原理的三个步骤可以用下面的过程演示：

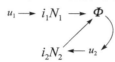

其中,参考方向的确定：
(1) 原边是电源的负载。
(2) 副边是负载的电源。
(3) 原、副边的 e 与 Φ 符合右手螺旋定则。

6.3.3 变压器的作用

1. 电压变换作用

根据变压器的工作原理,由交流铁芯线圈的电磁关系分析可得：

$$E_1 = 4.44fN_1\Phi_m \approx U_1$$
$$E_2 = 4.44fN_2\Phi_m \approx U_2$$

可得：

$$\frac{E_1}{E_2} \approx \frac{U_1}{U_2} = \frac{N_1}{N_2} = K \qquad (6-3-1)$$

由此可见,当电源电压 u_1 一定时,只要改变匝数比,就可以得到不同的输出电压 u_2,可以在电力系统中实现电压的升压或者降压。

2. 电流变换作用

根据变压器的工作原理,有：

$$E_1 = 4.44fN_1\Phi_m \approx U_1$$

所以,当电源电压的大小和频率一定时,铁芯中的磁通大小保持一定。即当变压器空载运行时,励磁电流为 i_{10},磁动势为 $i_{10}N_1$。当变压器有载运行时,励磁电流为 i_1 与 i_2,磁动势为 $i_1N_1+i_2N_2$。

所以,当变压器空载和有载时,产生同样磁通的磁动势相等。即可得磁势平衡方程式：

$$i_1N_1 + i_2N_2 \approx i_{10}N$$

由于变压器铁芯材料的导磁率高,空载励磁电流很小,可忽略。即：

可得：

$$i_{10} \approx 0$$

$$\dot{I}_1 N_1 + \dot{I}_2 N_2 \approx 0$$

$$\dot{I}_1 N_1 \approx -\dot{I}_2 N_2 \implies \frac{\dot{I}_1}{\dot{I}_2} = -\frac{N_2}{N_1} = -\frac{1}{K} \qquad (6-3-2)$$

由此可见，原、副边电流的大小与匝数成反比。

3. 阻抗变换作用

变压器的负载阻抗 Z_L 变化时，I_2 变化，I_1 也随之变化，如图 6-3-4 所示。

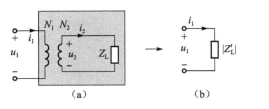

图 6-3-4 变压器的阻抗变换

由图 6-3-4，可得：

$$|Z_L| = \frac{U_2}{I_2}$$

$$|Z'_L| = \frac{U_1}{I_1} = \frac{KU_2}{\frac{I_2}{K}} = \frac{U_2}{I_2}K^2 = |Z_L|K^2$$

$$|Z'_L| = K^2 |Z_L|$$

由此可见，变压器具有阻抗变换作用。在电子技术中常利用变压器的阻抗变换作用来达到阻抗匹配的目的。

6.3.4 变压器的主要技术指标

以单相变压器为例，变压器的主要技术指标有：

(1) **额定电压 U_{1N}/U_{2N}**：变压器副边开路（空载）时，原、副边绕组允许的电压值。

(2) **额定电流 I_{1N}/I_{2N}**：变压器满载运行时，原、副边绕组允许的电流值。

(3) **额定容量 S_N**：变压器输出的额定视在功率。

$$S_N = U_{1N} I_{1N} = U_{2N} I_{2N} \qquad \text{（理想）}$$

(4) **额定效率 η_N**：变压器输出功率与输入功率的比值。

$$\eta = \frac{P_{2N}}{P_{1N}}$$

(5) **额定频率 f_N**：电源的工作频率为 50 Hz。

6.4 电 动 机

电动机的作用是将电能转换成机械能。电动机可分为直流电动机和交流电动机两大类。直流电动机按照励磁方式的不同分为他励、并励、串励和复励四种。交流电动机分为异步电动机和同步电动机。

在现代各种生产机械都广泛应用电动机来驱动。生产机械由电动机驱动有很多优点：

(1) 简化生产机械的结构。
(2) 提高生产率和产品质量。
(3) 能实现自动控制和远距离操纵。
(4) 减轻繁重的体力劳动。

在生产上主要用的交流电动机,特别是**三相异步电动机**,它被广泛地用来驱动各种生产金属切削机床、起重机、传送带、铸造机械、功率不大的通风机及水泵等。**直流电动机**仅在需要均匀调速的生产机械上,如龙门跑床、轧钢及某些重型机床的主传动机构,以及在某些电力牵引和起重设备中才使用。**同步电动机**主要用于功率较大、不需调速、长期工作的各种生产机械,如压缩机、水泵、通风机等。

6.4.1　三相异步电动机的结构

三相异步电动机由定子、转子和气隙三部分组成。**三相异步电动机的定子部分主要由定子铁芯、定子绕组和机座构成**。具体作用如下:

(1)定子铁芯:由导磁性能很好的硅钢片叠成——导磁部分,如图6-4-1所示。

(2)定子绕组:放在定子铁芯内圆槽内——导电部分。

(3)机座:固定定子铁芯及端盖,具有较强的机械强度和刚度。

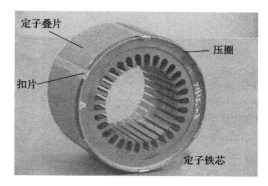

图6-4-1　定子铁芯

三相异步电动机的转子部分主要由转子铁芯、转子绕组构成。具体作用如下:

(1)转子铁芯:由硅钢片叠成,也是磁路的一部分。

(2)转子绕组分为鼠笼式转子和绕线式转子。其中鼠笼式转子是转子铁芯的每个槽内插入一根裸导条,形成一个多相对称短路绕组;绕线式转子是转子绕组为三相对称绕组,嵌放在转子铁芯槽内。如图6-4-2所示。

图6-4-3是一台三相鼠笼型异步电动机的外形图。

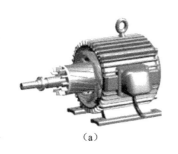

图6-4-2　两种不同类型的转子绕组
(a)鼠笼异步电动机;(b)绕线型异步电动机

图6-4-3　三相鼠笼型异步电动机

图6-4-4是图6-4-2三相鼠笼型异步电动机的主要部件拆分图。

图6-4-5是鼠笼型转子铁芯和绕组结构示意图。

图6-4-6为三相对称交流绕组模型。

三相异步电动机的气隙:异步电动机的气隙是均匀的,其大小为机械条件所能允许达到的最小值。

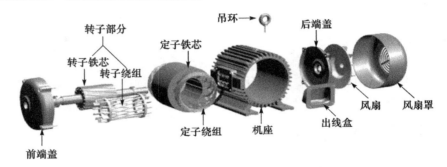

图 6-4-4 三相鼠笼型异步电动机的主要部件

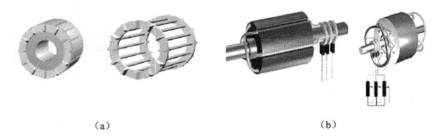

(a)   (b)

图 6-4-5 鼠笼型转子铁芯和绕组结构示意图
(a) 鼠笼型转子铁芯;(b) 三相绕线型转子结构图

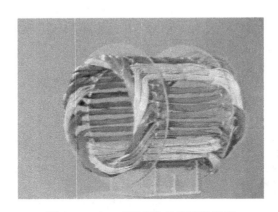

图 6-4-6 三相对称交流绕组模型

6.4.2 三相异步电动机的基本工作原理

图 6-4-7 所示为最简单的三相异步电动机的三相定子绕组的布置图和接线图。三相绕组在空间彼此相隔 120°,它可以接成星形,也可以接成三角形。图 6-4-7(a)中"⊙"代表箭头,表示导线中的电流从纸面流出来,"⊗"代表箭尾,表示电流流进纸里面去。6-4-7(b)为三相绕组有六个出线端,首端为 A、B、C,末端为 X、Y、Z,可根据需要连成星形(丫形)或三角形(△形)。

从三相异步电动机的结构中可以看出,它的三相定子绕组被接到三相电源后,将有电流通过并输入电能,所以它对三相电源来说,是一个三相对称负载。

当三相定子绕组接上三相对称电源时,绕组中便有三相对称电流 i_A、i_B、i_C 通过。图6-4-8为三相交流电流丫形接线图,图6-4-9为三相交流电流的波形图。这样三相电流通过绕组,将分别建立磁场。

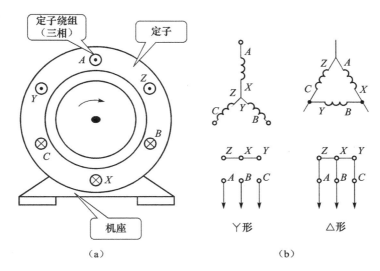

图6-4-7 定子绕组的布置图和接线图
(a)布置图;(b)接线图

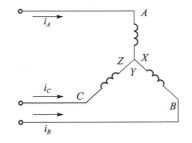

图6-4-8 三相交流电流丫形接线图

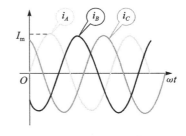

图6-4-9 三相交流电流的波形图

当三相对称电流通过三相对称绕组时,在电动机内部建立的合成磁场,是个在空间的磁场,称为旋转磁场,如图6-4-10所示。它是研究交流电动机工作原理的基础。

三相异步电动机的转动原理可分为三个步骤:

(1) 电生磁:三相对称绕组通往三相对称电流产生圆形旋转磁场。

(2) 磁生电:旋转磁场切割转子导体感应电动势和电流。

(3) 电磁力:转子载流(有功分量电流)体在磁场作用下受电磁力作用,形成电磁转矩,驱动电动机旋转,将电能转化为机械能。

6.4.3 三相异步电动机的转差率

电动机转子转动的方向与磁场旋转的方向相同,但转子的转速 n 不可能达到与旋转的转速 n_1 相等,即 $n < n_1$。原因如下:

如果转子的转速 n 与旋转的转速 n_1 相等,则转子与旋转磁场之间就没有相对运动,因而磁通就不切割转子导条,转子电动势、转子电流以及转矩也就都不存在了。从而,转子就不可能继续以 n_1 的转速转动。

因此,转子转速与磁场转速之间必须有差别,这就是**异步电动机名称的由来**。

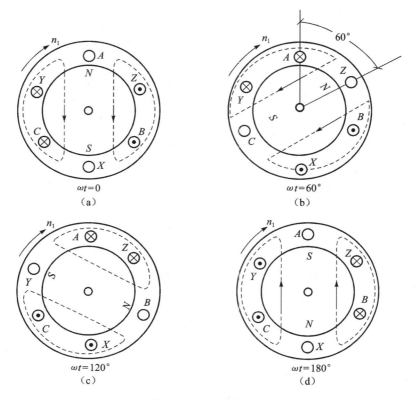

图 6-4-10 旋转磁场
(a) $\omega t = 0°$; (b) $\omega t = 60°$; (c) $\omega t = 120°$; (d) $\omega t = 180°$

旋转磁场的转速 n_1 常称为同步转速。

用转差率 s 来表示转子转速 n 和 n_1 相差的程度,即:

$$s = \frac{n_1 - n}{n_1} \tag{6-4-1}$$

转差率是异步电机的一个基本物理量,它反映电机的各种运行情况。同时,根据转差率的大小和正负,异步电机有三种运行状态,如表 6-4-1 所示。

表 6-4-1 异步电动机的三种运行状态

状态	电动机	电磁制动	发电机
实现	定子绕组接对称电源	外力使电机沿磁场反方向旋转	外力使电机快速旋转
转速	$0 < n < n_1$	$n < 0$	$n > n_1$
转差率	$0 < s \leq 1$	$s > 1$	$s < 0$
电磁转矩	驱动	制动	制动
能量关系	电能转变为机械能	电能和机械能变成内能	机械能转变为电能

6.4.4 三相异步电动机的型号和额定值

1. 型号

三相异步电动机分为小、中、大型三种型号。

中、小型异步电动机：

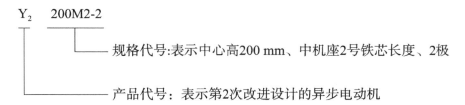

大型异步电动机：

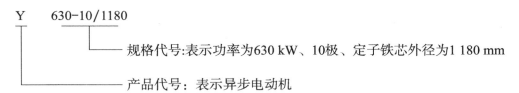

2. 额定值

（1）**额定功率** P_N：额定条件下转轴上输出的机械功率。
（2）**额定电压** U_N：额定运行状态时加在定子绕组上的线电压。
（3）**额定电流** I_N：在额定运行状态下流入定子绕组的线电流。
（4）**额定转速** n_N：额定运行时电动机的转速。

各额定值的关系有：

$$P_N = \sqrt{3}\, U_N I_N \cos\varphi_N \eta_N$$

6.5 继电接触器控制系统

在生产过程中要对电动机进行自动控制，使生产机械各部件的动作按顺序进行，保证生产过程和加工工艺合乎预定要求。而应用电动机拖动生产机械，称为电力拖动。**利用继电器、接触器实现对电动机和生产设备的控制和保护，称为继电接触控制。**

6.5.1 常用控制电器

低压电器一般是指电压在500 V以下，用来切换电路，以及控制、调节和保护用电设备的电器。图6-5-1为低压电器的分类。

1. 闸刀开关(QS)

闸刀开关是一种手动控制电器，其外观和符号如图6-5-2所示。

闸刀开关通常用来接通和断开电源(做电源隔离开关)。通常电源的进线要接在静触头，负载接在另一侧。这样,当切断电源时,触刀不带电。

2. 熔断器(FU)

熔断器是电路中最常用的保护电器,它串接在被保护的电路中,当电路发生短路故障时,便有很大的短路电流通过熔断器,熔断器中的熔体(熔丝或熔片)发热后自动熔断,把电路切断,从而达到保护线路及电气设备的作用。

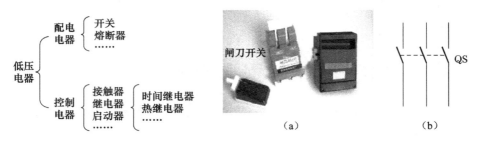

图 6-5-1 低压电器的分类　　图 6-5-2 闸刀开关的外观和电路符号
(a) 外观;(b) 电路符号

常用的熔断器有插入式熔断器、螺旋式熔断器和管式熔断器。图 6-5-3 为常用熔断器的种类和电路符号。

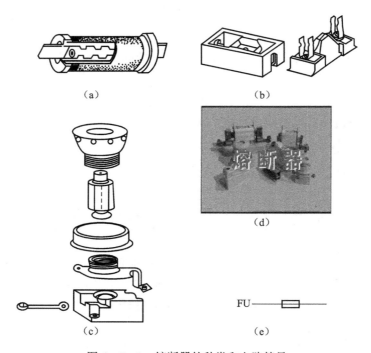

图 6-5-3 熔断器的种类和电路符号
(a) 管式熔断器;(b) 插入式熔断器;(c) 螺旋式熔断器;(d) 熔断器的外观;(e) 电路符号

3. 按钮(SB)

按钮是一种简单的手动开关,可以用来接通或断开低电压、弱电流的控制电路。例如接触器的吸引线圈电路等。

图6-5-4所示是按钮的外形和结构图。它的静触点和动触点都是桥式双断点式,上面一对组成动断触点(又称**常闭触点**),下面一对为动合触点(又称**常开触点**)。

当用手按按钮时,动触点被按着下移,此时上面的动断触点被断开,而下面的动合触点被闭合。当手松开按钮帽时,由于复位弹簧的作用,使动触点复位,即常闭触点、常开触点都恢复原来的工作状态位置。图6-5-5描述了按钮的动作过程。

(a)

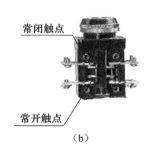
(b)

图6-5-4 按钮外形和结构图
(a)外形图;(b)结构

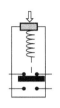

图6-5-5 按钮的动作过程

表6-5-1为按钮的三种常见的结构和电路符号。

表6-5-1 按钮的三种常见结构和电路符号

结构			
符号	─┤ ╱├─ SB	─┤ ╲├─ SB	─┤╱╲├─ SB
名称	常开按钮(停止按钮)	常开按钮(启动按钮)	复合按钮

4. 接触器(KM)

接触器是利用电磁力来接通和断开主电路的执行电器。常用于电动机、电炉等负载的自动控制、接触器的工作频率可达到每小时几百至上千次,并可方便地实现远距离控制。

常用的三相交流接触器的结构如图6-5-6所示。它由电磁结构、触点系统和灭弧装置组成。电磁机结构包括吸引线圈、静铁芯、动铁芯与动触点相连。

主触点做成桥式:为了减小每个断点上的电压。每个触点有两个断点,主触点是联动的。

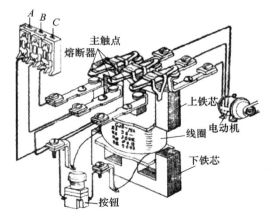

图6-5-6 三相交流接触器的结构

吸引线圈：引出两个接线端子通过按钮接在电源上。

主触点能通过比较大的电流，接在电机的主电路中，辅助触点通过的电流较小，接在电机的控制电路中。主触点和辅助触点固定在绝缘架上，与动铁芯一起动作。图6-5-7为接触器的工作原理图。

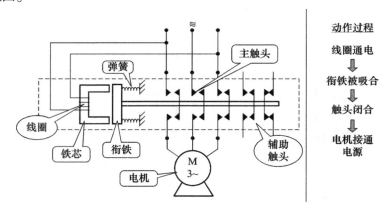

图6-5-7 接触器的工作原理

图6-5-8为接触器的外形图。

图6-5-8 接触器的外形图

图6-5-9为接触器的电路符号。

5. 热继电器（FR）

热继电器是一种以感受元件受热而动作的继电器，常作为电动机的过载保护。图6-5-10为热继电器的外形和结构图。

图6-5-11为热继电器的结构原理图。

热继电器工作原理：发热元件为一段电阻丝，当它接入电机主电路，若长时间过载，双金属片被加热。因双金属片上下两层的膨胀系数不同，下层膨胀系数大，使其向上弯曲，杠杆被弹簧拉回，常闭触点断开。

图6-5-12为热继电器的电路符号。其技术指标为热元件中的电流超过此电流20%

时,热继电器应在 20 分钟内动作。

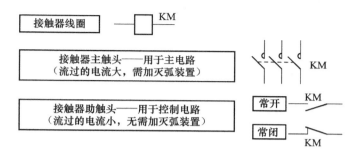

图 6-5-9 接触器的电路符号

图 6-5-10 热继电器的外形和结构图
(a) 外形;(b) 结构图

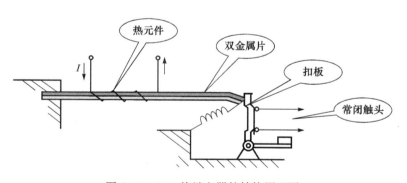

图 6-5-11 热继电器的结构原理图

6. 时间继电器(KT)

时间继电器是从得到输入信号(线圈通电或断电)起,经过一段时间延时后才动作的继电器。它适用于定时控制。图 6-5-13 为时间继电器的外形图。图 6-5-14 为时间继电器的电路符号。

7. 行程开关(SP)

行程开关又称限位开关。它是根据生产机械的行程信号进行动作的电器,而它所控制的是辅助电路,因此行程开关实质上也是一种继电器。

行程开关种类很多,如图 6-5-15 所示为一种行程开关的外形图和它的符号。实质上它的结构与按钮类似,但其动作要由机械撞击。

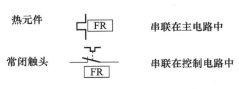

图 6-5-12 热继电器的电路符号

图 6-5-13 时间继电器的外形图

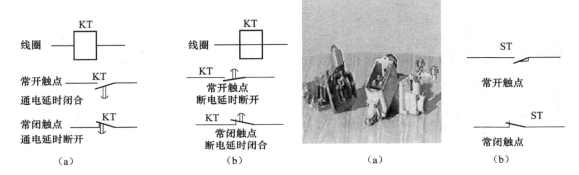

图 6-5-14 为时间继电器的电路符号
(a) 通电延时继电器;(b) 断电延时继电器

图 6-5-15 行程开关的外形和电路符号
(a) 外形图;(b) 电路符号

6.5.2 继电接触控制线路

1. 继电接触器控制原理图的绘制原则及读图方法

随着生产机械电气化和自动化的发展,不仅广泛地采用电动机实现电力拖动,而且还需要根据生产或工艺的要求,对电动机的启动、正转、反转等运动状态进行有效的控制。采用继电器、接触器、操作主令电器等低压电器组成有触点控制系统,称为继电接触器控制系统。例如实现电动机的启动、正转、反转和调速进行控制。

控制电路图是用图形符号和文字符号表示并完成一定控制目的的各种电器连接的电路图。因此,掌握继电接触器控制原理图的绘制原则及读图方法至关重要。

继电接触器控制原理图的绘制原则及读图方法:

(1) 按国家规定的电工图形符号和文字符号画图。

(2) 控制线路由主电路(被控制负载所在电路)和控制电路(控制主电路状态)组成。

(3) 属同一电器元件的不同部分(如接触器的线圈和触点)按其功能和所接电路的不同分别画在不同的电路中,但必须标注相同的文字符号。

(4) 所有电器的图形符号均按无电压、无外力作用下的正常状态画出,即按通电前的状态绘制。

（5）与电路无关的部件（如铁芯、支架、弹簧等）在控制电路中不画出。
但在分析和设计控制电路时应注意以下几点：
（1）使控制电路简单，电器元件少，而且工作又要准确可靠。
（2）尽可能避免多个电器元件依次动作才能接通另一个电器的控制电路。
（3）必须保证每个线圈的额定电压，不能将两个线圈串联。

2. 基本控制电路

各种生产机械的生产过程是不同的，其继电接触器控制线路也是各式各样的，但各种线路都是由比较简单的基本环节构成的，即由主电路和控制电路组成。下面介绍几种基本控制系统，通过对一些基本控制系统的掌握，进而能对复杂的控制线路进行分析和设计。

1）三相异步电动机直接启停控制电路

在实际生产中，大多数生产机械需要连续运转，如水泵、机床等。如图 6-5-16 所示为电动机直接启停控制电路。

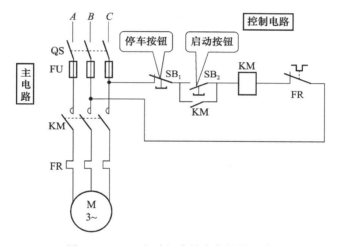

图 6-5-16 电动机直接启停控制电路

① 电动机启动：

按下按钮（SB_2）⟹ 线圈（KM）通电
⟹ 主触点（KM）闭合 ⟹ 电动机转动
⟹ KM辅助触点闭合 ⟹ 松开SB_2
⟹ 线圈保持通电 ⟹ 电动机继续转动

② 电动机停车：

按下SB_1 ⟹ KM线圈断电 ⟹ KM主触点断开
⟹ KM辅助触点断开
⟹ 电动机断电停车 ⟹ 松开SB_1，线圈保持断电

在图 6-5-16 中，涉及了电动机的三种保护。

短路保护： 因短路电流会引起电器设备绝缘损坏产生强大的电动力，使电动机和电器设备产生机械性损坏，故要求迅速、可靠切断电源。通常采用熔断器 FU 和过流继电器等。**在**

图 6-5-16 中，短路保护的过程为：

电路发生短路 ➡ FU立即熔断 ➡ 切断主电路 ➡ 电动机停转

欠压保护：是指电动机工作时，引起电流增加甚至使电动机停转，失压（零压）是指电源电压消失而使电动机停转，在电源电压恢复时，电动机可能自动重新启动（亦称自启动），易造成人身或设备故障。常用的失压和欠压保护有：对接触器实行自锁；用低电压继电器组成失压、欠压保护。**在图 6-5-16 中，欠压保护的过程为**：

KM线圈接线电压U_1，当U_1↓时

↓

动铁释放（静铁产生的电磁吸力不足以吸合动铁）

↓

KM主触点断开

↓

电动机停转

过载保护：为防止三相电动机在运行中电流超过额定值而设置的保护。常采用热继电器FR保护，也可采用自动开关和电流继电器保护。在图 6-5-16 中，**过载保护的过程为**：

2）三相异步电动机点动控制电路

点动控制就是控制按下按钮时电动机转动，松开按钮时电动机停止。此控制电路在生产机械过程中进行试车和调整时常要求点动控制。如图 6-5-17 所示。

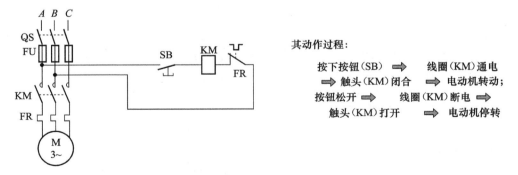

图 6-5-17 电动机点动控制电路

3）三相异步电动机正反转控制电路

在生产中，经常要求运动部件向正反两个方向运动。将电动机接到电源的任意两根线对调一下，即可使电动机反转。即当正转接触器工作时，电动机正转；当反转接触器工作时，将电动机接到电源的任意两根连线对调一下，电动机反转。图 6-5-18 为电动机正反转控制电路。

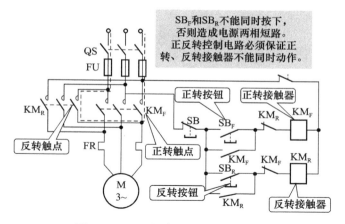

图 6-5-18 电动机正反转控制电路

4）三相异步电动机时间控制电路

生产中,很多加工和控制过程是以时间为依据进行控制的。图 6-5-19 完成的时间控制要求是照明灯先亮;电动机延时自行启动。

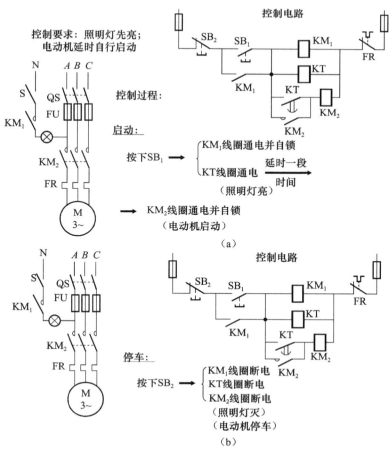

图 6-5-19 电动机时间控制电路
(a) 电动机启动线路;(b) 电动机停车线路

习 题 6

一、选择题

1. 变压器从空载到满载,铁芯中的工作主磁通将( )。
   A. 增大　　　　B. 减小　　　　C. 基本不变　　　D. 明显变化
2. 电压互感器实际上是降压变压器,其原、副方匝数及导线截面情况是( )。
   A. 原方匝数多,导线截面小　　　　B. 副方匝数多,导线截面小
   C. 原方匝数多,导线截面大　　　　D. 副方匝数多,导线截面大
3. 某变压器 $U_1/U_2 = 200\text{ V}/6\,000\text{ V}$,若 $I_1 = 300\text{ A}$,则 $I_2 = ($)。
   A. 300 A　　　B. 9 000 A　　　C. 1 000 A　　　D. 10 A
4. 电动机三相定子绕组在空间位置上彼此相差( )。
   A. 60°　　　　B. 120°　　　　C. 180°　　　　D. 360°
5. 三相异步电动机的旋转方向与通入三相绕组的三相电流( )有关。
   A. 大小　　　　B. 方向　　　　C. 相序　　　　D. 频率
6. 三相异步电动机旋转磁场的转速与( )有关。
   A. 负载大小　　　　　　　　B. 定子绕组上电压大小
   C. 电源频率　　　　　　　　D. 三相转子绕组所串电阻的大小
7. 自动空气开关的热脱扣器用作( )。
   A. 过载保护　　B. 断路保护　　C. 短路保护　　　D. 失压保护
8. 热继电器作电动机的保护时,适用于( )。
   A. 重载启动间断工作时的过载保护　　B. 轻载启动连续工作时的过载保护
   C. 频繁启动时的过载保护　　　　　　D. 任何负载和工作制的过载保护
9. 变压器的变比为 K,其原、副边电压和电流之比为( )。
   A. K、K　　　B. $1/K$、$1/K$　　C. $1/K$、K　　　D. K、$1/K$
10. 下列电量中,变压器不能进行变换的是( )。
    A. 电压　　　　B. 电流　　　　C. 阻抗　　　　D. 频率

二、填空题

1. 变压器运行中,绕组中电流的热效应引起的损耗称为＿＿＿＿损耗;交变磁场在铁芯中所引起的＿＿＿＿损耗和＿＿＿＿损耗合称为＿＿＿＿损耗。
2. 电压互感器实质上是一个＿＿＿＿变压器,在运行中副边绕组不允许＿＿＿＿;电流互感器是一个＿＿＿＿变压器,在运行中副绕组不允许＿＿＿＿。从安全使用的角度出发,两种互感器在运行中,其副边绕组都应＿＿＿＿。
3. 变压器是既能变换＿＿＿＿、变换＿＿＿＿,又能变换＿＿＿＿的电气设备。变压器在运行中,只要＿＿＿＿和＿＿＿＿不变,其工作主磁通 Φ 将基本维持不变。
4. 三相变压器的原边额定电压是指其＿＿＿＿值,原边额定电流指＿＿＿＿值。
5. 异步电动机根据转子结构的不同可分为＿＿＿＿式和＿＿＿＿式两大类。
6. 若将额定频率为 60 Hz 的三相异步电动机,接在频率为 50 Hz 的电源上使用,电动机的转速将会＿＿＿＿额定转速。改变＿＿＿＿或＿＿＿＿可改变旋转磁场的转速。

7. 异步电动机名称中"异步"的含义是_____。

8. 热继电器的文字符号是_____；熔断器的文字符号是_____；按钮的文字符号是_____；接触器的文字符号是_____；空气开关的文字符号是_____。

9. 某变压器 $U_1/U_2 = 200 \text{ V}/6\,000 \text{ V}$，若 $I_1 = 300 \text{ A}$，则 $I_2 = $ _____。

10. 一台单相变压器，其原边绕组匝数为 $N_1 = 1\,000$ 匝，接 220 V 的交流电压，副边接一电阻性负载，测得副边电压为 $U_2 = 55 \text{ V}$，副边匝数 $N_2 = $ _____ 匝。

三、计算题

1. 一台额定负载运行的三相异步电动机，极对数 $p = 3$，电源频率 $f_1 = 50 \text{ Hz}$，转差率 $s_N = 0.02$，额定转矩 $T_N = 360.6 \text{ N·m}$（忽略机械阻转矩）。试求：

(1) 电动机的同步转速 n_1 及转子转速 n_N；

(2) 电动机的输出功率 P_N。

2. 变压器的负载增加时，其原绕组中电流怎样变化？铁芯中主磁通怎样变化？输出电压是否一定要降低？

3. 若电源电压低于变压器的额定电压，输出功率应如何适当调整？若负载不变会引起什么后果？

4. 三相异步电动机在额定状态附近运行，当(1)负载增大；(2)电压升高时，试分别说明其转速和电流作何变化。

5. 有的三相异步电动机有 380/220 V 两种额定电压，定子绕组可以接成星形或者三角形，试问何时采用星形接法？何时采用三角形接法？

6. 在电源电压不变的情况下，如果将三角形接法的电动机误接成星形，或者将星形接法的电动机误接成三角形，其后果如何？

7. 交流接触器有何用途，主要由哪几部分组成，各起什么作用？

8. 简述热继电器的主要结构和动作原理。

9. 如图 6-1 所示电路中，哪些能实现点动控制，哪些不能，为什么？

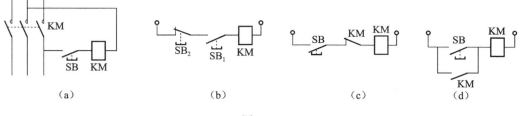

图 6-1

10. 判断如图 6-2 所示的各控制电路是否正常工作。为什么？

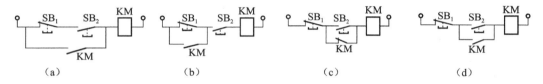

图 6-2

第 7 章

半导体二极管及其应用

本章的学习目的和要求：
　　熟练掌握半导体的导电特性，熟记本征半导体、N 型半导体和 P 型半导体的定义；学会分析杂质半导体内部载流子导电规律；理解 PN 结的形成原理及 PN 结的单向导电性；了解二极管的基本结构、伏安特性曲线和主要参数；学会半导体二极管的具体应用。

7.1　半导体的导电特性

7.1.1　半导体基础知识

　　自然界的物质，按照其导电能力的大小可分为**导体、绝缘体和半导体**三大类。
　　（1）**导体**：容易传导电流的称为导体。如金属。
　　（2）**绝缘体**：电阻率很高的物质，不传导电流的称为绝缘体，如橡皮、陶瓷、塑料和石英等。
　　（3）**半导体**：导电能力介于导体和绝缘体之间，并且受到外界光和热的刺激或加入微量的杂质时，导电能力将发生显著变化的物质称为半导体。如硅(Si)、锗(Ge)、砷化镓和一些硫化物、氧化物等。
　　所以，通过半导体的定义，可得半导体两个明显的特点：
　　① 当受外界热和光的作用时，半导体的导电能力明显变化。
　　② 往纯净的半导体中掺入某些杂质，会使半导体的导电能力明显改变。

7.1.2　本征半导体

　　完全纯净的，结构完整的半导体晶体称为本征半导体。例如硅(Si)、锗(Ge)。以硅(Si)、锗(Ge)为例，来介绍本征半导体的导电机理。
　　（1）**最外层四个价电子**，如图 7－1－1 所示。
　　（2）**共价键结构**：如图 7－1－2 所示。当原子形成共价键后，每个原子的最外层电子是八个，构成稳定结构；同时共价键有很强的结合力，使原子规则排列，形成晶体。
　　在共价键中的两个电子被紧紧束缚在共价键中，称为**束缚电子**，常温下束缚电子很难脱离共价键成为**自由电子**，因此本征半导体中的自由电子很少，所以本征半导体的导电能力很弱。
　　（3）在绝对 0 ℃和没有外界激发时，价电子完全被共价键束缚着，本征半导体中没有可以运动的带电粒子(即**载流子**)，它的导电能力为 0，相当于绝缘体。如图 7－1－2 所示的共价键结构。
　　（4）在热或光激发下，使一些价电子获得足够的能量而脱离共价键的束缚，成为**自由电子**，

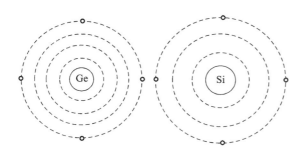

图 7-1-1　锗和硅的最外层四个价电子

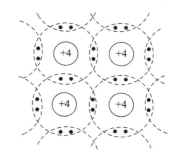

图 7-1-2　本征半导体的共价键结构

同时共价键上留下一个空位,称为**空穴**,如图 7-1-3 所示。可见因热激发而出现的自由电子和空穴是同时成对出现的,称为**电子空穴对**。

（5）**自由电子和空穴的运动形成电流**：在其他力的作用下,空穴吸引临近的电子来填补,这样的结果相当于空穴的迁移,而空穴的迁移相当于正电荷的移动,因此可以认为空穴是载流子,如图 7-1-4 所示。

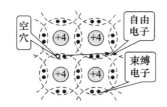

图 7-1-3　本征半导体的自由电子和空穴

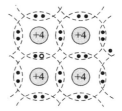

图 7-1-4　电子和空穴的移动

因此,本征半导体的导电机理可以归纳如下三个特点：
① 本征半导体中存在数量相等的两种载流子,即自由电子和空穴。
② 本征半导体的导电能力取决于载流子的浓度。
③ 温度越高,载流子的浓度越高,本征半导体的导电能力就越强。

7.1.3　杂质半导体

本征半导体中载流子的浓度很低,总的导电能力很差。但是通过**扩散**的工艺在本征半导体中掺入某些微量杂质,半导体的导体能力就会发生显著的改变。根据掺入杂质元素的性质不同,可以形成 N 型半导体和 P 型半导体。

1. N 型半导体

在硅或锗晶体（四价）中掺入少量的五价杂质元素,例如磷、锑、砷等,可使原来晶格中的部分硅原子被杂质原子取代,**促使自由电子浓度大大增加**。如图 7-1-5 所示。

N 型半导体的**特点**：
① **多数载流子（多子）**：自由电子,它的浓度取决于掺杂浓度。
② **少数载流子（少子）**：空穴,它的浓度取决于温度。

2. P 型半导体

在硅或锗晶体（四价）中掺入少量的杂质三价元素,例如硼、稼、铟等,可使原来晶格中的部分硅原子被杂质原子取代,**使空穴浓度大大增加**。如图 7-1-6 所示。

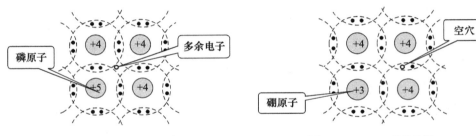

图 7-1-5　N 型半导体　　　　图 7-1-6　P 型半导体

P 型半导体的特点：
① 多数载流子(多子)：空穴，它的浓度取决于掺杂浓度。
② 少数载流子(少子)：自由电子，它的浓度取决于温度。

图 7-1-7 为两种杂质半导体的示意表示法。

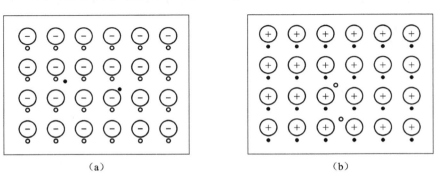

图 7-1-7　杂质半导体的示意图
(a) P 型半导体；(b) N 型半导体

因此，杂质半导体可以归纳如下四个特点：
① 杂质半导体中两种载流子浓度不同，分为多数载流子和少数载流子(简称多子、少子)。
② 杂质半导体中多数载流子的数量取决于掺杂浓度，少数载流子的数量取决于温度。
③ 杂质半导体中起导电作用的主要是多子。
④ N 型半导体中电子是多子，空穴是少子；P 型半导体中空穴是多子，电子是少子。

7.2　PN 结及其单向导电性

1. PN 结的形成

在一块本征半导体两侧通过扩散不同的杂质，分别形成 N 型半导体和 P 型半导体。此时将在 N 型半导体和 P 型半导体的结合面上形成如下**物理过程**：

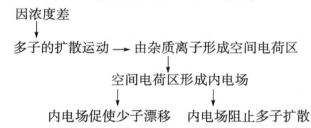

最后，多子的扩散和少子的漂移达到动态平衡。对于 P 型半导体和 N 型半导体结合面，离子薄层形成的空间电荷区称为 PN 结。在空间电荷区，由于缺少多子，所以也称耗尽层。如图 7-2-1 为 PN 结载流子的运动。

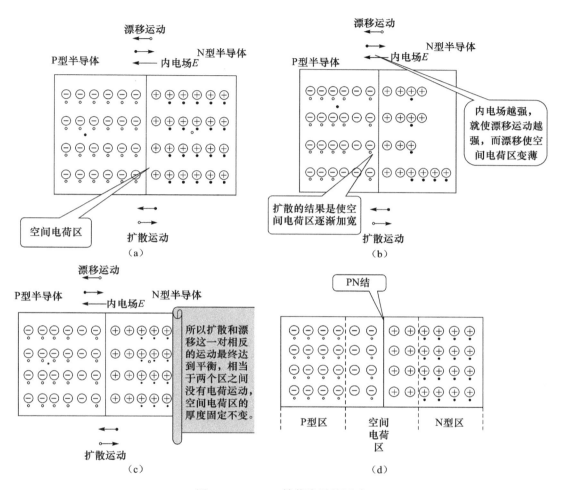

图 7-2-1　PN 结载流子的运动

PN 结中的两种运动：
扩散运动：由载流子浓度差引起的载流子的运动称为扩散运动。
漂移运动：由电场作用引起的载流子的运动称为漂移运动。

2. PN 结的单向导电性

如果在 PN 结的两端外加一个电压，则将打破空间电荷区原来的平衡状态，也就是扩散运动与漂移运动的载流子数量不再相等，PN 结就有电流流通。

（1）外加正向电压。

在 PN 结上外加一个正向电压，即电源的正极接 P 区，电源的负极接 N 区，称这种连接方式为**正向偏置，简称正偏**，如图 7-2-2 所示。

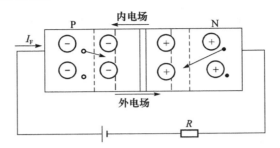

图 7-2-2 正向偏置的 PN 结

PN 结在外加正向电压时,所表现的**特点**:

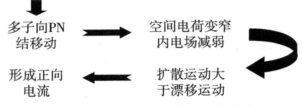

所以,**PN 结加正向电压时,呈现低电阻,具有较大的正向扩散电流。**

(2) 外加反向电压。

在 PN 结上外加一个反向电压,即电源的正极接 N 区,电源的负极接 P 区,称这种连接方式为**反向偏置,简称反偏**,如图 7-2-3 所示。

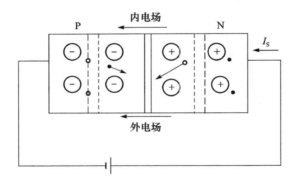

图 7-2-3 反向偏置的 PN 结

PN 结在外加反向电压时,所表现的**特点**:

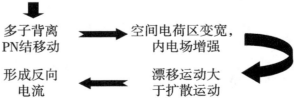

所以,**PN 结加反向电压时,呈现高电阻,具有很小的反向漂移电流。**

综上所述，PN 结具有单向导电性：PN 结正向偏置时，回路中有较大的正向电流，PN 结呈现的电阻很小，PN 结处于导通状态；当 PN 结反向偏置时，回路中的电流非常小，PN 结呈现的电阻非常高，PN 结处于截止状态。

3. PN 结的反向击穿

PN 结的外加反向电压增大到一定的数值时，反向电流会突然增加，这个现象称为 **PN 结的反向击穿**。

反向击穿可分为电击穿和热击穿。电击穿是可逆的和可利用的，热击穿是有害的，易烧坏 PN 结。

电击穿：当反向电流与电压的乘积不超过 PN 结容许的耗散功率时，称为电击穿，是可逆的。即反压降低时，管子可恢复原来的状态。

热击穿：若反向电流与电压的乘积超出 PN 结的耗散功率，则管子会因为过热而烧毁，形成热击穿——不可逆。

根据产生击穿的原因可分为齐纳击穿和雪崩击穿。而雪崩击穿和齐纳击穿都是可逆的。

齐纳击穿：在杂质浓度特别大的 PN 结中，外加电场直接破坏共价键，产生电子空穴对，形成很大的反向电流。

雪崩击穿：PN 结反向形成高场强，通过 PN 结的少子获得能量大，与晶体中原子碰撞使电荷挣脱共价键的束缚，形成电子空穴对（碰撞电离），产生载流子倍增效应。

7.3 半导体二极管

7.3.1 二极管的结构

PN 结上加上相应的电极、引线和封装，就成为一个二极管。按制造材料不同，二极管分为硅二极管和锗二极管。二极管按结构分有点接触型、面接触型两大类，如图 7-3-1 所示。

（1）点接触型二极管：PN 结面积小，结电容小，用于检波和变频等高频电路。

（2）面接触型二极管：PN 结面积大，用于低频、大电流整流电路。

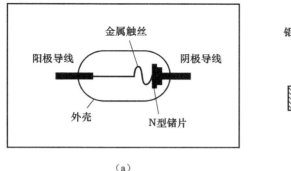
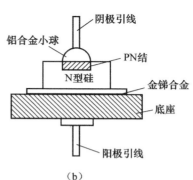

图 7-3-1 半导体二极管的结构
(a) 点接触型；(b) 面接触型

无论是点接触型二极管和面接触型二极管，其二极管的电路符号皆如图 7-3-2 所示。

图 7-3-3 为实际电路设计中常用的几种二极管实物图。

图 7-3-2 二极管的电路符号

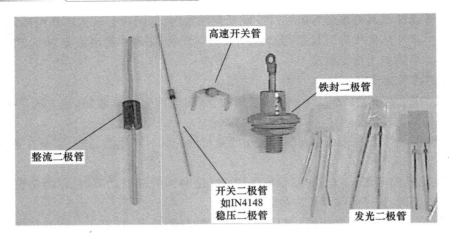

图 7-3-3 常用二极管实物图

7.3.2 二极管的伏安特性

半导体二极管的性能与 PN 结一样,具有单向导电性,其伏安特性如图 7-3-4 所示。

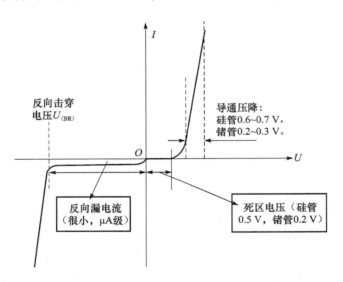

图 7-3-4 二极管的伏安特性曲线

1. 二极管两端加正向电压

(1) 当正向电压较小时,正向电流极小(几乎为零),这一部分称为死区,相应的电压称为**死区电压或门槛电压**,硅管约为 0.5 V,锗管约为 0.1 V。

(2) 当正向电压超过门槛电压时,正向电流就会急剧地增大,二极管呈现很小电阻而处于导通状态。这时硅管的正向导通压降为 0.6~0.7 V,锗管为 0.2~0.3 V。

2. 二极管两端加反向电压

(1) 二极管两端加上反向电压时,在开始很大范围内,二极管相当于非常大的电阻,反向电流很小,且不随反向电压而变化。此时的电流称之为**反向饱和电流**。

(2) 二极管反向电压加到一定数值时,反向电流急剧增大,这种现象称为反向击穿。此时对应的电压称为**反向击穿电压**,用 U_{BR} 表示。

从二极管的伏安特性曲线可以看出,二极管的电流电压关系不是线性关系。因此,**二极管是非线性元件**,根据半导体物理的理论分析,二极管的伏安关系为:

$$i_D = I_S(e^{u_D/U_T} - 1) \tag{7-3-1}$$

式(7-3-1)称为二极管方程。式中,I_S 为反向饱和电流,U_T 为温度电压当量,在常温 $T=300$ K 下,$U_T \approx 26$ mV。

7.3.3 二极管的主要参数

在使用二极管时,主要考虑以下几个参数。

1. 最大整流电流 I_F

最大整流电流 I_F 是指二极管长期运行时,允许流过二极管的最大正向平均电流。它是由二极管允许的升温所限定的,在规定的散热条件下,二极管的平均正向电流不得超过此值,否则,二极管将因温度过高而损坏。

2. 最大反向工作电压 U_{RM}

最大反向工作电压 U_{RM} 是指二极管正常工作时允许承受的最大反向工作电压。手册上给出的最高反向工作电压 U_{RM} 一般是 U_{BR} 的一半。

3. 最大反向电流 I_{RM}

最大反向电流 I_{RM} 是指二极管加反向工作峰值电压时的反向电流。反向电流大,说明二极管的单向导电性差,因此反向电流越小越好。反向电流受温度的影响,温度越高反向电流越大。硅管的反向电流较小,锗管的反向电流要大几十到几百倍。

4. 最高工作频率 f_M

最高工作频率 f_M 是指二极管能保持单向导电性的最大频率。超过了这个频率二极管就失去了单向导电性。

7.4 二极管的电路模型及其应用

7.4.1 二极管的电路模型

二极管是一种非线性元件,这使电路的分析和计算显得很不方便。为了简便起见,在一定条件的电路中,常用线性元件的电路模型来模拟二极管特性,这种能够模拟二极管特性的电路称为**等效电路模型**(简称等效电路)。

1. 四种等效电路模型

1) 理想模型

当二极管为理想模型时,具有的特点:

二极管正向偏置时,管压降为 0 V;二极管反向偏置时,电阻为无穷大。如图 7-4-1 所示。
理想模型适用的范围:电源电压远远大于二极管压降。

2) 恒压降模型

当二极管为恒压降模型时,具有的特点:

正向偏置时,管压降为恒定,一般为 0.7 V;反向偏置时,电阻为无穷大。如图 7-4-2 所示。

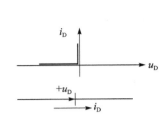

图 7-4-1 理想二极管等效模型　　图 7-4-2 恒压降二极管等效模型

恒压降模型适用的范围：$i_D \geqslant 1$ mA。

3）折线模型

当二极管为折线模型时，具有的特点：

该模型为二极管的压降随着电流的增加而增加。可用一个电池和一个电阻近似。电池压降为二极管的门槛电压。如图 7-4-3 所示。

$$r_D = \frac{u_D - U_{th}}{i_D}$$

折线模型适用的范围：需考虑到 r_D 变化时，输入电压不高。

4）小信号模型

当二极管为小信号模型时，具有的特点：

在静态工作点 Q 附近工作时，可以将二极管 U-I 特性看作一条直线，其斜率的倒数就是二极管小信号模型的微变电阻。如图 7-4-4 所示。

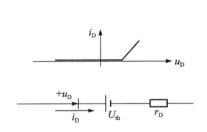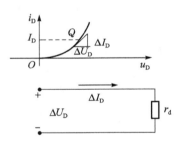

图 7-4-3 折线二极管等效模型　　图 7-4-4 小信号二极管等效模型

$$r_d = \Delta U_D / \Delta I_D$$

$$i_D = I_S(e^{\frac{u_D}{U_T}} - 1)$$

所以：

$$r_d = \frac{du_D}{di_D} \approx \frac{26(\text{mV})}{I_D}$$

小信号模型适用的范围：二极管仅在 U-I 特性的某一小范围内工作。

【例 7-4-1】 电路如图 7-4-5 所示，分别用理想模型、恒压降模型和折线模型来求电路的 I_D 和 U_D。

【解】 首先标出参考方向。

（1）理想模型：

$$U_D = 0 \text{ V}, \quad I_D = U_{DD}/R = 1 \text{ mA}$$

(2) 恒压降模型：
 $U_D = 0.7 \text{ V}, \quad I_D = (U_{DD} - U_D)/R = 0.93 \text{ mA}$
(3) 折线模型：
$$r_D = \frac{U_D - U_{th}}{i_D} = \frac{0.7 \text{ V} - 0.5 \text{ V}}{1 \text{ mA}} = 0.2 \text{ k}\Omega$$
$$I_D = \frac{U_{DD} - U_{th}}{R + r_D} = \frac{(10 - 0.5)\text{V}}{(10 + 0.2)\text{k}\Omega} = 0.931 \text{ mA}$$
$$U_D = U_{th} + I_D r_D = 0.5 + 0.931 \text{ mA} \times 0.2 \text{ k}\Omega = 0.69 \text{ V}$$

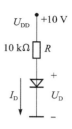

图 7-4-5　例 7-4-1 的图

7.4.2　二极管的应用电路

二极管的应用范围很广，主要是利用它的单向导电性，通常用于整流、检波、限幅等，在数字电路中常常作为开关元件。在分析含二极管的电路中，二极管一般采用**理想模型或恒压源模型**，两者的主要区别是：当二极管正向导通时，理想二极管上的压降为零，而恒压降模型的二极管上的压降为 **0.7 V(硅管)或 0.3 V(锗管)**。

1. 开关电路

在数字电路中，常利用二极管的单向导电性，将二极管作为开关元件，用于接通或断开电路。

分析开关电路的思路为：
(1) 先假设二极管两端断开，确定二极管两端的电位差。
(2) 根据二极管两端加的是正电压还是反电压判定二极管是否导通，若为正电压且大于阈值电压，则管子导通，否则截止。
(3) 若电路出现两个或两个以上二极管，应先判断承受正向电压较大的管子优先导通，再按照上述方法判断其余的管子是否导通。

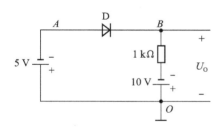

图 7-4-6　例 7-4-2 的图

【例 7-4-2】　在图 7-4-6 所示电路中，设二极管为理想二极管，求电压 U_{AO}。

【解】　将二极管两端断开：
$$V_A = -5 \text{ V}, V_B = -10 \text{ V}$$
$$U_{AB} = (-5) - (-10) = 5 \text{ V} > U_{th}$$

所以二极管导通。导通后，D 的压降等于零，即 A 点的电位就是 D 阳极的电位。所以，AO 间的电压值：$U_{AO} = -5 \text{ V}$。

2. 整流电路

整流电路的任务是把交流电压转变为单向脉动的直流电压。为分析简单起见，常把二极管当作理想元件处理，即二极管的正向导通电阻为零(相当于短路)，反向电阻为无穷大(相当于开路)。

【例 7-4-3】　在图 7-4-7 所示电路中，设 $u_S = \sin\omega t$，二极管为理想二极管，求输出电压波形 u_o。

【解】　$u_S = \sin\omega t$ V，二极管为理想二极管，根据理想二极管等效模型的分析方法，可得输出电压的波形：

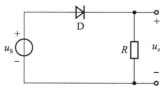

图 7-4-7　例 7-4-3 的图

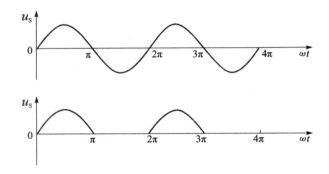

3. 限幅电路

限幅电路的任务是对各种信号进行处理,例如降低信号的幅度以满足电路工作的需要,或保护某些器件不受大信号电压作用而损坏。

限幅电路的分析思路:将二极管看成理想二极管,当 D 的阳极电位高于阴极电位时,D 导通,将 D 作为一短路线;当 D 的阳极电位低于阴极电位时,D 截止,将 D 作为一断开的开关。

【例 7-4-4】 在图 7-4-8 所示电路中,已知 $E=5$ V,$u_i=10\sin\omega t$ V,求:u_o 的波形。

【解】 将二极管当作理想二极管,根据限幅电路的分析方法,根据已知的输入波形可得输出电压的波形:

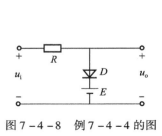

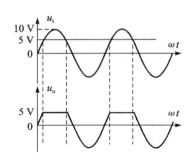

图 7-4-8 例 7-4-4 的图

7.5 特殊二极管

二极管可分为:普通二极管、稳压二极管、变容二极管、光电二极管、发光二极管等。

1. 稳压二极管

稳压管又称为齐纳二极管,它的杂质浓度较大,空间电荷区很窄,容易形成强电场。产生反向击穿时反向电流急增。稳压管的稳压作用在于,电流增量很大,只引起很小的电压变化。

图 7-5-1(a)为稳压二极管的符号,图 7-5-1(b)为稳压二极管的伏安特性曲线。图中的 U_Z 表示反向击穿电压,即稳压管的稳定电压。

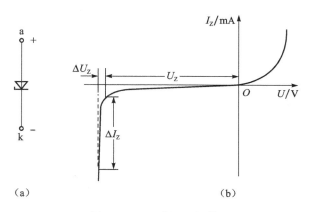

图 7-5-1 稳压二极管

稳压管的稳压作用在于：电流增量 ΔI_Z 很大，只引起很小的电压变化 ΔU_Z。 曲线愈陡，动态电阻 $r_Z = \Delta U_Z/\Delta I_Z$ 愈小，稳压管的稳压性能愈好。一般地说，U_Z 为 8 V 左右的稳压管的动态电阻较小，低于这个电压的，r_Z 随齐纳电压的下降迅速增加，因而低压稳压管的稳压性能较差。稳压管的稳定电压 U_Z，低的为 3 V，高的可达 300 V，它的正向压降约为 0.6 V。

稳压管与普通二极管的主要区别：

(1) 稳压管运用在反向击穿区，二极管运用在正向区。

(2) 稳压管比二极管的反向特性更陡。

2. 变容二极管

二极管结电容的大小除了与本身结构和工艺有关外，还与外加电压有关。结电容随反向电压的增加而减小，这种效应显著的二极管称为**变容二极管**。

图 7-5-2(a) 为变容二极管的代表符号，图 7-5-2(b) 是变容二极管的特性曲线。

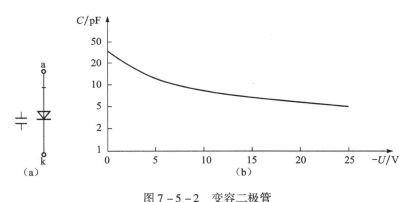

图 7-5-2 变容二极管
(a) 图形符号；(b) 结电容与电压关系

不同型号的二极管，其电容最大值可能是 5~300 pF。最大电容与最小电容之比约为 5∶1。变容二极管在高频技术中应用较多。

3. 光电二极管

光电二极管是光电子系统的电子器件。它用来作为光的测量，可将光信号转换为电信号。

光电二极管的结构与 PN 结二极管类似,管壳上的一个玻璃窗口能接收外部的光照。这种器件的 PN 结在反向偏置状态下运行,它的反向电流随光照强度的增加而上升。图 7-5-3(a)是光电二极管的代表符号,图 7-5-3(b)是它的等效电路,而 7-5-3(c)则是它的特性曲线。其主要特点是,它的反向电流与照度成正比,灵敏度的典型值为 0.1 mA/lx 数量级。

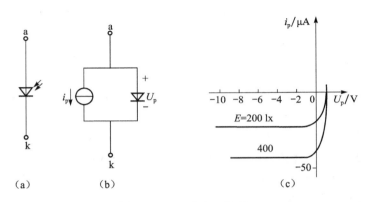

图 7-5-3 光电二极管
(a)图形符号;(b)等效电路;(c)特性曲线

4. 发光二极管

发光二极管通常用元素周期表中Ⅲ、Ⅴ族元素的砷化镓、磷化镓等化合物制成的。当这种管子通以电流时将发出光来。其光谱范围是比较窄的。发光二极管的代表符号如图 7-5-4(a)所示。

发光二极管常用来作为显示器件外,也常作为七段式或矩阵式器件,工作电流一般为几个毫安至十几毫安之间。图 7-5-4(b)为一个简单的光电传输系统。

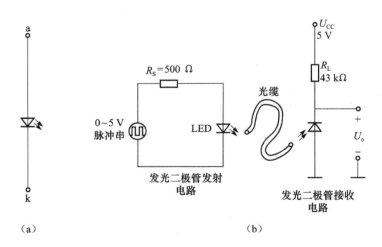

图 7-5-4 发光二极管
(a)图形符号;(b)光电传输系统

习 题 7

一、选择题

1. P 型半导体是在本征半导体中加入微量的（   ）元素构成的。
   A. 三价　　　　　B. 四价　　　　　C. 五价　　　　　D. 六价
2. 稳压二极管的正常工作状态是（   ）。
   A. 导通状态　　　B. 截止状态　　　C. 反向击穿状态　D. 任意状态
3. 用万用表检测某二极管时，发现其正、反电阻均约等于 1 kΩ，说明该二极管（   ）。
   A. 已经击穿　　　B. 完好状态　　　C. 内部老化不通　D. 无法判断
4. PN 结两端加正向电压时，其正向电流是（   ）而成。
   A. 多子扩散　　　B. 少子扩散　　　C. 少子漂移　　　D. 多子漂移
5. 正弦电流经过二极管整流后的波形为（   ）。
   A. 矩形方波　　　B. 等腰三角波　　C. 正弦半波　　　D. 仍为正弦波
6. 稳压管的稳压性能是利用 PN 结的（   ）。
   A. 单向导电特性　　　　　　　　　B. 正向导电特性
   C. 反向截止特性　　　　　　　　　D. 反向击穿特性
7. PN 结加适量反向电压时，空间电荷区将（   ）。
   A. 变宽　　　　　B. 变窄　　　　　C. 不变　　　　　D. 消失

二、填空题

1. P 型半导体是由在本征半导体中掺入极微量的_____价元素组成的。这种半导体内的多子为_____，少子为_____；N 型半导体是由在本征半导体中掺入极微量的_____价元素组成的。这种半导体内的多子为_____，少子为_____。

2. PN 结正向偏置时，外电场的方向与内电场的方向_____，有利于_____的_____运动而不利于_____的_____；PN 结反向偏置时，外电场的方向与内电场的方向_____，有利于的_____运动而不利于_____的_____，这种情况下的电流称为_____电流。

3. 当_____区接电源正极，_____区接电源负极，表示 PN 结正偏，当_____区接电源正极，_____区接电源负极，表示 PN 结反偏。

4. 硅二极管导通时管压降为_____；锗二极管导通时管压降为_____。

5. 稳压管是一种特殊物质制造的_____接触型_____二极管，正常工作应在特性曲线的区。

6. 半导体的导电能力随着温度的升高而_____。

7. 给半导体 PN 结加正向电压时，电源的正极应接半导体的_____区，电源的负极通过电阻接半导体的_____区。

8. 二极管具有单向导电特性，其正向电阻远远_____反向电阻。当二极管加上正向电压且正向电压大于_____电压时，正向电流随正向电压的增加很快上升。

9. 锗(硅)二极管的正向电压降大小的范围是_____ V。

10. PN 结的基本特性是_____。

三、计算题

1. 计算图 7-1 所示电路的电位 U_Y（设 D 为理想二极管）。
   （1）$U_A = U_B = 0$ 时；
   （2）$U_A = E, U_B = 0$ 时；
   （3）$U_A = U_B = E$ 时。

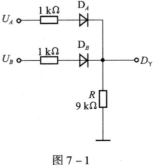

图 7-1

2. 在图 7-2 所示电路中，设 D 为理想二极管，已知输入电压 u_i 的波形。试画出输出电压 u_o 的波形图。

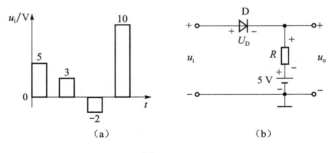

图 7-2

3. 如图 7-3 所示电路中，已知 $E = 5$ V，$u_i = 10\sin\omega t$ V，二极管为理想元件（即认为正向导通时电阻 $R = 0$，反向阻断时电阻 $R = \infty$，试通过计算画出 u_o 的波形。

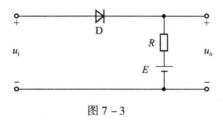

图 7-3

4. 如图 7-4 所示电路中，硅稳压管 D_{Z1} 的稳定电压为 8 V，D_{Z2} 的稳定电压为 6 V，正向压降均为 0.7 V，求各电路的输出电压 U_o。

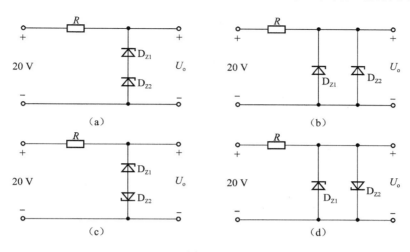

图 7-4

第 8 章

三极管与交流放大电路

本章的学习目的和要求：

熟练掌握三极管的结构与电流放大原理；理解三极管共射极基本放大电路的工作原理；掌握共射极放大电路为主的分析步骤和分析方法；了解三极管构成的基本放大电路的三种组态；了解多级放大电路的工作原理；理解差分式放大电路的四种工作方式。

8.1 半导体三极管

8.1.1 半导体三极管的结构与分类

1. 结构

三极管通常又称为晶体管，是通过一定的工艺将两个 PN 结结合在一起的器件。晶体三极管内部结构有三个区，分别称为**发射区**、**基区**、**集电区**，从这三个区引出的电极分别称为**发射极（e）**、**基极（b）**和**集电极（c）**。发射区和基区间的 PN 结称为**发射结**，集电区和基区间的 PN 结称为**集电结**。

按三个区的掺杂形式可分为 NPN 和 PNP 管两种，分别如图 8-1-1(a)和(b)所示。在电路符号中 NPN 管发射极的箭头向外；PNP 管发射极的箭头向内。箭头方向表示发射结正向偏置时的电流方向。

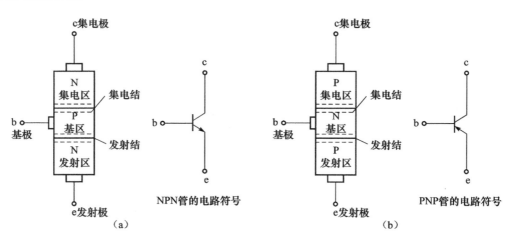

图 8-1-1 晶体三极管结构示意图和电路符号
(a) NPN 结构示意图和电路符号；(b) PNP 结构示意图和电路符号

另外,在制造三极管时,晶体三极管内部三个区的特点如下:
(1) 发射区:掺杂浓度要远高于集电区,面积尺寸要小于集电区。
(2) 基区:掺杂浓度更低,厚度很薄,一般只有几微米。
(3) 集电区:掺杂浓度低于发射区,面积尺寸要大于集电区。

2. 分类

晶体三极管根据所用半导体材料不同,可分为硅三极管和锗三极管;根据工作频率特性可分为低频管和高频管;根据功率又可分为大、中、小功率管等。图 8-1-2 所示为半导体三极管的不同封装形式。图 8-1-3 所示为常见的三极管外形。

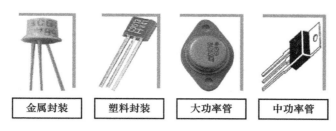

图 8-1-2　半导体三极管的不同封装形式

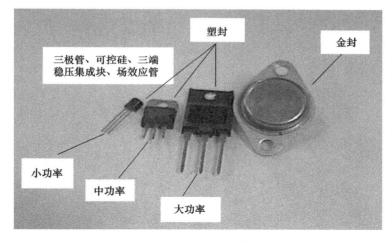

图 8-1-3　常见三极管外形

本教材一般情况下都以硅材料 NPN 三极管为例进行讨论,PNP 型三极管的工作原理类同。

8.1.2　放大状态下三极管的工作原理

为了说明晶体三极管的电流分配关系和放大原理,下面以常用的硅材料 NPN 三极管组成共射极接法电路为例进行讨论。

1. 三极管的电源偏置电路

要使三极管具有放大作用,要加上合适的外加电压,称为偏置。以 NPN 管为例,为使发射区发射电子,集电区收集电子,必须具备的条件是:

① 发射结上加上正向电压(正向偏置),$0\text{ V} < U_{BE} < 1\text{ V}$。

② 集电结上加上反向电压(反向偏置),U_{CB} 为几伏~几十伏。

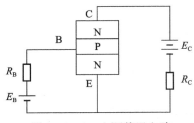

图 8-1-4 电源偏置电路

图 8-1-4 为电源偏置电路,图中 E_B 为基极电源,使发射结正偏;E_C 为集电极电源,使集电结反偏;发射极接地为三极管放大电路的参考电位点,这样才能使 NPN 三极管具有电流放大作用。

2. 三极管的电流分配

图 8-1-5(a)和(b)为三极管内部载流子运动示意图,它们可直观反映电流分配关系。

从图 8-1-5 中,可以看出三极管内部载流子运动可以分为三个步骤。

(1) 发射区向基极发射电子形成**发射极电流 I_E**:发射结正偏,发射区电子不断向基区扩散,形成发射极电流 I_E。即**发射区发射载流子**。

(2) 基区中电子和空穴的复合形成**基极电流 I_B**:进入 P 区的电子少部分与基区的空穴复合,形成电流 I_B,多数扩散到集电结。即**基区传送和控制载流子**。

(3) 集电区收集电子形成**集电极电流 I_C**:从基区扩散来的电子作为集电结的少子,漂移进入集电结而被收集,形成 I_C。即**集电区收集载流子**。

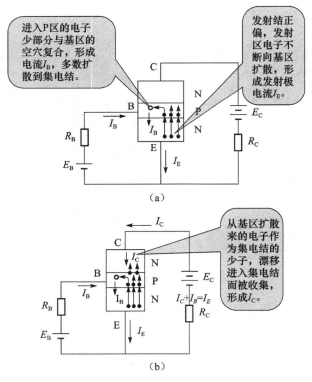

图 8-1-5 三极管内部载流子运动示意图
(a) 发射极电流 I_E 和基极电流 I_B 的形成;(b) 集电极电流 I_C 的形成

由 KCL 定律,三个电流的关系为:

$$I_E = I_B + I_C \tag{8-1-1}$$

$$\beta = \frac{I_C}{I_B} \tag{8-1-2}$$

$$\alpha = \frac{I_C}{I_E} \qquad (8-1-3)$$

β 为三极管的电流放大倍数。

综上所述,三极管工作于放大状态的条件:

(1) 器件内部条件:在制造工艺上要求发射区掺杂浓度高,基区很薄且杂质浓度低;集电区面积大,且掺杂浓度不高。

(2) 外部电路条件:要使发射结正向偏置,集电结反向偏置。

(3) 三极管的三种组态。根据晶体三极管内部结构有发射区、基区、集电区三个区,所以三极管有三种组态:共基极接法、共发射极接法、共集电极接法,如图 8-1-6 所示。

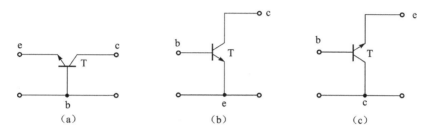

图 8-1-6 三极管的三种组态

(a) 共基极接法(基极作为公共电极,用 CB 表示);(b) 共发射极接法(发射极作为公共电极,用 CE 表示);
(c) 共集电极接法(集电极作为公共电极,用 CC 表示)

8.1.3 三极管的特性曲线

晶体三极管的特性曲线是说明三极管各极电压和电流之间的关系曲线,它是分析三极管组成的各种电路工作过程的重要技术曲线。特性曲线又分为输入特性曲线和输出特性曲线两类。特性曲线可用晶体管图示仪直接测出,也可以通过实验线路的方法测得,如图 8-1-7 所示为共射接法特性曲线测试电路示意图。

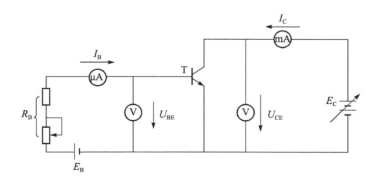

图 8-1-7 共射接法特性曲线测试电路图

1. 输入特性

输入特性是电压 u_{CE} 为一定值时,发射结电压 u_{BE} 与基极电流 i_B 的关系,其数学表达式为:

$$i_B = f(u_{BE}) \big|_{u_{CE}=\text{常数}}$$

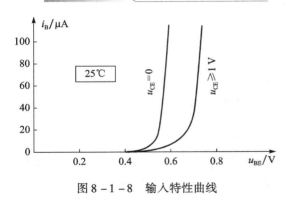

图 8-1-8 输入特性曲线

输入特性曲线如图 8-1-8 所示。从图 8-1-8 可看出：

（1）当 $u_{CE}=0$，输入特性类似于 PN 结的正向伏安特性。

① 死区：硅管死区电压为 0.5 V，锗管死区电压为 0.2 V。

② 导通区：硅管导通电压为 0.7 V，锗管导通电压为 0.3 V。

（2）当 $u_{CE} \geqslant 1$，三极管工作在放大区，输入特性右移，减小 u_{CE} 对 i_B 的影响。理论分析时，一般选用 $u_{CE} \geqslant 1$ V 的输入特性。

2. 输出特性

输出特性是电压 i_B 为一定值时，集电极电流 i_C 与管压降 u_{CE} 的关系，其数学表达式为：

$$i_C = f(u_{CE}) \mid_{i_B=常数}$$

输出特性曲线如图 8-1-9 所示。从图 8-1-9 可看出三极管的输出特性曲线可分为三个区：

① 放大区：曲线近似水平的部分。在放大区，发射结正偏，集电结反偏，$i_C = \beta i_B$，电流具有放大的作用，因此放大区也称为线性区。

② 截止区：$i_B=0$ 的曲线以下的区域。在截止区，发射结反偏，$i_B=0$，$i_C \approx 0$。

③ 饱和区：曲线的上升部分和弯曲部分。在饱和区，发射结正偏，集电结正偏，$\beta i_B > i_C$，无电流放大作用。

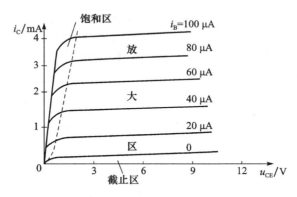

图 8-1-9 输出特性曲线

三极管的三个工作区都是有用的。在放大电路中，应使三极管工作在放大区，以免输出信号产生失真；而在脉冲数字电路中，恰恰要使三极管工作在截止区和饱和区，使三极管成为一个可以控制的无触点开关。

8.1.4 三极管的主要参数

由于三极管的参数很多，从选择和安全使用三极管的角度我们只介绍其中一些主要参数。

1. 电流放大倍数 β

电流放大系数是衡量三极管放大能力的重要指标。

① $\bar{\beta}$：共射直流电流放大系数，$\bar{\beta} = \dfrac{I_C}{I_B}$。

② β：共射交流电流放大系数，$\beta = \dfrac{\Delta I_C}{\Delta I_B}$。

在线性放大区，$\bar{\beta} \approx \beta$。

2. 集－射极反向截止电流 I_{CEO}

I_{CEO} 为基极开路时的集电极电流，且随温度变化。集电极电流应为：

$$I_C = \beta I_B + I_{CEO}$$

而 I_{CEO} 受温度影响很大，当温度上升时，I_{CEO} 增加很快，所以 I_C 也相应增加，导致三极管的温度特性较差。

3. 集电极最大电流 I_{CM}

集电极电流 I_C 上升会导致三极管的 β 值的下降，当 β 值下降到正常值的三分之二时的集电极电流即为 I_{CM}。

4. 集－射极反向击穿电压 $U_{(BR)CEO}$

当集－射极之间的电压 U_{CE} 超过一定的数值时，三极管就会被击穿。手册上给出的数值是 25 ℃、基极开路时的击穿电压 $U_{(BR)CEO}$。

5. 集电极最大允许功耗 P_{CM}

集电极电流 I_C 流过三极管，所发出的焦耳热为：

$$P_C = I_C U_{CE}$$

这一功率必定导致三极管随温度升高，性能下降严重时甚至会因过热而烧毁，所以 P_C 有限制，即 $P_C \leq P_{CM}$。

I_{CM}、$U_{(BR)CEO}$ 和 P_{CM} 称为三极管的极限参数，这三个参数共同确定了三极管的安全工作区，如图 8－1－10 所示。

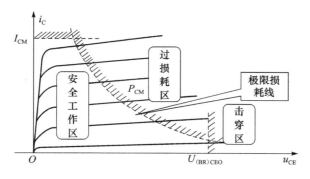

图 8－1－10　三极管的安全工作区

8.1.5　三极管的命名和手册查阅方法

1. 三极管型号的命名

三极管的型号一般由五大部分组成，如 3AX31A、3DG12B、3CG14G 等。下面以 3DG110B 为例说明各部分的命名含义。

$$\underset{(1)}{3} \quad \underset{(2)}{\text{D}} \quad \underset{(3)}{\text{G}} \quad \underset{(4)}{110} \quad \underset{(5)}{\text{B}}$$

(1) 第一部分由数字组成,表示电极数。如"3"代表三极管。
(2) 第二部分由字母组成,表示三极管的材料与类型。如 A 表示 PNP 型锗管,B 表示 NPN 型锗管,C 表示 PNP 型硅管,D 表示 NPN 型硅管。
(3) 第三部分由字母组成,表示管子的类型,即表明管子的功能。
(4) 第四部分由数字组成,表示三极管的序号。
(5) 第五部分由字母组成,表示三极管的规格号。

2. 三极管手册的查阅方法

(1) 三极管手册的基本内容。
① 三极管的型号。
② 电参数符号说明。
③ 主要用途。
④ 主要参数。
(2) 三极管手册的查阅方法。
① 已知三极管的型号,查阅其性能参数和使用范围。
② 根据使用要求选择三极管。

8.2 共射极放大电路

放大器是构成各种电子线路的基本单元电路。所谓"放大"就是将输入的微弱信号(即指微弱变化的电压或电流)去控制直流电源提供的能量,并使输出按照输入的小信号变化规律而变化的过程。例如,扩音机就利用放大器使声音扩大,如图 8 – 2 – 1 所示。

图 8 – 2 – 1　扩音机的放大过程

因此,放大器的本质是能量转换器。

8.2.1 放大电路的基本要求和技术指标

1. 放大电路的基本要求

(1) 外接直流电源必须使晶体三极管的发射结正偏、集电结反偏,使其工作在放大区。
(2) 选择电路参数使晶体三极管有一个合适的静态工作点。
(3) 输入电压信号 u_i 作用在三极管的输入回路中,并能转换为输入信号电流 i_b,以控制集电极电流 i_c。
(4) 输出信号电流 i_o 尽可能地转换为输出电压信号 u_o。

2. 放大电路的主要性能指标

(1) 放大倍数。
放大倍数可分为电压放大倍数、电流放大倍数和功率放大倍数等,**它是用于衡量放大电路信号放大能力的指标**。定义如下:

电压放大倍数: $\dot{A}_u = \dfrac{\dot{U}_o}{\dot{U}_i}$;

电流放大倍数: $\dot{A}_i = \dfrac{\dot{I}_o}{\dot{I}_i}$;

功率放大倍数: $A_P = \dfrac{P_o}{P_i}$。

通常情况下,我们说的放大倍数一般指的是电压放大倍数。

(2) 输入电阻 R_i。

输入电阻是用来衡量放大电路从信号源获取信号能力的指标。 在数值上它等于输入信号电压 U_i 与输入信号电流 I_i 的比值,即:

$$R_i = \dfrac{\dot{U}_i}{\dot{I}_i} \qquad (8-2-1)$$

R_i 相当于信号电压源的负载,此值越大,放大电路接收信号电压的能力越强。

(3) 输出电阻 R_o。

输出电阻是用来衡量放大电路带负载能力的指标。定义为:信号源电压为零(即信号电压源短路),输出端负载开路时,在输出端外加一交流电压 u_o,产生电流 i_o,二者的比值就为输出电阻 R_o。

$$R_o = \dfrac{\dot{U}_o}{\dot{I}_o} \qquad (8-2-2)$$

R_o 值越小,电压放大电路带负载能力越强,即当负载变化时,对放大电路的输出电压影响越小。

放大电路还有其他主要性能指标,如通频带、最大输出幅值、最大输出功率、效率、非线性失真系数等,在此不一一介绍。

8.2.2 共射放大电路的组成及工作原理

1. 共射放大电路的组成

共发射极放大电路是最基本的放大电路,电路图如图 8-2-2 所示。

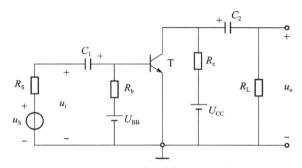

图 8-2-2 共发射极放大电路

在图 8-2-2 中,因输入信号和输出信号的公共端是发射极,所以此电路称为共发射极放

大电路,简称共射放大电路。其中,电路中各元器件的作用如下:

① 三极管 T 是放大电路的核心,起放大作用。

② 电源 U_{BB} 和电阻 R_b:电源 U_{BB} 是保证三极管发射结正向偏置,它与基极电阻 R_b 配合,为三极管提供合适的静态基极电源,也称偏置电流;R_b 可称为基极偏置电阻。

③ 电源 U_{CC} 和电阻 R_c:电源 U_{CC} 是保证三极管的集电结反向偏置,它与集电极电阻 R_c 配合,使三极管的集电极和发射极之间有一个合适的电压,这个电压称为三极管的管压降。其中,集电极电阻 R_c 的另外一个作用是将放大后的电流转化为电压。

④ 电容 C_1 和 C_2:它们称为耦合电容,起隔离直流耦合交流的作用,即隔直过交的作用。

⑤ u_S、u_i 和 u_o:u_S 为提供电路电压的信号电压源;u_i 为电路的输入信号;u_o 为电路的输出信号。

⑥ 电阻 R_L 和 R_S:R_L 电路的负载;R_S 为输入信号 u_S 的内阻。

通常在实际工程中,为了简化电路,我们常采取 $U_{BB} = U_{CC}$,这时 $R_b \gg R_c$,R_b 为几十~几百 kΩ,R_c 为几 kΩ。图8-2-3 为实际工程中简化的共发射极放大电路。

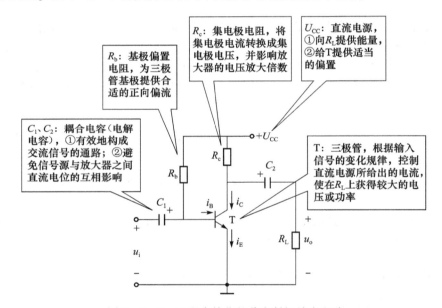

图8-2-3 工程中简化的共发射极放大电路

2. 共射放大电路的工作原理

共发射极放大电路的工作原理:

(1)在放大电路的输入端加上交变电压 u_i 后,在三极管的基极产生对应的时变电流 i_B,在集电极产生对应的时变电流 i_C。

(2)使晶体三极管工作在线性放大区,则有 $i_C = \beta i_B$。

(3)i_C 的一部分电流经过电容 C_2 在 R_L 上产生压降,这个压降就是输出电压 u_o。

因为放大倍数 β 一般在几十以上,所以,只要电路参数选择合适,输出电压 u_o 远大于输入电压 u_i,从而实现放大作用。

综上所述,可知三极管上各极电流和各极间的电压都是在直流电量上叠加随输入信号变化的交流电量,放大电路总是处于交、直流共存的状态。

8.3 放大电路的基本分析方法

8.3.1 放大电路的分析思路

三极管是组成放大电路的主要器件,而它的特性都是非线性的。因此,对放大电路进行定量分析时,**主要矛盾在于如何处理放大器件的非线性问题**。

而解决三极管这种非线性问题,常用的方法有以下两个:
(1) 图解法。
(2) 微变等效电路法(小信号模型法)。

1. 常用方法的定义

图解法:在承认放大器件的特性曲线为非线性的前提下,在放大管的特性曲线上用作图的方法求解。

微变等效电路法:是在一个比较小的信号变化范围内,近似认为三极管的特性曲线是线性的,由此导出三极管的等效模型和相应的微变等效参数,从而将非线性问题转化为线性问题。于是就可利用电路原理中介绍的适用于线性电路的各种定律、定理来对放大电路进行求解。

2. 放大电路的两种工作状态

放大电路的工作状态有静态和动态两种。

静态:当放大电路没有输入信号时,电路中各处的电压、电流都是不变的直流,则称为直流工作状态或静止状态。

动态:当放大电路有输入信号时,电路中各处的电压、电流都是变化状态,则称为电路处在交流工作情况或动态。

3. 放大电路的分析步骤

放大电路的分析思路:先静态分析,后动态分析,即"先静态,后动态"。

(1) **静态分析**:分析未加输入信号时的工作状态,估算电路中各处的直流电压和直流。**即静态分析讨论的对象是信号的直流成分。**

(2) **动态分析**:分析加上交流输入信号后电路的工作状态,估算各项动态技术指标,如电压放大倍数、输入电阻、输出电阻等。**即动态分析讨论的对象是信号的交流成分。**

4. 直流通路和交流通路

由于放大电路中存在着电抗性元件,所以直流成分和交流成分的信号通路是不一样的。为了进行静态分析和动态分析,必须首先掌握放大电路的直流通路和交流通路。现以共发射极放大电路为例,来讲解放大电路的直流通路和交流通路。

(1) **直流通路**:在直流电源作用下直流电流流经的通路,它用于研究静态工作点。因此,对放大电路进行静态分析时,通常采用直流通路。

画直流通路的步骤:
① 电容视为开路。
② 电感线圈视为短路。
③ 信号电压源视为短路,但应保留其内阻。

将图 8-3-1(a)共发射极放大电路等效为图 8-3-1(b)所示电路,这就是共射放大电路的直流通路。

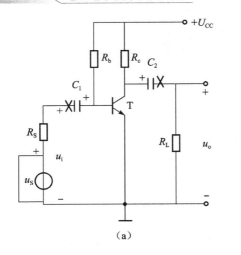
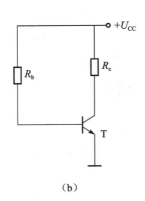

图 8-3-1 共射放大电路的直流通路
(a) 共射放大电路;(b) 共射放大电路的直流通路

（2）**交流通路**：输入信号作用下交流信号流经的通路，它用于研究动态参数及性能指标。因此，对放大电路进行动态时，通常采用交流通路。

画交流通路的步骤：
① 容量大的电容视为短路；
② 直流电压源视为短路。

将图 8-3-2(a) 共发射极放大电路等效为图 8-3-2(b) 所示电路，这就是共射放大电路的交流通路。

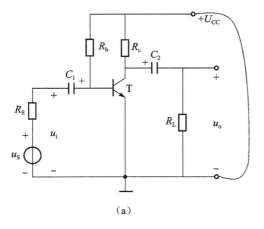
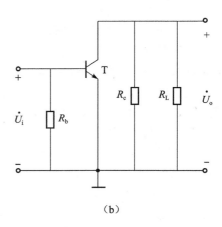

图 8-3-2 共射放大电路的交流通路
(a) 共射放大电路;(b) 共射放大电路的交流通路

8.3.2 放大电路的静态分析

1. 静态工作情况分析

静态工作点(Q点)：三极管各电极的直流电压和电流数值在三极管的特性曲线上确定的

一点称为静态工作点。

放大电路设置静态工作点的原因：发射结是单向导电的,而且具有一定的门槛电压,如果直接输入交流信号将会产生严重失真。因此设置静态工作点是为了保证放大电路的正常工作。

2. 静态工作点估算的步骤

静态工作点估算的步骤：

(1) 画出放大电路的直流通路。例如,将图 8-3-3(a) 共发射极放大电路等效为图 8-3-3(b) 所示电路,得到共射放大电路的直流通路。

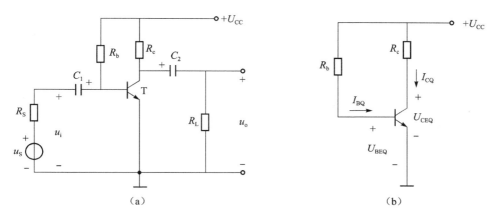

图 8-3-3 共射放大电路的直流通路
(a) 共射放大电路；(b) 共射放大电路的直流通路

(2) 根据基极回路求 I_{BQ}。
(3) 由三极管的电流分配关系求 I_{CQ}。
(4) 由集电极回路求 U_{CEQ}。

综上所述,可得三极管静态工作点的**静态方程组**：

$$I_{BQ} = \frac{U_{CC} - U_{BEQ}}{R_b} \quad \begin{Bmatrix} 硅: U_{BEQ}=0.7 \text{ V} \\ 锗: U_{BEQ}=0.2 \text{ V} \end{Bmatrix}$$

$$I_{CQ} = \beta I_{BQ}$$

$$U_{CEQ} = U_{CC} - U_{CQ}R_C$$

I_B、I_C 和 U_{CE} 是静态工作状态的三个量,用 Q 表示,称为静态工作点 $Q(I_{BQ}, I_{CQ}, U_{CEQ})$。

3. 静态图解法

静态分析的图解法是依据电路中三极管的输入特性和输出特性曲线,在已知电路各参数的情况下,通过作图分析放大电路工作情况的一种工程处理方法。

静态图解法的解题步骤：

(1) 将共发射极放大电路划分为非线性部分和线性部分,如图 8-3-4 所示。
(2) 作出电路非线性部分(包括三极管和确定其偏流的 U_{CC} 和 R_b)的 $U-I$ 特性,如

图 8-3-5 所示。

假设,已知:$U_{CC} = 12\ \text{V}, R_b = 300\ \text{k}\Omega, R_c = 4\ \text{k}\Omega$,可得:
$$I_B = U_{CC}/R_b = 12\ \text{V}/300\ \text{k}\Omega = 40\ \mu\text{A}$$

那么,非线性部分的 $U-I$ 特性即为曲线:
$$i_C = f(U_{CE})|_{i_B = 40\ \mu\text{A}}$$

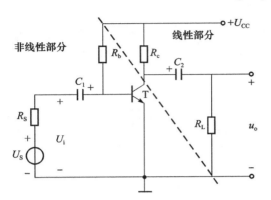

图 8-3-4 共发射极放大电路的非线性与线性部分的划分

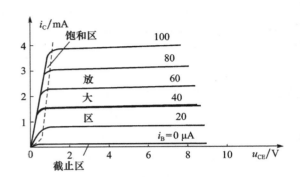

图 8-3-5 非线性部分的 $U-I$ 特性曲线

(3) 作出线性部分(包括 U_{CC} 和 R_c 的串联电路)的 $U-I$ 特性——直流负载线,如图 8-3-6 所示。

根据上述第(2)步,已知:$U_{CC} = 12\ \text{V}, R_b = 300\ \text{k}\Omega, R_c = 4\ \text{k}\Omega$,由 $U_{CE} = U_{CC} - I_C R_c$ 可表示直流负载线 $MN[M(12\ \text{V}, 0\ \text{mA}), N(0\ \text{V}, 3\ \text{mA})]$,其斜率为 $-1/R_c$。

(4) 由电路的线性与非线性两部分 $U-I$ 特性的交点确定 Q 点,如图 8-3-7 所示。即:电路的直流负载线 $-1/R_c$ 和电路的伏安特性曲线
$$i_C = f(U_{CE})|_{i_B = 40\ \mu\text{A}}$$
的交点 Q 点就是静态工作点。

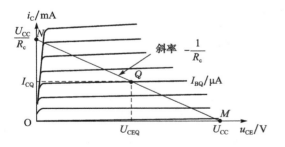

图 8-3-6 非线性部分的 $U-I$ 特性曲线

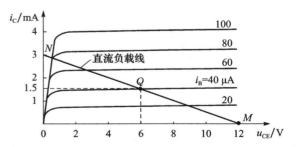

图 8-3-7 非线性部分的 $U-I$ 特性曲线

可从图 8-3-7 读出:$I_{BQ} = 40\ \mu\text{A}, I_{CQ} = 1.5\ \text{mA}, U_{CEQ} = 6\ \text{V}$。

静态图解法的特点:适用于分析大信号,但作图麻烦,误差大。

8.3.3 放大电路的动态分析

放大电路的动态分析方法有图解法和微变等效电路法两种基本方法。**图解法适用于分析**

放大电路的动态工作范围和输出波形的失真等；放大电路在小信号输入、三极管工作在线性放大区时，采用微变等效电路法分析较方便。

1. 动态图解法

动态图解法的解题步骤：

（1）根据 u_i 的波形在三极管输入特性曲线上求 i_B。
（2）在输出特性曲线上作交流负载线，求 i_C 及 u_{CE} 的波形。
（3）求电压增益。

将共发射极放大电路等效为共射放大电路的交流通路，并在放大电路中接入负载 R_L，得到输出回路 R_c 和 R_L 并联，如图 8-3-8 所示。它们的并联电阻值为：

$$R'_L = R_L /\!/ R_c$$

交流负载线是一条过 Q 点，斜率为 $-1/R'_L$ 的直线，如图 8-3-9 所示。

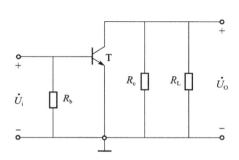
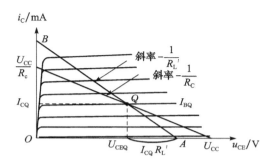

图 8-3-8　接入负载的交流通路　　　图 8-3-9　接入负载的 $U-I$ 特性曲线

图 8-3-10 为放大电路有正弦输入信号的图解分析的过程。

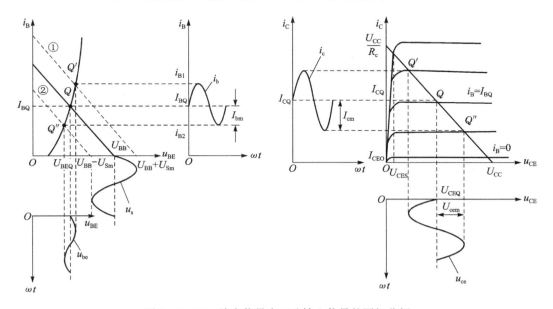

图 8-3-10　放大信号有正弦输入信号的图解分析

综上分析，可得到如下结论：

① 没有输入信号（$u_i = 0$）时，三极管各电极都是恒定的电流和电压（I_B、I_C、U_{CE}）；当 $u_i \neq 0$

时，i_B、i_C、u_{CE} 都在原来的直流量上叠加了一个交流量：
$$i_B = I_B + i_b$$
$$i_C = I_C + i_c$$
$$u_{CE} = U_{CE} + u_{ce}$$

② U_{CE} 中的交流分量 u_{ce}（即 u_o）的幅度 $\gg u_i$ 幅度，且同为正弦波电压，体现了放大作用。

③ $u_{ce}(u_o)$ 与 u_i 相位相反——反相电压放大作用。

图解法的主要作用是分析放大电路的非线性失真。三极管有三种工作状态：饱和、放大、截止。如果静态工作点 Q 的选择不当，就会使在一个输入信号周期内，三极管的工作状态进入饱和区或截止区，而产生波形失真（非线性失真）。

（1）截止失真。

在图 8-3-11 中，静态工作点 Q 设置得太低，在输入信号的负半周，三极管进入截止状态，使 i_B、i_C 等于零，从而使 i_B、i_C、u_{CE} 的波形发生失真，这种失真称为截止失真。

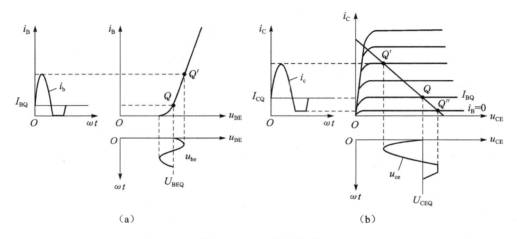

图 8-3-11 截止失真
（a）i_B 波形发生失真；（b）i_C，u_{CE} 波形发生失真

（2）饱和失真。

在图 8-3-12 中，静态工作点 Q 设置得太高，在输入信号的正半周，三极管进入饱和区，使 i_B 随输入信号增大，i_C 不能随之增大，因此 i_C 和 u_{CE} 的波形发生失真，这种失真称为**饱和失真**。

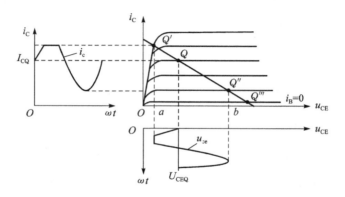

图 8-3-12 饱和失真

(3) 非线性失真的解决方法。

截止失真和饱和失真都是非线性失真。

产生非线性失真的原因：

静态工作点不合适或者输入信号太大，使放大电路的工作范围超出了三极管的线性范围引起的。

解决非线性失真的方法：调节电路中偏置电阻 R_b：

① 截止失真：减小 R_b 使点 Q 上移；

② 饱和失真：增大 R_b 使点 Q 下移。

2. 小信号模型分析法

(1) 建立小信号模型的意义：由于三极管是非线性器件，这样就使得放大电路的分析非常困难。建立小信号模型，就是将非线性器件做线性化处理，从而简化放大电路的分析和设计。

(2) 建立小信号模型的思路：当放大电路的输入信号电压很小时，就可以把三极管小范围内的特性曲线近似地用直线来代替，从而可以把三极管这个非线性器件所组成的电路当作线性电路来处理。

(3) 三极管的微变等效电路，如图 8-3-13 所示。但本章节在这里省略了三极管的微变等效电路 H 参数及小信号模型建立的推导过程，请对此过程有兴趣的同学可找相关的参考书籍自学。

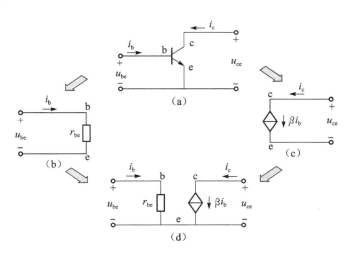

图 8-3-13 三极管的微变等效电路

(4) 在三极管微变等效电路中的 r_{be} 的估算：r_{be} 与静态工作点 Q 点有关，一般用公式估算：

$$r_{be} = r_{bb'} + (1+\beta)r_e$$

式中，$r_{bb'}$ 为基区体电阻。低频小功率管：$r_{bb'} \approx 200\,\Omega$；$r_e$ 为发射结电阻：

$$r_e = \frac{U_T(\mathrm{mV})}{I_{EQ}(\mathrm{mA})} = \frac{26(\mathrm{mV})}{I_{EQ}(\mathrm{mA})}(T = 300\text{ K})$$

则有：

$$r_{be} \approx 200\ \Omega + (1+\beta)\frac{26(\mathrm{mV})}{I_{EQ}(\mathrm{mA})}$$

(5) 用小信号模型分析基本共射极放大电路的步骤：

① 画出共射极电路的交流通路，然后找出三极管的三个电极，用小信号等效电路表示出三极管，并用相应相量表示相应的电压和电流，如图 8-3-14 所示。

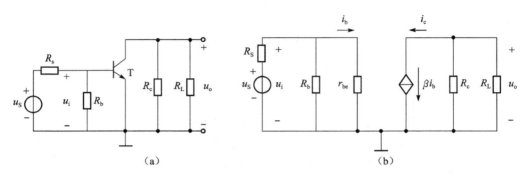

图 8-3-14 共射极放大电路的交流通路及微变等效模型
(a) 共射极电路的交流通路；(b) H 参数小信号等效电路

② 求电压增益 $\dot{A}_u$。

根据图 8-3-14(b)，可得：

$$u_i = i_b \cdot r_{be}$$
$$i_c = \beta \cdot i_b$$
$$u_o = -i_c \cdot (R_c /\!/ R_L)$$

则，电压增益为：

$$\dot{A}_u = \frac{u_o}{u_i} = \frac{-i_c \cdot (R_c /\!/ R_L)}{i_b \cdot r_{be}} = \frac{-\beta \cdot i_b \cdot (R_c /\!/ R_L)}{i_b \cdot r_{be}} = -\frac{\beta \cdot (R_c /\!/ R_L)}{r_{be}}$$

(8-3-1)

③ 求输入电阻 R_i。

输入电阻 R_i 就是从放大器输入端向内看去的等效电阻，则：

$$R_i = R_b /\!/ r_{be} \approx r_{be}$$

(8-3-2)

④ 求输出电阻 R_o。

输出电阻 R_o 就是从放大器输出端向内看去的等效电阻，则：

$$R_o = R_c$$

(8-3-3)

综上以上分析，共射单管放大电路的特点为电压放大倍数较大、输入电压与输出电压反相位变化、输入电阻较小、输出电阻较大。

【例 8-3-1】 电路如图 8-3-15 所示，已知三极管的 $\beta = 40$。试求该电路的静态参数 I_B、I_C、U_{CE} 和动态参数 $\dot{A}_u$、R_i、R_o。

【解】 (1) 静态分析：

① 画电路图 8-3-15 的直流通路，如图 8-3-16(a) 所示。
② 利用静态方程组求出静态工作点 Q：

$$I_{BQ} = (U_{CC} - U_{BEQ})/R_b \approx U_{CC}/R_b = 12 \text{ V}/300 \text{ k}\Omega = 40 \text{ μA}$$
$$I_{CQ} = \beta I_{BQ} = 40 \times 40 \text{ μA} = 1.6 \text{ mA}$$

$$U_{CEQ} = U_{CC} - I_{CQ}R_c = 12 \text{ V} - 1.6 \text{ mA} \times 4 \text{ k}\Omega = 5.6 \text{ V}$$

所以:静态工作点(U_{CEQ}, I_{CQ})为$(5.6 \text{ V}, 1.6 \text{ mA})$。

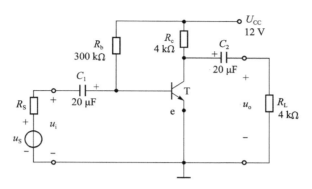

图 8-3-15 例 8-3-1 的图

(2) 动态分析:

① 画电路图 8-3-15 的交流通路,如图 8-3-16(b)所示。

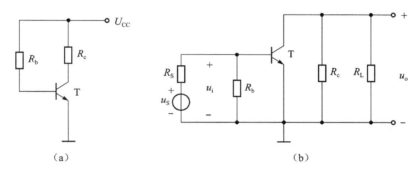

图 8-3-16 图 8-3-15 的直流通路和交流通路
(a) 直流通路;(b) 交流通路

在三极管微变等效电路中r_{be}的估算:r_{be}与静态工作点 Q 点有关,一般用公式估算:

$$r_{be} = 200 \text{ }\Omega + (1+\beta)\frac{U_T(\text{mV})}{I_E(\text{mA})} \approx 866 \text{ }\Omega$$

② 求放大电路性能指标:

$$\dot{A}_u = \frac{\dot{U}_o}{\dot{U}_i} = -\beta\frac{R'_L}{r_{be}} = -\beta\frac{R_c // R_L}{r_{be}} = -40 \times \frac{4 \text{ k}\Omega // 4 \text{ k}\Omega}{0.866 \text{ k}\Omega} = -92$$

$$R_i = \frac{\dot{U}_i}{\dot{I}_i} = R_b // r_{be} \approx 0.866 \text{ k}\Omega$$

$$R_o = R_c = 4 \text{ k}\Omega$$

【小结】 图解法与微变等效电路法的优缺点比较,如表 8-3-1 所示。

表 8-3-1 图解法与微变等效电路法的优缺点

	适用范围	优点	缺点
图解法	静态分析、动态分析，尤其适于分析具有特殊输入输出特性的管子以及工作在大信号状态下的放大电路	直观、形象，便于分析工作情况（Q点、u_o幅度、非线性失真等），设置电路参数	作图麻烦，误差较大；接R_e时不适用；信号频率太高时不适用
微变等效电路法	适用任何结构、工作在小信号下的放大电路。对于较大信号，只要非线性失真不严重或精度允许，亦可使用	无须作图，简单、方便	仅解决交流分量的计算问题；大信号下不精确

8.4 共集电极放大电路和共基极放大电路

8.4.1 共集电极放大电路

1. 电路的组成

在晶体三极管组成的放大电路中，将集电极作为输入和输出信号的公共端，输入电压从基极对地（集电极）之间输入，输出电压从发射极对地（集电极）之间取出，这种放大电路称为共集电极放大电路，简称**共集放大电路**，电路的组成如图 8-4-1 所示。由于从发射极对地输出信号，因此又称**为射极输出器**。

2. 电路的工作原理

（1）静态分析。

由图 8-4-1 共集电极放大电路画出其直流通路，如图 8-4-2 所示。

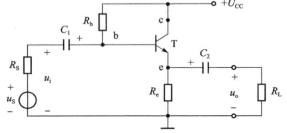
图 8-4-1 共集电极放大电路

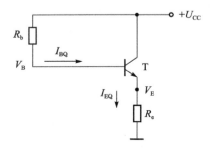
图 8-4-2 共集电极放大电路的直流通路

由图 8-4-2 可知：

$$U_{CC} = I_{BQ}R_b + U_{BEQ} + I_{EQ}R_e$$
$$I_{EQ} = (1+\beta)I_{BQ}$$

得：

$$I_{BQ} = \frac{U_{CC} - U_{BEQ}}{R_b + (1+\beta)R_e}$$
$$I_{CQ} = \beta \cdot I_{BQ}$$
$$U_{CEQ} = U_{CC} - I_{EQ}R_e \approx U_{CC} - I_{CQ}R_e$$

（2）动态分析。

共集电极放大器的交流通路和微变等效电路分别如图 8-4-3(a) 和 (b) 所示。

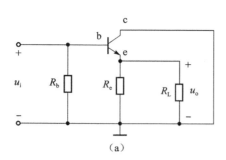
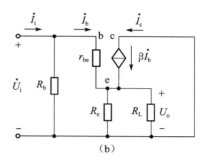

图 8-4-3　共集电极放大电路的交流通路及其微变等效电路
(a) 交流通路;(b) 微变等效电路

① 电压增益 $\dot{A}_u$。

由图 8-4-4,可得电压增益 $\dot{A}_u$:

输入回路:

$$u_i = i_b r_{be} + i_e R_L' = i_b r_{be} + i_b(1+\beta) R_L'$$

其中,$R_L' = R_e /\!/ R_L$。

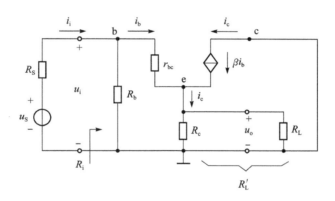

图 8-4-4　微变等效电路求电压增益

输出回路:

$$u_o = i_e R_L' = i_b(1+\beta) R_L'$$

电压增益 $\dot{A}_u$:

$$\dot{A}_u = \frac{u_o}{u_i} = \frac{i_b(1+\beta) R_L'}{i_b[r_{be} + (1+\beta) R_L']} = \frac{(1+\beta) R_L'}{r_{be} + (1+\beta) R_L'} \approx \frac{\beta \cdot R_L'}{r_{be} + \beta \cdot R_L'} < 1$$

一般 $\beta \cdot R_L' \gg r_{be}$ 则电压增益接近于1,即 $\dot{A}_u \approx 1$。u_o 与 u_i 同相。

② 求输入电阻 R_i。

由图 8-4-5,可得输入电阻:

$$R_i' = \frac{u_i}{i_b} = \frac{[r_{be} + (1+\beta) R_L'] i_b}{i_b}$$

$$R_i = \frac{u_i}{i_i} = R_b /\!/ R_i' = R_b /\!/ [r_{be} + (1+\beta) R_L']$$

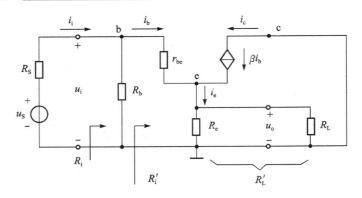

图 8-4-5 微变等效电路求输入电阻

③ 求输出电阻 R_o。

由图 8-4-6,可列方程:

$$\begin{cases} i_t = i_b + \beta i_b + i_{R_e} \\ u_t = i_b(r_{be} + R'_S) \\ u_t = i_{R_e} R_e \end{cases}$$

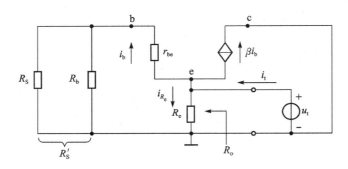

图 8-4-6 微变等效电路求输出电阻

其中,$R'_S = R_S /\!/ R_b$。则输出电阻:

$$R_o = \frac{u_t}{i_t} = R_e /\!/ \frac{R'_S + r_{be}}{1 + \beta}$$

由上述共集电极电路电压增压、输入电阻和输出电阻的表达式,可得**共集电极电路的特点**:

(1) 电压增益小于 1,但接近于 1,u_o 与 u_i 同相,所以又称射极跟随器或电压跟随器。电压未被放大,但是电流放大了,即输出功率被放大了。

(2) 输入电阻大,对信号源电压衰减小。

(3) 输出电阻小,带负载能力强。

8.4.2 共基极放大电路

1. 电路的组成

在晶体三极管组成的放大电路中,将基极作为输入和输出信号的公共端,输入电压从发射极对地(基极)之间输入,输出电压从集电极对地(基极)之间取出,这种放大电路称为共基极放大电路,简称**共基放大电路**,电路的组成如图 8-4-7 所示。

2. 电路的工作原理

(1) 静态分析。

由图 8-4-7 共集电极放大电路画出其直流通路,如图 8-4-8 所示。

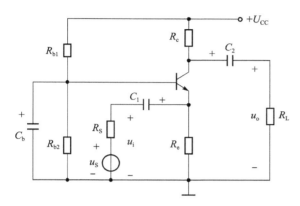
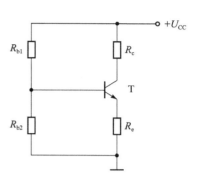

图 8-4-7 共基极放大电路　　　　图 8-4-8 共基极放大电路的直流通路

由图 8-4-8 可知:

$$U_{BQ} \approx \frac{R_{b2}}{R_{b1} + R_{b2}} \cdot U_{CC}$$

$$I_{CQ} \approx I_{EQ} = \frac{U_{BQ} - U_{BEQ}}{R_e}$$

$$I_{BQ} = \frac{I_{CQ}}{\beta}$$

$$U_{CEQ} = U_{CC} - I_{CQ}R_c - I_{EQ}R_e \approx U_{CC} - I_{CQ}(R_c + R_e)$$

(2) 动态分析。

共基极放大器的交流通路和微变等效电路分别如图 8-4-9(a)和(b)所示。

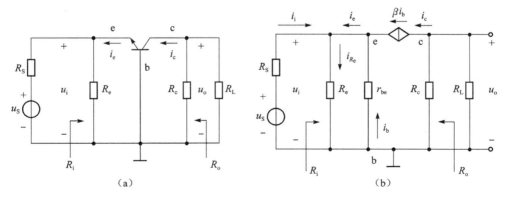

图 8-4-9 共基极放大电路的交流通路及其微变等效电路
(a) 交流通路;(b) 微变等效电路

① 电压增益 $\dot{A}_u$。

由图 8-4-9(b)，可得电压增益 $\dot{A}_u$：

输入回路：
$$u_i = -i_b r_{be}$$

输出回路：
$$u_o = -\beta i_b R_L'$$

其中，$R_L' = R_c /\!/ R_L$。

电压增益 $\dot{A}_u$：
$$\dot{A}_u = \frac{u_o}{u_i} = \frac{\beta R_L'}{r_{be}}$$

电流增益 $\dot{A}_i$：
$$\dot{A}_i = \frac{i_c}{i_e} = \alpha < 1$$

② 求输入电阻 R_i。

由图 8-4-10，可得输入电阻：
$$R_i = \frac{u_i}{i_i} = R_e /\!/ R_i'$$

$$R_i' = \frac{u_i}{-i_e} = \frac{-r_{be} i_b}{-(1+\beta) i_b} = \frac{r_{be}}{1+\beta}$$

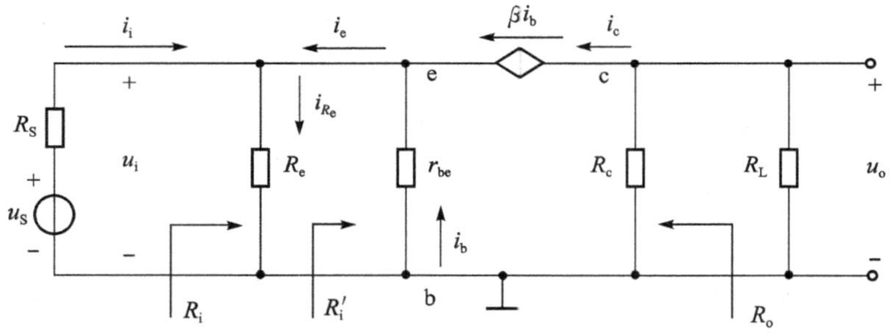

图 8-4-10 微变等效电路求输入电阻

③ 求输出电阻 R_o。

由图 8-4-10，可得：
$$R_o \approx R_c$$

由上述共基极电路电压增压、输入电阻和输出电阻的表达式，可得**共基极电路的特点**：

（1）电流增益小于1，但接近于1，所以又称之为电流跟随器。

（2）输入电阻小，共基电路高频特性好，适合用于高频或宽频带场合。

8.4.3 放大电路三种组态的比较

1. 三种组态的判别

以输入、输出信号的位置为判断依据：

信号由基极输入,集电极输出——共射极放大电路。
信号由基极输入,发射极输出——共集电极放大电路。
信号由发射极输入,集电极输出——共基极电路。

2. 三种组态的比较

放大电路的三种组态的比较,如表 8-4-1 所示。

表 8-4-1 放大电路的三种组态的比较

	共射极电路	共集电极电路	共基极电路
电路图	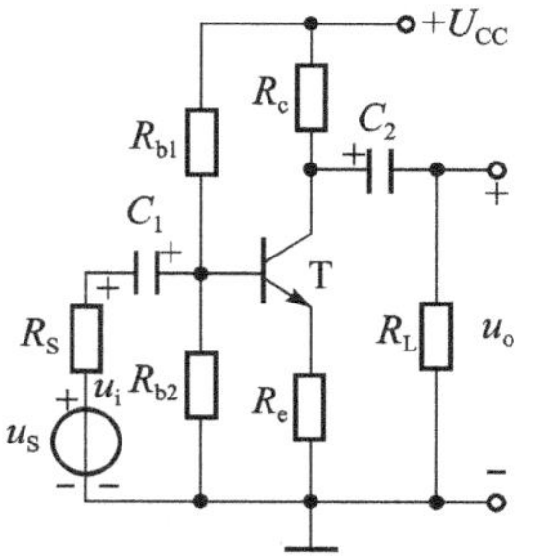 (电路图)	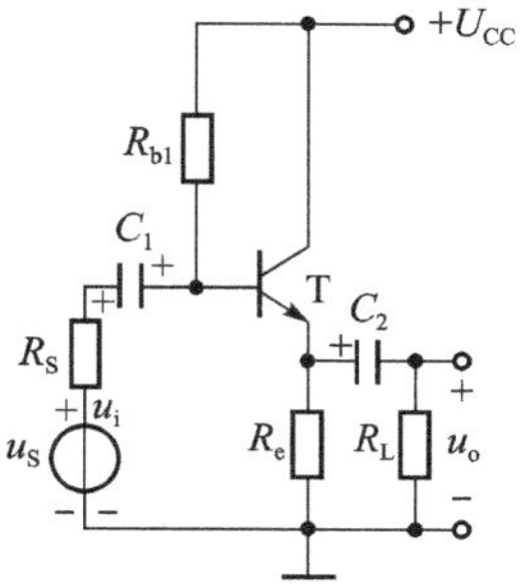 (电路图)	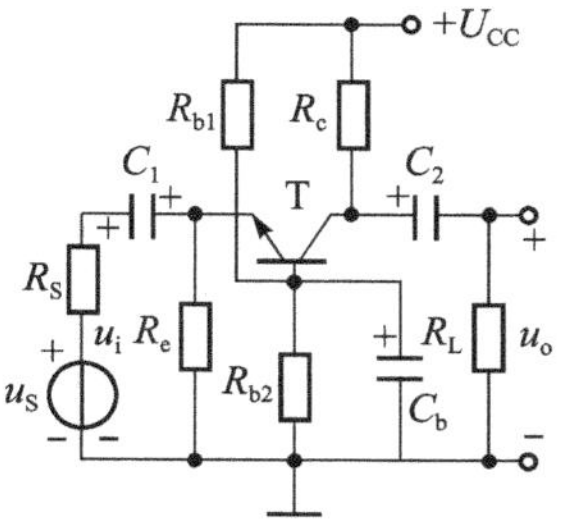 (电路图)
电压增益 $\dot{A}_u$	$\dot{A}_u = -\dfrac{\beta R'_L}{r_{be} + (1+\beta)R_e}$ ($R'_L = R_c // R_L$)	$\dot{A}_u = \dfrac{(1+\beta)R'_L}{r_{be} + (1+\beta)R'_L}$ ($R'_L = R_e // R_L$)	$\dot{A}_u = \dfrac{\beta R'_L}{r_{be}}$ ($R'_L = R_e // R_L$)
u_o 与 u_i 的相位关系	反相	同相	同相
最大电流增益 $\dot{A}_i$	$\dot{A}_i \approx \beta$	$\dot{A}_i = 1+\beta$	$\dot{A}_i \approx \alpha$
输入电阻	$R_i = R_{b1} // R_{b2} // [r_{be} + (1+\beta)R_e]$	$R_i = R_b // [r_{be} + (1+\beta)R'_L]$	$R_i = R_e // \dfrac{r_{be}}{1+\beta}$
输出电阻	$R_o = R_c$	$R_o = \dfrac{r_{be} + R'_S}{1+\beta} // R_e$ ($R'_S = R_S // R_b$)	$R_o \approx R_c$
用途	多级放大电路的中间级	输入级、中间级、输出级	高频或宽频带电路

3. 三种组态的特点及用途

共射极放大电路:

电压和电流增益都大于1,输入电阻在三种组态中居中,输出电阻与集电极电阻有很大关系。适用于低频情况下,作多级放大电路的中间级。

共集电极放大电路:

只有电流放大作用,没有电压放大,有电压跟随作用。在三种组态中,输入电阻最高,输出电阻最小,频率特性好。可用于输入级、输出级或缓冲级。

共基极放大电路:

只有电压放大作用,没有电流放大,有电流跟随作用,输入电阻小,输出电阻与集电极电阻有关。高频特性较好,常用于高频或宽频带低输入阻抗的场合,模拟集成电路中亦兼有电位移动的功能。

8.5 多级放大电路

一般情况下,放大电路的输入信号都很弱,大多为毫伏级甚至微伏级,而单级放大电路的电压放大倍数一般只有几十倍,往往不能满足要求。为了推动负载工作,必须把若干个单级放大电路连接起来组成多级放大电路,对微弱信号进行连续放大,才能在输出端获得足够的电压幅值或功率。

8.5.1 多级放大器的动态计算

1. 多级放大器的电路结构

多级放大器中,前一级的输出电压是后一级的输入电压,后一级的输入电阻是前一级的负载电阻 R_L,如图 8-5-1 所示。

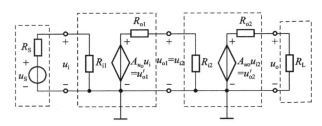

图 8-5-1 多级放大器的电路结构

2. 电压增益的计算

$$\dot{A}_u = \frac{u_o}{u_i} = \frac{u_o}{u_{i2}} \frac{u_{i2}}{u_i} = \frac{u_o}{u_{i2}} \frac{u_{o1}}{u_i} = A_{u1} A_{u2}$$

推广至 n 级:

$$\dot{A}_u = A_{u1} A_{u2} \cdots A_{un}$$

结论:**多级放大器总的电压增益等于组成它的各级单管放大电路电压增益的乘积。**

3. 输入电阻的计算

如图 8-5-2 所示,可得多级放大器的输入电阻:

$$R_i = R_{i1}$$

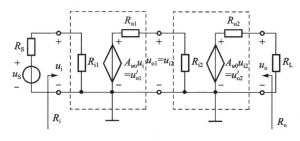

图 8-5-2 多级放大器求输入电阻和输出电阻

3. 输出电阻的计算

如图 8-5-2 所示,可得多级放大器的输出电阻:

$$R_o = R_{on}$$

8.5.2 共射-共基放大电路

由共射-共基放大电路组成的电路,如图 8-5-3 所示。

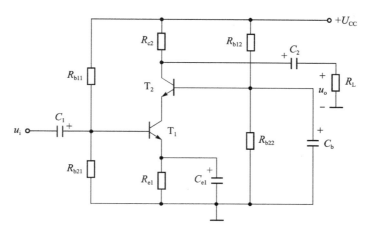

图 8-5-3 共射-共基放大电路的电路图

根据图 8-5-3,画出共射-共基放大电路的微变等效电路,如图 8-5-4 所示。

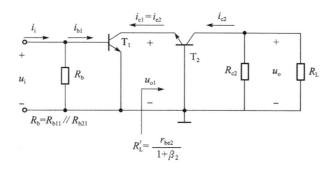

图 8-5-4 共射-共基放大电路的微变等效电路

1. 求电压增益

根据图 8-5-4,可得电路的电压增益:

$$\dot{A}_u = \frac{u_o}{u_i} = \frac{u_{o1}}{u_i} \cdot \frac{u_o}{u_{o1}} = \dot{A}_{u1} \cdot \dot{A}_{u2}$$

其中:

$$\dot{A}_{u1} = -\frac{\beta_1 R'_L}{r_{be1}} = -\frac{\beta_1 r_{be2}}{r_{be1}(1+\beta_2)}$$

$$\dot{A}_{u2} = \frac{\beta_2 R'_{L2}}{r_{be2}} = \frac{\beta_2 (R_{c2} /\!/ R_L)}{r_{be2}}$$

所以：
$$\dot{A}_u = -\frac{\beta_1 r_{be2}}{(1+\beta_2) r_{be1}} \cdot \frac{\beta_2 (R_{c2} // R_L)}{r_{be2}}$$

因为 $\beta_2 \gg 1$，因此：
$$\dot{A}_u = -\frac{\beta_1 (R_{c2} // R_L)}{r_{be1}}$$

2. 求输入电阻

根据图 8-5-5，可得电路的输入电阻：
$$R_i = \frac{u_i}{i_i} = R_b // r_{be1} = R_{b1} // R_{b2} // r_{be1}$$

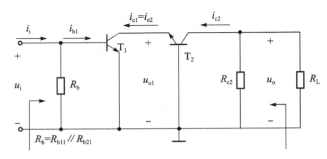

图 8-5-5　共射-共基放大电路求输入电阻和输出电阻

3. 求输出电阻

根据图 8-5-5，可得电路的输入电阻：
$$R_o \approx R_{c2}$$

由上述共射-共基放大电路的电压增压、输入电阻和输出电阻的表达式，可得共射-共基放大电路的特点：动态指标与单级共射电路接近，优点是频带宽。

8.5.3　共集-共集放大电路

1. 共集-共集放大电路的电压增益、输入电阻和输出电阻

由共集-共集放大电路组成的电路，如图 8-5-6 所示。

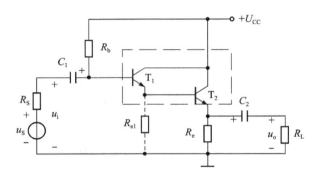

图 8-5-6　共集-共集放大电路

根据图 8-5-6,可得:

① 电压增益 $\dot{A}_u$:

$$\dot{A}_u = \frac{u_o}{u_i} = \frac{(1+\beta_1)(1+\beta_2)R'_L}{r_{be} + (1+\beta_1)(1+\beta_2)R'_L}$$

式中,$r_{be} = r_{be1} + (1+\beta_1)r_{be2}$,$R'_L = R_e // R_L$。

② 输入电阻 R_i:

$$R_i = R_b // \{r_{be1} + (1+\beta_1)[r_{be2} + (1+\beta_2)R'_L]\}$$

③ 输出电阻 R_o:

$$R_o = R_e // \frac{r_{be2} + \dfrac{r_{be1} + R'_S}{1 + \beta_1}}{1 + \beta_2} \quad R'_S = R_S // R_b$$

2. 复合管

为了进一步提高共集电极电路的输入电阻,可采用复合管。可见,图 8-5-6 共集–共集放大电路中 T_1、T_2 构成复合管,也称达林顿管。

(1) 复合管的组成原则。

① 在正确的外加电压下每只管子的各极电流均有合适的通路,且均工作在放大区;两管内电流流通的方向相同。

② 为了实现电流放大,应将第一只管的集电极或发射极电流作为第二只管子的基极电流。第一管的 c–e 结与第二管的 c–b 结相连。

③ 复合管的类型与第一个管子相同,导电极性也决定于第一管。

复合管可以由同型管组成,也可以由不同型管所组成。

(2) 复合管的主要特性。

① 两只 NPN 型 BJT 组成的复合管,如图 8-5-7 所示。

② 两只 PNP 型 BJT 组成的复合管,如图 8-5-8 所示。

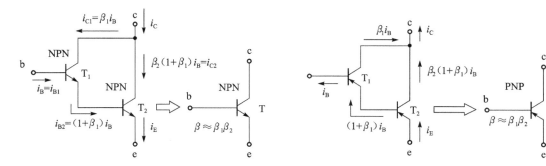

图 8-5-7 两只 NPN 型三极管组成的复合管   图 8-5-8 两只 PNP 型三极管组成的复合管

由相同类型 NPN 和 PNP 组成的复合管 r_{be} 表达式为:

$$r_{be} = r_{be1} + (1+\beta_1)r_{be2}$$

③ NPN 与 PNP 型 BJT 组成的复合管,如图 8-5-9 所示。

④ PNP 与 NPN 型 BJT 组成的复合管,如图 8-5-10 所示。

由不同类型 NPN 和 PNP 组成的复合管,类型取决于第一只管子,r_{be} 表达式为:

$$r_{be} = r_{be1}$$

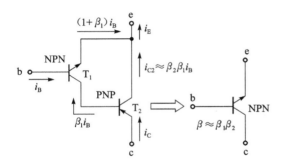
图 8-5-9 NPN 与 PNP 型 BJT 组成的复合管

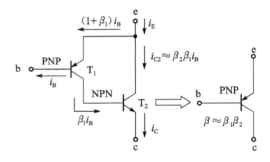
图 8-5-10 NPN 与 PNP 型 BJT 组成的复合管

8.6 差分放大电路

在放大电路中存在着零点漂移现象。所谓**零点漂移**,就是当输入信号为零时,输出信号不为零,而是一个随时间漂移不定的信号,零点漂移简称为零漂。

产生零漂的原因很多,如温度变化、电源电压波动、三极管参数变化等,其中温度变化是产生的原因,因此零漂也称温漂。在放大电路中,抑制零点漂移最有效的电路是**差动放大电路**。

8.6.1 差分式放大电路的一般结构

1. 用三端器件组成的差分式放大电路

图 8-6-1 是由两只特性完全相同的三极管构成的最基本的差动放大电路,信号从两管基极输入,从两管的集电极输出。

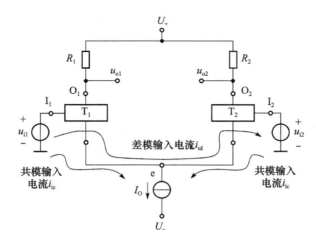

图 8-6-1 三端器件组成的差分式放大电路

2. 差分式放大电路的基本概念

① 差模信号:$u_{id} = u_{i1} - u_{i2}$;

② 共模信号:$u_{ic} = \dfrac{1}{2}(u_{i1} + u_{i2})$;

③ 差模电压增益：$A_{ud} = \dfrac{u'_o}{u_{id}}$；

④ 共模电压增益：$A_{uc} = \dfrac{u''_o}{u_{ic}}$；

⑤ 共模抑制比：$K_{CMR} = \left| \dfrac{A_{ud}}{A_{uc}} \right|$，它是反映抑制零漂能力的指标。

⑥ 电路总输出电压：

$$u_o = u'_o + u''_o = A_{ud} u_{id} + A_{uc} u_{ic}$$

式中，u'_o——差模信号产生的输出；

u''_o——共模信号产生的输出。

根据：

$$u_{id} = u_{i1} - u_{i2}, \quad u_{ic} = \dfrac{1}{2}(u_{i1} + u_{i2})$$

有：

$$u_{i1} = u_{ic} + \dfrac{u_{id}}{2}, \quad u_{i2} = u_{ic} - \dfrac{u_{id}}{2}$$

综上所述，可得以下结论：

（1）共模信号相当于两个输入端信号中相同的部分；差模信号相当于两个输入端信号中不同的部分。

（2）两输入端中的共模信号大小相等，相位相同；差模信号大小相等，相位相反。

8.6.2 典型差动放大电路

1. 电路的结构

典型的差动放大电路是图 8-6-2 带射极耦合的差分式放大电路，也称为长尾式差动放大器，它由两个完全相同的单管共射极电路组成。差分放大电路有两个输入端，两个输出端，要求电路对称，即 T_1 管、T_2 管的特性相同，外接电阻对称相等，即 $R_{c_1} = R_{c_2}$，各元件的温度特性相同。

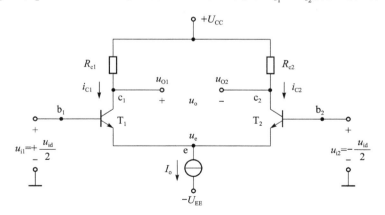

图 8-6-2 典型的差分式放大电路

2. 电路的静态和动态分析

（1）静态分析。

根据图 8-6-2，在静态时，两输入信号为零，即：

$$u_{i1} = u_{i2} = 0$$

由于电路完全对称,两个三极管的集电极电流为:

$$I_{c1} = I_{c2} = I_c = \frac{1}{2}I_o$$

两个三极管的集电极电压为:

$$U_{CE1} = U_{CE2} = U_{CC} - I_C R_{c2} - V_E = U_{CC} - I_C R_{c2} - (-0.7\text{V})$$

两个三极管基极电流为:

$$I_{B1} = I_{B2} = \frac{I_C}{\beta}$$

所以静态时,输入信号电压为零(即 $u_{id} = u_{i1} - u_{i2} = 0$),则输出电压 u_o 也为零。

(2) 动态分析。

根据图 8-6-2,在动态时,u_{i1} 和 u_{i2} 大小相等,相位相反。u_{o1} 和 u_{o2} 大小相等,相位相反。

$$u_o = u_{o1} - u_{o2} \neq 0$$

输出信号被放大。

3. 电路抑制零点漂移原理

温度变化和电源电压波动,都将使集电极电流产生变化。且变化趋势是相同的,其效果相当于在两个输入端加入了共模信号。

电路抑制零点漂移的原理:这一过程类似于分压式射极偏置电路的温度稳定过程。所以,即使电路处于单端输出方式时,仍有较强的抑制零漂能力。即:

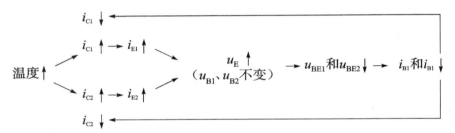

因此,差分式放大电路对共模信号有很强抑制作用。

4. 电路的主要指标计算

典型的差分放大电路的主要指标计算分为差模情况和共模情况。

(1) 差模情况。

① 双端输入、双端输出差模电路。

图 8-6-3(a)为双端输入、双端输出的差模信号电路,其交流通路如图 8-6-3(b)所示。

当两管集电极作为双端输出时,其差模电压增益与单管电路的电压增益相同,即差模电压增益为:

$$A_{ud} = \frac{u_o}{u_{id}} = \frac{u_{o1} - u_{o2}}{u_{i1} - u_{i2}} = \frac{2u_{o1}}{2u_{i1}} = -\frac{\beta R_c}{r_{be}}$$

可得,双端输入、双端输出差模信号电路以双倍的元器件换取抑制零漂的能力。

当电路接入负载时:

$$A_{ud} = -\frac{\beta\left(R_c \,//\, \frac{1}{2}R_L\right)}{r_{be}}$$

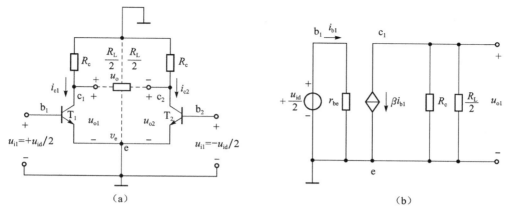

图 8-6-3 双端输入、双端输出差模信号电路
(a) 双端输入、双端输出时差模信号电路;(b) 双端输入、双端输出交流通路

② 双端输入、单端输出差模电路。

图 8-6-4 为双端输入、双端输出的差模信号电路。

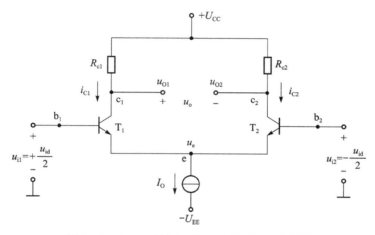

图 8-6-4 双端输入、单端输出差模信号电路

当两管集电极作为单端输出时,其差模电压增益为:

$$A_{ud1} = \frac{u_{o1}}{u_{id}} = \frac{u_{o1}}{2u_{i1}} = \frac{1}{2}A_{ud} = -\frac{\beta R_c}{2r_{be}}$$

当电路接入负载时:

$$A_{ud} = -\frac{\beta\left(R_c \mathbin{/\!/} \frac{1}{2}R_L\right)}{2r_{be}}$$

(2) 共模情况。

① 双端输入、双端输出共模电路。

图 8-6-5 为双端输入,双端输出的共模信号电路。

因为共模信号的输入使两管集电极电压有相同的变化。所以:

$$u_{oc} = u_{oc1} - u_{oc2} \approx 0$$

共模增益为:

$$A_{uc} = \frac{u_{oc}}{u_{ic}} \approx 0$$

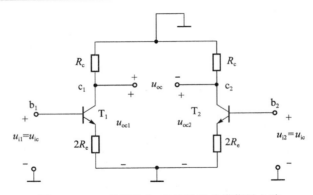

图 8-6-5 双端输入、双端输出共模信号电路

② 双端输入、单端输出共模电路。

图 8-6-6 为双端输入、单端输出的共模信号电路。

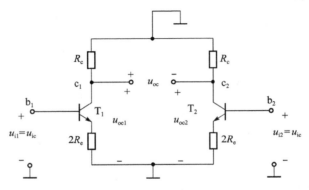

图 8-6-6 双端输入、单端输出共模信号电路

当两管集电极作为单端输出时,其共模电压增益为:

$$A_{uc1} = \frac{u_{oc1}}{u_{ic}} = \frac{u_{oc2}}{u_{ic}} = \frac{-\beta R_c}{r_{be} + (1+\beta) \times 2R_e} \approx -\frac{R_c}{2R_e}$$

(3) 共模抑制比。

因为:

$$K_{CMR} = \left|\frac{A_{ud}}{A_{uc}}\right|, \quad K_{CMR} = 20 \lg \left|\frac{A_{ud}}{A_{uc}}\right| \text{ (dB)}$$

① 当电路双端输出,在理想情况下,可得:

$$K_{CMR} = \infty$$

② 当电路单端输出,在理想情况下,可得:

$$K_{CMR} = \left|\frac{A_{ud1}}{A_{uc1}}\right| \approx \frac{\beta \cdot R_e}{r_{be}}$$

因此,K_{CMR} 越大,抑制零漂能力越强。

单端输出时的总输出电压为:

$$u_{o1} = A_{ud1} u_{id} \left(1 + \frac{u_{ic}}{K_{CMR} u_{id}}\right)$$

习 题 8

一、选择题

1. 若使三极管具有电流放大能力,必须满足的外部条件是( )。
   A. 发射结正偏、集电结正偏　　　　　　B. 发射结反偏、集电结反偏
   C. 发射结正偏、集电结反偏　　　　　　D. 发射结反偏、集电结正偏
2. 测得 NPN 型三极管上各电极对地电位分别为 $V_E=2.1$ V,$V_B=2.8$ V,$V_C=4.4$ V,说明此三极管处在( )。
   A. 放大区　　　　B. 饱和区　　　　C. 截止区　　　　D. 反向击穿区
3. 基本放大电路中,经过晶体管的信号有( )。
   A. 直流成分　　　　　　　　　　　　B. 交流成分
   C. 交直流成分均有　　　　　　　　　D. 只有交、直流中的一种
4. 基本放大电路中的主要放大对象是( )。
   A. 直流信号　　　　　　　　　　　　B. 交流信号
   C. 交、直流信号均有　　　　　　　　D. 交、直流中的一种
5. 分压式偏置的共发射极放大电路中,若 V_B 点电位过高,电路易出现( )。
   A. 截止失真　　　　B. 饱和失真　　　C. 晶体管被烧损　　D. 无信号
6. 功放首先考虑的问题是( )。
   A. 管子的工作效率　　　　　　　　　B. 不失真问题
   C. 管子的极限参数　　　　　　　　　D. 管子的功率大小
7. 射极输出器的输出电阻小,说明该电路( )
   A. 带负载能力强　　　　　　　　　　B. 带负载能力差
   C. 无法放大　　　　　　　　　　　　D. 减轻前级或信号源负荷
8. 基极电流 i_B 的数值较大时,易引起静态工作点 Q 接近( )。
   A. 截止区　　　　B. 饱和区　　　　C. 死区　　　　D. 放大区
9. 若三极管工作在放大区,三个电极的电位分别是 6 V、12 V 和 6.7 V,则此三极管是( )。
   A. PNP 型硅管　　B. PNP 型锗管　　C. NPN 型锗管　　D. NPN 型硅管
10. 对放大电路进行动态分析的主要任务是( )。
    A. 确定静态工作点 Q
    B. 确定集电结和发射结的偏置电压
    C. 确定电压放大倍数 $\dot{A}_u$ 和输入、输出电阻 R_i、R_o
    D. 确定静态工作点 Q、放大倍数 $\dot{A}_u$ 和输入、输出电阻 R_i、R_o

二、填空题

1. 三极管的内部结构是由_____区、_____区、_____区及_____结和_____结组成的。三极管对外引出电极分别是_____极、_____极和_____极。
2. 共集电极放大电路又叫作_____,它具有_____接近于1,_____和_____同

相,并具有_____高和_____低的特点。

3. 共射放大电路的静态工作点设置较低,会造成静态工作点设置较低,造成_____失真,静态工作点设置较高,会造成_____失真。

4. 对放大电路来说,人们总是希望电路的输入电阻_____越好,因为这可以减轻信号源的负荷。人们又希望放大电路的输出电阻_____越好,因为这可以增强放大电路的带负载能力。

5. 反馈电阻 R_e 的数值通常为_____,它不但能够对直流信号产生_____作用,同样可对交流信号产生_____作用,从而造成电压增益下降过多。为了不使交流信号削弱,一般在 R_E 的两端_____。

6. 放大电路有两种工作状态,当 $u_i = 0$ 时电路的状态称为_____态,有交流信号 u_i 输入时,放大电路的工作状态称为_____态。在_____态情况下,晶体管各极电压、电流均包含_____分量和_____分量。放大器的输入电阻越_____,就越能从前级信号源获得较大的电信号;输出电阻越_____,放大器带负载能力就越强。

7. 电压放大器中的三极管通常工作在_____状态下,功率放大器中的三极管通常工作在_____参数情况下。功放电路不仅要求有足够大的_____,而且要求电路中还要有足够大的_____,以获取足够大的功率。

8. 晶体管由于在长期工作过程中,受外界_____及电网电压不稳定的影响,即使输入信号为零时,放大电路输出端仍有缓慢的信号输出,这种现象叫作_____漂移,克服该现象的最有效常用电路是_____放大电路。

三、计算题

1. 如图 8-1 所示电路中,已知 $U_{CC} = 24$ V,$R_b = 800$ kΩ,$R_c = 6$ kΩ,$R_L = 3$ kΩ,$U_{BE} = 0.7$ V,晶体管电流放大系数 $\beta = 50$,$r_{be} = 1.2$ kΩ。试求:

(1) 放大电路的静态工作点 (I_{BQ},I_{CQ},U_{CEQ})。

(2) 电压放大倍数 $\dot{A}_u$、输入电阻 r_i、输出电阻 r_o。

2. 在如图 8-2 所示电路中,已知三极管的 $\beta = 40$,电容 C_1 和 C_2 足够大,求电压放大倍数、输入电阻和输出电阻。

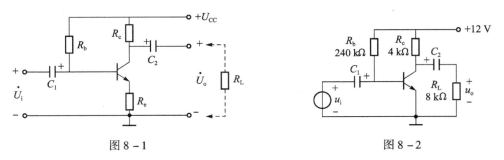

图 8-1   图 8-2

3. 如图 8-3 所示放大电路中三极管的 $U_{BE} = 0.7$ V,电阻 R_{B1} 上直流压降为 8 V,$R_C = 2$ kΩ,$R_E = 1.5$ kΩ,求 U_{CE}。

4. 如图 8-4 所示放大电路中,三极管 $\beta = 50$、$r_{be} = 1$ kΩ,$R_2 = 3$ kΩ,$R_3 = 1$ kΩ,C_1、C_2 足够大,求:

(1) 画出放大电路的微变等效电路;

（2）推导当输出端未接负载电阻 R_L 时的电压放大倍数 $\dot{A}_U = \dfrac{\dot{U}_o}{\dot{U}_i}$ 的一般关系式；

（3）求当输出端接负载电阻 $R_L = 3 \text{ k}\Omega$ 时的电压放大倍数 $\dot{A}_u = ?$

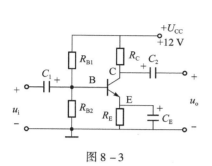

图 8-3

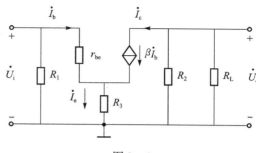

图 8-4

5. 如图 8-5 所示放大电路中，三极管的 $\beta = 50$，$U_{BE} = 0.6 \text{ V}$，输入信号 $u_i = 3\sin\omega t \text{ mV}$。对于该交流信号，$C_1$、$C_2$ 足够大，可视为短路。问：

（1）当 $\pi < \omega t < 2\pi$ 时，三极管的发射结是否处于反向偏置？为什么？

（2）该放大电路的电压放大倍数 $\dot{A}_u$ 为多少？

（3）该放大电路的输入电阻和输出电阻各为多少？

6. 如图 8-6 所示放大电路中，三极管的 $\beta = 30$，$U_{BE} = 0.7 \text{ V}$，C_1、C_2、C_E 足够大。求：

（1）输入电压 $u_i = 0.141\sin\omega t \text{ V}$ 时，输出电压 $u_o = ?$

（2）输出端接负载电阻 $R_L = 1.2 \text{ k}\Omega$ 后，输出电压 $u_o = ?$

（3）$R_L = 1.2 \text{ k}\Omega$ 时，换一个同类型的三极管 $\beta = 60$，输出电压 $u_o = ?$

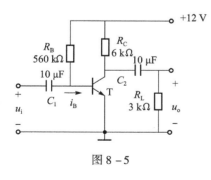

图 8-5

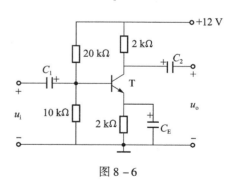

图 8-6

第 9 章

直流稳压电源

本章的学习目的和要求：
熟练掌握整流和滤波电路的结构和工作原理；领会单相半波和桥式电路的工作原理；学会综合应用整流滤波电路元件的参数计算及选择；熟练选用集成稳压器组成稳压电路，能进行参数计算；了解开关型稳压电源的结构及特点。

9.1 直流稳压电源的组成

电子线路通常都需要电压稳定的直流电源供电，从经济实用的角度出发，大多数电子设备所使用的直流电取自电网提供的交流电。因此，直流稳压电源是将交流电转变为单方向的直流电的转换电路，它通常由电源变压器、整流电路、滤波电路和稳压电路四部分组成，如图 9-1-1 所示。

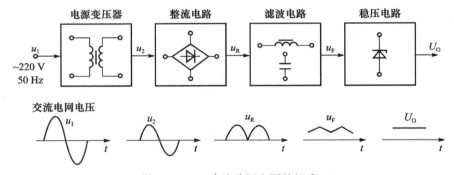

图 9-1-1 直流稳压电源的组成

直流稳压电源各部分的作用：
(1) 电源变压器：将交流电网电压 u_1 变为合适的交流电压 u_2；
(2) 整流电路：将正负交替的交流电变为单向脉动的直流电；
(3) 滤波电路：将单向脉动直流电压变为比较平滑的直流电压；
(4) 稳压电路：使平滑的直流电压变为恒定的直流电压，并且当电网电压波动、负载和温度变化时，维持输出的直流电压稳定。

9.2 整 流 电 路

整流电路的作用是利用具有单向导电性能的整流元件，将正负交替的正弦电压整流成单向脉动电压。常见的小功率整流电路，有单相半波、全波、桥式整流等。

为分析简单起见,我们把二极管当作理想元件处理,即**二极管的正向导通电阻为零(相当于短路),反向电阻为无穷大(相当于开路)**。

9.2.1 单相半波整流电路

1. 工作原理

半波整流电路及输出波形如图9-2-1所示。利用二极管的单向导电性能可实现将交流电变为单方向脉动的直流电。

在输入波形的正半周,二极管导通,输出波形跟随输入波形;在输入波形的负半周,二极管截止,电路无输出电压。因此,在单相半波整流电路中,输出端得到只有正半周输出的信号。

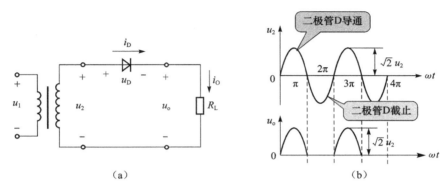

图9-2-1 半波整流电路和输出波形
(a)半波整流电路;(b)半波整流电路的输出波形

2. 半波整流电路的性能指标

根据半波整流电路的特性,可得其性能指标。

(1) 整流输出电压平均值。

整流输出电压平均值为输出电压在一个周期内的平均值,即:

$$U_o = \frac{1}{2\pi}\int_0^{2\pi} u_o \mathrm{d}(\omega t) = \frac{\sqrt{2}U_2}{\pi} = 0.45 U_2 \qquad (9-2-1)$$

(2) 整流管的电压平均整流电流。

整流管的电压平均整流电流是整流二极管允许通过的平均工作电流,用 I_D 表示,其值与输出电流 I_o 一样大,为:

$$I_D = I_o = \frac{U_o}{R_L} \qquad (9-2-2)$$

(3) 整流二极管承受反向电压。

整流二极管承受反向电压是整流管处于反向截止时两端电压的最大值,其值为$\sqrt{2}U_2$。

综上所述,单相半波整流电路的优点是电路简单,采用器件数量少;缺点是损失了负半周的信号,输出电压波动太大,整流效率低。

9.2.2 单相全波整流电路

1. 工作原理

全波整流电路及输出波形如图9-2-2所示。其原理是利用中间抽头变压器和两个二极管,获取正、负半周信号。

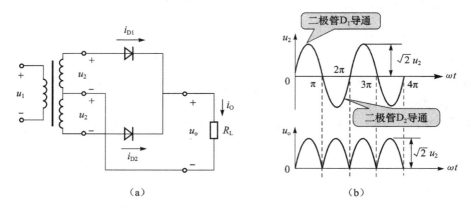

图 9-2-2 全波整流电路和输出波形
(a)全波整流电路;(b)全波整流电路的输出波形

① 当输入波形在正半周时,变压器次级电压极性上"正"下"负",二极管 D_1 导通、D_2 截止,负载 R_L 上得到由上至下的电流;

② 当输入波形在负半周时,变压器次级电压极性上"负"下"正",二极管 D_2 导通、D_1 截止,负载 R_L 上得到由上至下的电流。

因此,全波整流电路利用了负半周的信号,整流效率提高。

2. 全波整流电路的性能指标

根据全波整流电路的特性,可得其性能指标。

(1)整流输出电压。

全波整流电路的整流输出电压是半波整流电路的两倍,因此有:

$$U_L = \frac{2\sqrt{2}}{\pi}U_2 = 0.9U_2 \qquad (9-2-3)$$

(2)整流管的平均整流电流。

$$I_D = \frac{I_o}{2} = \frac{0.45U_2}{R_L} \qquad (9-2-4)$$

(3)整流二极管承受反向电压。

整流二极管承受反向电压是整流管处于反向截止时两端电压的最大值,其值为 $2\sqrt{2}U_2$。

综上所述,单相全波整流电路的优点是整流效率比半波整流提高了;缺点是对整流二极管的耐压要求提高了,需要中心抽头变压器。

9.2.3 单相桥式整流电路

1. 工作原理

单相桥式整流电路及输出波形如图 9-2-3 所示。

① 当输入波形在正半周时,D_2、D_4 导通,D_1、D_3 截止,负载获得由上至下的正半周电流;

② 当输入波形在负半周时,D_1、D_3 导通,D_2、D_4 截止,负载获得由上至下的负半周电流;

因此,桥式整流电路利用了负半周的信号,提高了整流效率。

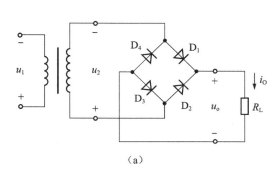 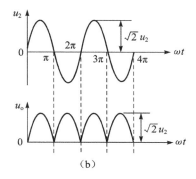

图 9-2-3 桥式整流电路和输出波形
(a) 桥式整流电路；(b) 桥式整流电路的输出波形

2. 桥式整流电路的性能指标

根据桥式整流电路的特性，可得其性能指标。

(1) 整流输出电压。

桥式整流电路的整流输出电压同全波整流电路，因此有：

$$U_\mathrm{L} = \frac{2\sqrt{2}}{\pi}U_2 = 0.9U_2 \qquad (9-2-5)$$

(2) 整流管的平均整流电流。

$$I_\mathrm{D} = \frac{I_\mathrm{o}}{2} = \frac{0.45U_2}{R_\mathrm{L}} \qquad (9-2-6)$$

(3) 整流二极管承受反向电压。

整流二极管承受反向电压是整流管处于反向截止时两端电压的最大值，其值为 $\sqrt{2}U_2$。

综上所述，单相桥式整流电路的优点是省略中间抽头变压器，降低了二极管耐压；缺点是需要整流二极管的数量增加，电路比较复杂。

9.3 滤 波 电 路

正弦交流电经桥式整流电路整流后，输出电压的脉动较大，大多数电子设备脉动仍然较大，大多数电子设备都不能使用这种电压。因此，要减小输出电压的脉动程度，**将脉动直流电变成较为平滑的直流电，这个过程称为滤波**。

常用滤波电路有：

① **电容滤波电路**：利用储能元件电容两端的电压不能突变的特性，将电容与负载 R_L 并联，滤掉整流电路输出电压中的交流成分，保留其直流成分，达到平滑输出电压波形的目的。

② **电感滤波电路**：利用通过储能元件电感中的电流不能突变的特性，将电感与负载 R_L 串联，滤掉整流电路输出电压中的交流成分，保留其直流成分，达到平滑输出电压波形的目的。

9.3.1 电容滤波电路

1. 工作原理

在桥式整流电路与负载间并入一电容 C，就构成了电容滤波电路，如图 9-3-1 所示。

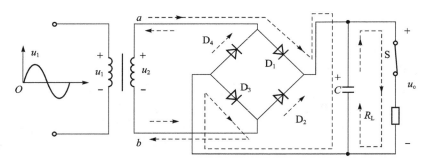

图 9-3-1 桥式整流、电容滤波电路

电容滤波电路的工作原理：

设 $t=0$ 时电路接通电源，如果没有接电容，则输出电压 u_o 的波形如图 9-3-2 虚线所示。接入电容后，忽略二极管的正向导通电阻和变压器的副边线圈的电阻，输出电压 u_o 的波形如图 9-3-2 实线所示。

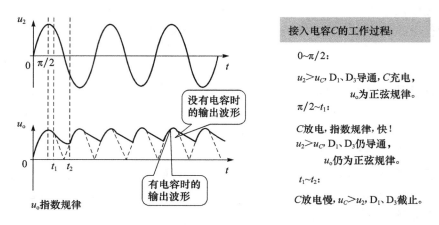

图 9-3-2 桥式整流、电容滤波电路的输出波形

2. 电容滤波电路的特点

（1）二极管的导电角 $\theta < \pi$，流过二极管的瞬时电流很大。
（2）输出电压 U_o 与时间常数 $R_L C$ 有关，即 $R_L C$ 愈大，电容器放电愈慢，U_o（平均值）愈大。
（3）直流电压 U_L 随负载电流增加而减少，所以电容滤波适合输出电流较小的场合。
（4）电容滤波电路简单，负载直流电压较高，纹波也较小，缺点是输出特性较差，适用于输出变动不大的场合。

3. 电容滤波的计算

电容滤波的计算比较麻烦，因为决定输出电压的因素较多。工程上有详细的曲线可供查阅。一般常采用以下近似估算法：

使用条件：

$$R_L C \geqslant (3 \sim 5) \frac{T}{2} \tag{9-3-1}$$

近似公式：

$$U_L = 1.1 \sim 1.2 U_2 \tag{9-3-2}$$

9.3.2 电感滤波电路

1. 工作原理

在桥式整流电路与负载间串入一电感 L，就构成了电感滤波电路，如图 9-3-3 所示。

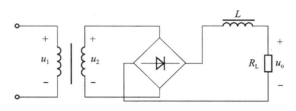

图 9-3-3　桥式整流、电感滤波电路

电感滤波电路的工作原理：

① 当通过电感的电流增大时，电感产生的自感电动势与电流方向相反，阻止电流的增加，同时将一部分电能存储于电感中。

② 当通过电感的电流减小时，电感产生的自感电动势与电流方向相同，阻止电流减小的同时将一部分存储于电感中的能量释放，以补偿电流的减小。

③ 在信号的半个周期中，整流二极管均导通。

利用电感的储能作用，可以减小输出电压和电流的纹波。

2. 电感滤波电路的特点

（1）整流管导电角较大，峰值电流较小，输出特性比较平坦，适用于低电压大电流（R_L 较小）的场合。

（2）电感滤波电路的电感铁芯笨重，体积大，易引起电磁干扰。

9.4　稳 压 电 路

交流电经整流和滤波后，输出电压中仍有较小的纹波，并且会随电网电压的波动和负载的变化而变化。为了得到更加稳定的直流电压，必须在整流和滤波电路之后增加稳压环节。在实际工程中，小功率设备中常用的稳压电路常分为稳压管稳压电路和集成稳压电路等。

9.4.1 稳压管稳压电路

将稳压管和限流电阻串联即可构成简单的稳压电路，如图 9-4-1 所示。

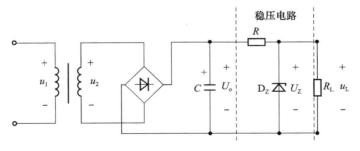

图 9-4-1　稳压管稳压电路

其中,限流电阻 R 是稳压电路不可缺少的组成元件。当输入电压有波动或负载电流变化时,通过调节 R 上的压降来保持输出电压基本不变。即调节 R,使 $U_L = U_Z$。

(1) 当输出电压 U_o 减小时,可通过稳压管稳压电路来调节,调节的过程可表示为:

$$U_o \downarrow \to U_L \downarrow = U_Z \to I_Z \downarrow \downarrow \to U_R \downarrow \downarrow \to U_L \uparrow = U_o - U_R$$

(2) 当输出电压 U_o 增大时,可通过稳压管稳压电路来调节,调节的过程可表示为:

$$U_o \uparrow \to U_L \uparrow = U_Z \to I_Z \uparrow \uparrow \to U_R \uparrow \uparrow \to U_L \downarrow = U_o - U_R$$

根据稳压管的工作原理,稳压管稳压电路的输出波形如图 9-4-2 所示。

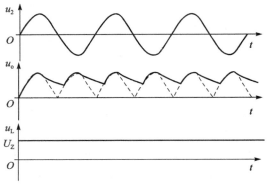

图 9-4-2 稳压管稳压电路的输出波形

综上所述,限流电阻 R 在稳压管稳压电路中是必不可少的元件,为了保证稳压电路可靠地工作,必须适当选择 R 的阻值。

9.4.2 集成稳压电源

随着半导体工艺的发展,现在已生产并广泛应用的单片集成稳压电源,具有体积小,可靠性高,使用灵活,价格低廉等优点。最简单的集成稳压电源只有输入、输出和公共引出端,故称之为三端集成稳压器。

1. 三端集成稳压器的分类

三端集成稳压器分为固定输出和可调输出两大类。常用的固定输出稳压器有 CW78 系列和 CW79 系列两种。78 系列输出固定的正电压,79 系列输出固定的负电压,有 5 V、6 V、9 V、12 V、15 V、18 V、24 V 等七挡。如图 9-4-3 所示。

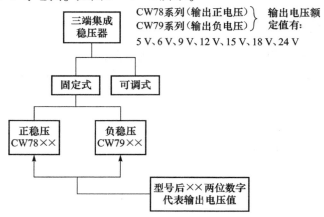

图 9-4-3 三端集成稳压器的分类

CW78 系列和 CW79 系列集成稳压器的引脚排列与其封装有关。图 9-4-4 给出了塑料封装直插式 78(79)系列的引脚排列。使用时要特别注意引脚的连接,如果错误,极易损坏稳压器。

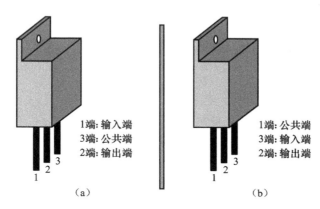

图 9-4-4 塑封装直插式三端稳压器的引脚
(a) CW7800 系列稳压器外形;(b) CW7900 系列稳压器外形

2. 三端集成稳压器的基本应用电路

(1) 输出为固定电压的电路。

图 9-4-5 所示为 CW78×× 系列稳压器的应用电路为输出固定电压的电路。

在图 9-4-5 中,U_i 为整流、滤波后的直流电压,电容 C_i 用以抵消输入端较长接线时的电感效应,防止产生自激振荡,一般取 0.1~1 μF;电容 C_o 用以改善负载的瞬态响应,使输出电流变化时,不致引起输出电压较大的波动,一般可取 1 μF,两电容直接与集成片的引脚跟部相连。

(2) 输出正负电压的电路。

图 9-4-6 所示为 CW78 系列和 CW79 系列集成稳压器的应用电路为输出正负电压的电路。

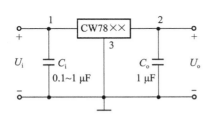

图 9-4-5 输出固定电压的电路

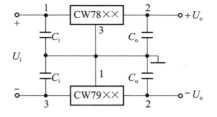

图 9-4-6 输出正负电压的电路

在图 9-4-6 中,U_i 为整流、滤波后的直流电压,电容 C_i、C_o 的取值和作用与图 9-4-5 中电容 C_i、C_o 相同。CW78 系列输出为正电压,CW79 系列输出为负电压。

(3) 提高输出电压的电路。

图 9-4-7 所示为 CW78×× 系列稳压器的应用电路为提高输出电压的电路。

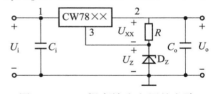

图 9-4-7 提高输出电压的电路

在图 9-4-7 中，U_i 为整流、滤波后的直流电压，电容 C_i、C_o 的取值和作用与图 9-4-6 中电容 C_i、C_o 相同。U_{XX} 为 CW78×× 固定输出电压，最终电路输出电压 U_o 为：

$$U_o = U_{XX} + U_Z$$

习 题 9

一、选择题

1. 将交流电变为直流电的电路称为（　　）。
   A. 稳压电路　　　　B. 滤波电路　　　　C. 整流电路　　　　D. 放大电路

2. 单相半波整流电路中，负载为 500 Ω 电阻，变压器的副边电压为 12 V，则负载上电压平均值和二极管所承受的最高反向电压为（　　）。
   A. 5.4 V、12 V　　B. 5.4 V、17 V　　C. 9 V、12 V　　D. 9 V、17 V

3. 稳压电路如图 9-1 所示，已知稳压管的稳定电压为 12 V，稳定电流为 5 mA，最大稳定电流为 30 mA，则稳压电路输出电压 U_o = （　　）。
   A. 0 V　　　　　　B. 30 V　　　　　　C. 10 V　　　　　　D. 12 V

4. 在图 9-2 所示单相桥式整流电路中，二极管 D 承受的最高反向电压是（　　）。
   A. 10 V　　　　　B. 14.14 V　　　　C. 20 V　　　　　D. 28.28 V

5. 如图 9-3 所示稳压电路中，稳压管 D_{Z1} 的稳压值 U_{Z1} = 6 V，稳压管 D_{Z2} 的稳压值 U_{Z2} = 3 V，输出电压 U_o 为（　　）。
   A. 3 V　　　　　　B. 6 V　　　　　　C. 9 V　　　　　　D. 15 V

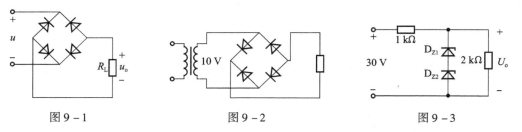

图 9-1　　　　　　　　　　图 9-2　　　　　　　　　　图 9-3

6. 如图 9-4 所示稳压电路中，稳压管 D_{Z1} 的稳压值 U_{Z1} = 6 V，稳压管 D_{Z2} 的稳压值 U_{Z2} = 3 V，输出电压 U_o 为（　　）。
   A. 3 V　　　　　　B. 6 V　　　　　　C. 9 V　　　　　　D. 15 V

7. 单相桥式整流电路输入的正弦电压有效值为 U，其输出电压平均值为（　　）。
   A. $\sqrt{2}U$　　　　　B. $0.9U$　　　　　C. $\dfrac{\sqrt{2}}{2}U$　　　　　D. $0.45U$

8. 如图 9-5 所示稳压电路，稳压管 D_{Z1} 与 D_{Z2} 相同，其稳压值 U_Z = 5.3 V、正向压降 0.7 V，输出电压 U_o 为（　　）。
   A. 1.4 V　　　　　B. 4.6 V　　　　　C. 5.3 V　　　　　D. 6 V

9. 如图 9-6 所示电路中，稳压管 D_{Z1} 的稳压值为 8 V，D_{Z2} 的稳压值为 6 V，则输出电压 U 为（　　）。
   A. 6 V　　　　　　B. 8 V　　　　　　C. 10 V　　　　　　D. 2 V

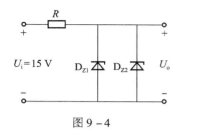
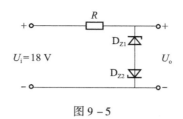
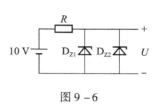

图 9 – 4　　　　　　　　　　　图 9 – 5　　　　　　　　　　　图 9 – 6

二、填空题

1. 单相桥式整流电路中,流过负载的平均电流为 5 A,则流过每个二极管的平均电流为_____ A。

2. 整流是利用二极管的_____特性。

3. 单相桥式整流电路,负载电阻为 100 Ω,输出电压平均值为 10 V,则流过每个整流二极管的平均电流为_____ A。

4. 不加滤波器的由理想二极管组成的单相桥式整流电路的输出电压平均值为 9 V,则输入正弦电压有效值应为_____。

三、简析题

1. 整流滤波电路如图 9 – 7 所示,二极管为理想元件,电容 $C = 1\,000\ \mu F$,负载电阻 $R_L = 100\ \Omega$,负载两端直流电压 $U_o = 30$ V,变压器副边电压 $u_2 = \sqrt{2}U_2\sin 314t$ V。

（1）计算变压器副边电压有效值 U_2;

（2）定性画出输出电压 u_o 的波形。

2. 单相桥式整流、电容滤波电路如图 9 – 8 所示。已知 $R_L = 100\ \Omega$, $U_2 = 12$ V,估算 U_o,并选取 C 值。

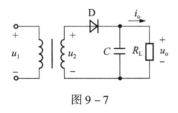
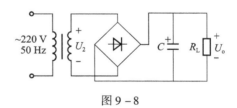

图 9 – 7　　　　　　　　　　　　　　　图 9 – 8

第 10 章

集成运算放大器及其应用

本章的学习目的和要求：

熟练掌握集成运算放大器的组成与特点；领会理想集成运算放大器的特点及虚短、虚断和虚地等概念；理解反相和同相放大组态的反馈类型的判断；学会综合应用集成运算放大器在信号运算方面的应用；了解集成运算放大器在信号处理电路中的应用及集成运算放大器在信号产生电路中的应用。

10.1 集成运算放大器的概念

利用半导体制造技术，将分立的电子元件（如三极管、二极管、电阻和电容等）以及连接导线制作在一块半导体芯片上，使其成为一种特定功能的电子线路，称为**集成电路**，简称 **IC（Integrated Circuit）**，它是 20 世纪 60 年代初期发展起来的一种半导体器件，是电子技术发展的重要标志之一。

集成运算放大器的分类：

（1）按功能分：分为模拟集成电路、数字集成电路及模数混合集成电路。

（2）按集成度分，集成电路有小规模（SSI）、中规模（MSI）、大规模（LSI）和超大规模（VLSI）之分。

集成运算放大器是一种高电压放大倍数、高输入阻抗、低输出阻抗的直接耦合的多级放大电路。现已发展到第四代，第一至第三代集成运放属于中小规模的模拟集成电路，第四代属于大规模集成电路。

10.1.1 集成运放的电路组成及结构特点

集成运放的内部通常由四个主要单元电路组成，包括输入级、中间级、输出级和偏置电路，其组成框图如图 10-1-1 所示。

图 10-1-1 集成运放的组成框图

图 10-1-1 中的 u_+、u_- 和 u_o 分别表示同相输入端、反相输入端和输出端的信号电压。

所谓同相输入端和反相输入端的含义：

（1）当信号从同相输入端加入（反相端相对固定）时，则输出信号 u_o 的相位与同相端输入的信号 u_+ 的相位变化相同。

（2）当信号从反相输入端加入（同相端相对固定）时，则输出信号 u_o 的相位与反相端输入的信号 u_- 的相位变化相反。

综合可得，u_o 与 u_+ 同相变化，而与 u_- 反相变化。

1. 输入级

集成运放的输入级又称为前置级，是一个由两个三极管组成的双端输入的差分放大电路，它与输出端形成了一个同相和反相的相位关系。要求输入级输入电阻高，零点漂移小，能抑制干扰信号，输入级是提高集成运放质量的关键部分，如图 10-1-2 所示。

2. 中间级

中间级的作用是为整个放大电路提高足够高的电压放大倍数，所以一般采用多级直接耦合共射放大电路，如图 10-1-2 所示。

3. 输出级

输出级的作用是给负载提供一定幅度的输出电压和输出电流，故此级大多采用射极输出器，以降低输出电阻、提高负载能力。另外，输出级还应有过载保护，如图 10-1-2 所示。

4. 偏置电路

偏置电路的主要作用是向各级放大电路提供稳定的偏置电流，以保证各级放大电路具有合适而稳定的静态工作点。偏置电路有时还作为放大器的有源负载。

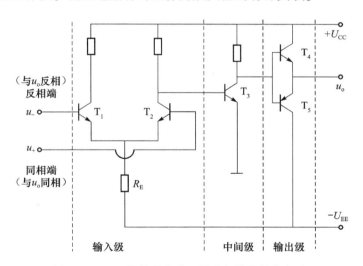

图 10-1-2 简单的集成运放内部结构简化电路

10.1.2 集成运放的符号和外形

1. 集成运放的符号

集成运放的电路符号如图 10-1-3 所示。它有两个输入端："+"号表示同相输入端，意思是集成运放的输出信号与该端所加信号相位相同；"-"号表示反相输入端，意思是集成运放的输出信号与该端所加信号相位相反。输出端只有一个。

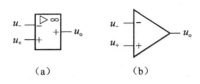

图 10-1-3 集成运放的电路符号
(a) 国家标准规定的符号；
(b) 现阶段国内流行的符号

图 10-1-3(a)是国家标准规定的符号，图 10-1-3(b)是现阶段国内流行的符号。本书采用国家标准。在图 10-1-3(a)中三角形符号"▷"表示信号的传输方向，"∞"表示理想条件。

2. 集成运放的外形

集成运放常见的封装形式有金属圆形、双列直插式和扁平式封装等，封装所用材料有陶瓷、金属、塑料等。例如，图 10-1-4(a)为 CF741 金属圆形的封装及外形引脚排列图，图 10-1-4(b)为 CF741 塑料双列直插式封装及外形引脚排列图。其中，每个管脚在电路中的位置、功能和用途可查阅器件手册或产品说明书。

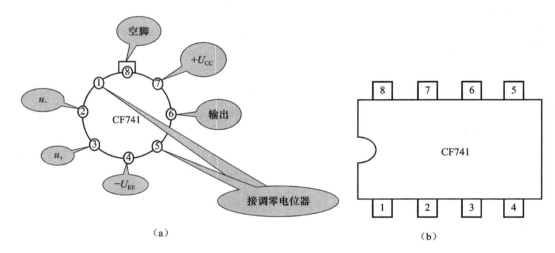

图 10-1-4 集成运放常见封装及外形
(a) CF741 金属圆形封装及外形；(b) CF741 塑料双列直插式封装及外形

10.1.3 集成运放的主要参数

集成运算放大器的参数，是评价其性能优劣的主要标志。为了正确地选择和使用集成运算放大器，必须熟悉这些参数的含义和数值范围。下面介绍集成运算放大器的主要参数。

1. 开环差模电压放大倍数 A_{ud}

集成运放工作于线性区，差模电压输入后，其输出电压变化 ΔU_o 与差模输入电压变化 ΔU_{id} 的比值，称为开环差模电压增益，即：

$$A_{ud} = \frac{\Delta U_o}{\Delta U_{id}} \qquad (10-1-1)$$

2. 输入失调电压 U_{io}

输入失调电压是输出电压为零时，在输入端所加的补偿电压。它的大小反映了输入级差动管的对称程度。一般运放的 U_{io} 值在 1～10 mV。U_{io} 随温度变化，其变化率称为输入电压温漂。

3. 输入偏置电流 I_{ib}

当集成运放的输入电压为零，输出电压也为零时，其两个输入端偏置电流的平均值定义为

输入偏置电流,分别记为 I_{ib+},I_{ib-},而 I_{ib} 表示为:

$$I_{ib} = \frac{I_{ib+} + I_{ib-}}{2} \quad (10-1-2)$$

4. 输入失调电流 I_{io}

当集成运放的输入电压为零,输出电压也为零时,两个输入偏置电流的差值称为输入失调电流,即:

$$I_{io} = |I_{ib+} - I_{ib-}| \quad (10-1-3)$$

5. 共模抑制比 K_{CMR}

集成运放工作于线性区时,其差模电压增益 A_{ud} 与共模电压增益 A_{uc} 之比称为共模抑制比,即:

$$K_{CMR} = \frac{A_{ud}}{A_{uc}} \quad (10-1-4)$$

6. 差模输入电阻 r_{id}

差模输入时,从运放两输入端看进去的等效电阻,称为差模输入电阻 r_{id}。其值越大越好,一般为几十千欧至几十兆欧。

7. 最大共模输入电压 U_{icM}:

当集成运放的共模抑制特性显著变化时的共模输入电压即为最大共模输入电压。有时将共模抑制比(在规定的共模输入电压时)下降 6 dB 时所加的共模输入电压值,作为最大共模输入电压。

8. 最大差模输入电压 U_{idM}:

它是集成运放两输入端所允许加的最大电压差。当差模输入电压超过此电压值时,集成运放输入级的三极管将被反向击穿,甚至损坏。

10.1.4 理想集成运放及特点

1. 理想集成运放的基本条件

理想集成运放是指集成运放的各项指标为理想特性值。一个理想集成运放应具备以下基本条件:

(1) 差模电压增益为无限大,即 $A_{ud} \to \infty$。
(2) 输入电阻为无限大,即 $r_{id} \to \infty$。
(3) 输出电阻为零,即 $r_{od} \to 0$。
(4) 共模抑制比为无限大,即 $K_{CMR} \to \infty$。
(5) 失调电压、失调电流及其温漂均为零。
(6) 干扰和噪声均为零。

2. 理想集成运放的两个重要特性

当集成运放工作在线性区时,u_o 与 $(u_+ - u_-)$ 是线性关系,即:

$$u_o = A_{uo}(u_+ - u_-) \quad (10-1-5)$$

由式(10-1-5),结合理想运放的条件,可得出运放工作在线性区时的两个重要特性:**虚短和虚断**。图 10-1-5 所示为集成运放标准模型。

(1) 虚短:集成运放两输入端的电位相等,即 $u_+ = u_-$。

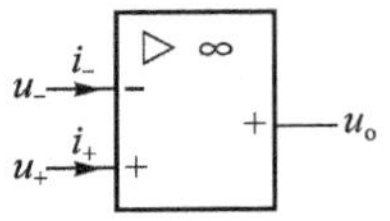

图 10-1-5 集成运放标准模型

因为： $u_+ - u_- = u_o/A_{ud}$

u_o 为有限值，A_{ud} 为 ∞，$u_+ - u_- = 0$。

u_+、u_- 分别为集成运放同相端和反相端的电位。从 $u_+ = u_-$ 可知，集成运放的两个输入端好像是短路，但并不是真正的短路，所以称为**虚短**。只有集成运放工作于线性状态，才存在**虚短**。

(2) 虚断：集成运放两输入端的输入电流为零，即 $i_- = i_+ = 0$。

i_-、i_+ 分别为集成运放同相端和反相端的输入电流。从 $i_- = i_+ = 0$ 可知，集成运放的两个输入端好像是断路，但并不是真正的断路，所以称为**虚断**。

但是，在实际中，集成运放的 A_{uo}，r_{id} 不可能是无穷大，所以"虚短"和"虚断"是两个近似的结论。

10.2 放大电路中的负反馈

10.2.1 反馈的基本概念

反馈是电子技术和自动控制中的一个重要概念，负反馈可以改善放大电路多方面的性能，在实际的放大电路中，几乎都采用了负反馈。

1. 反馈的定义

反馈：凡是将放大电路输出信号（电压或电流）的一部分（或全部）引回到输入端，与输入信号叠加，就称为反馈。具有反馈的放大电路是一个闭合系统，基本组成框图如图 10-2-1 所示。

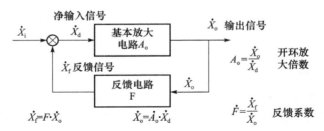

图 10-2-1 反馈放大系统的基本组成框图

由图 10-2-1 可见，信号有两条传输路径：

① 一条是正向传输途径，信号 $\dot{X}_d$ 经放大电路 A 由输入端传向输出端，A 称为基本放大电路。

② 另一条是反向传输途径，输出信号 $\dot{X}_o$ 经过电路 F 由输出端传向输入端，电路 F 称为反馈网路。反馈到输入端的信号 $\dot{X}_f$ 称为反馈信号，反馈网络中的元件称为反馈元件。

在图 10-2-1 反馈放大系统中，根据反馈信号可以增强输入信号或者削弱输入信号，把反馈系统分为正反馈和负反馈。

① **正反馈**：在反馈放大系统中，反馈信号增强输入信号，使净输入信号变大。即：$\dot{X}_d = \dot{X}_i + \dot{X}_f$。

② **负反馈**：在反馈放大系统中，反馈信号削弱输入信号，使净输入信号变小。即：$\dot{X}_d = \dot{X}_i + \dot{X}_f$。

也可以理解为：
① 从输出端看：
正反馈：输入量不变时，引入反馈后输出量变大了。
负反馈：输入量不变时，引入反馈后输出量变小了。
② 从输入端看：
正反馈：引入反馈后，使净输入量变大了。
负反馈：引入反馈后，使净输入量变小了。
其中，净输入量可以是电压，也可以是电流。

2. 反馈的类型及分析方法

（1）直流反馈和交流反馈。

根据反馈信号的交直流性质，反馈可以分为直流反馈和交流反馈。若反馈信号只含直流成分，则称为**直流反馈**，即反馈环路中只有直流分量可以流通。直流反馈主要用于稳定静态工作点。若反馈信号只含交流成分，则称为**交流反馈**，即反馈环路中只有交流分量可以流通。交流反馈主要用来改善放大器的性能。

若反馈环路内，直流成分和交流成分均可流通，则该反馈既可以产生直流反馈又可以产生交流反馈。

直流和交流反馈判定的方法如下：

第一种：通过观察反馈网络能否通过交流和直流来判定；

第二种：采用电容观察法来判定：如果反馈通路存在对地的旁路电容，则是直流反馈；如果反馈通路存在隔直电容，就是交流反馈；如果不存在电容，就是交直流反馈。

（2）电压反馈和电流反馈。

根据反馈从输出端所采样的信号不同，可以分为电压反馈和电流反馈。若反馈信号的取样对象是输出电压，并且反馈信号正比于输出电压，称为**电压反馈**，如图 10 – 2 – 2(a)所示；若反馈信号的取样对象是输出电流，并且反馈信号正比于输出电流，称为**电流反馈**，如图 10 – 2 – 2(b)所示。

（3）串联反馈和并联反馈。

根据反馈信号在输入端与输入信号比较形式的不同，可以分为串联反馈和并联反馈。如果反馈信号与输入信号串联（$X_f = U_f$，净输入信号是由电压相加减得到的），则称为**串联反馈**，如图 10 – 2 – 3(a)所示；如果反馈信号与输入信号并联（$X_f = I_f$，净输入信号是由电流相加减得到的），则称为**并联反馈**，如图 10 – 2 – 3(b)所示。

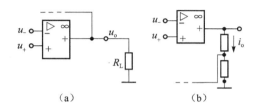

图 10 – 2 – 2　电压反馈和电流反馈电路
(a) 电压反馈；(b) 电流反馈

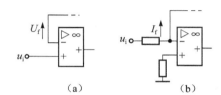

图 10 – 2 – 3　串联反馈和并联反馈电路
(a) 串联反馈；(b) 并联反馈

3. 反馈类型的判断的解题思路

下面通过例子来理解如何学会判定不同类型的反馈系统。

【例 10-2-1】 判断图 10-2-4(a)和(b)属于哪种类型的反馈系统。

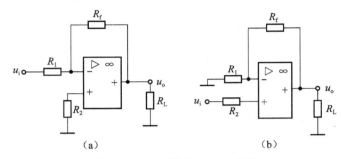

图 10-2-4 例 10-2-1 的图

【解】 (1) 找出将输入、输出联系起来的电路,即反馈网络。在图 10-2-4(a)和(b)中,反馈网络为电阻 R_f。

(2) 判断正、负反馈:判定的方法为瞬时极性法。即:

假设输入端瞬时极性为"+"(电位升高),由入至出,再由出至入,依次判断出各点的瞬时极性。

① 若反馈信号使得净输入提高,为正反馈。
② 若反馈信号使得净输入降低,为负反馈。

在图 10-2-4(a)和(b)中,根据瞬时极性判断法,可以得到图 10-2-4(a)和(b)都为负反馈。如图 10-2-5(a)和(b)所示。

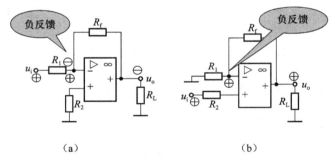

图 10-2-5 瞬时极性判断正反馈和负反馈

(3) 判断电压、电流反馈:看反馈电路与输出端的连接方式。即:

若反馈信号取自于输出电压,为电压反馈;若反馈信号取自于输出电流,为电流反馈。在图 10-2-4(a)和(b)中,根据看反馈电路与输出端的连接形式,可以得到图 10-2-4(a)为电压反馈,图(b)为电流反馈,如图 10-2-6 所示。

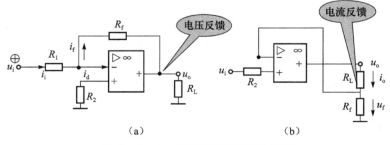

图 10-2-6 电压和电流反馈的判定

(4) 判断串、并联反馈:看反馈电路与输入端的连接形式。即:

①若反馈信号与输入信号串联(反馈信号以电压的形式出现)为串联反馈;②若反馈信号与输入信号并联(反馈信号以电流的形式出现)为并联反馈。

在图 10 – 2 – 4(a)和(b)中,根据看反馈电路与输入端的连接形式,可以得到图 10 – 2 – 4(a)为并联反馈,图(b)为串联反馈,如图 10 – 2 – 7 所示。

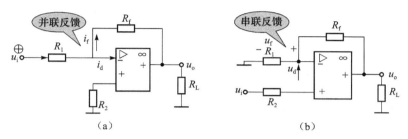

图 10 – 2 – 7 串联和并联反馈的判定

综上所解,可得:

图 10 – 2 – 4(a)为电压并联负反馈;图 10 – 2 – 4(b)为电压串联负反馈。

【例 10 – 2 – 2】 判断图 10 – 2 – 8 是正反馈还是负反馈。

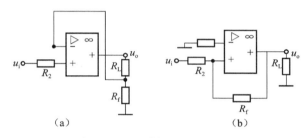

图 10 – 2 – 8 例 10 – 2 – 2 的图

【解】 用瞬时极性法,可以在图 10 – 2 – 8 中标注输入端瞬时极性为"＋"(电位升高),然后由入至出,再由出至入,依次判断出各点的瞬时极性。如图 10 – 2 – 9 所示。

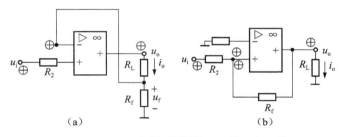

图 10 – 2 – 9 瞬时极性判断正反馈和负反馈

由图 10 – 2 – 9 各点瞬时极性的标注,依据正反馈和负反馈的定义,可得图 10 – 2 – 8(a)为负反馈;图 10 – 2 – 8(b)为正反馈。

从例 10 – 2 – 2 可得出结论:

在本级反馈中,**反馈电路接至反相输入端为负反馈;反馈电路接至同相输入端为正反馈**。

【例 10 – 2 – 3】 判断图 10 – 2 – 10 的反馈类型。

【解】 把图 10 – 2 – 10 通过瞬时极性法标注为图 10 – 2 – 11,可得:

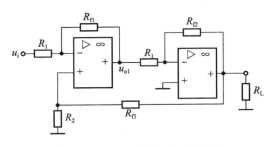

图 10-2-10 例 10-2-3 的图

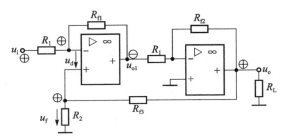

图 10-2-11 瞬时极性判断正反馈和负反馈

(1) 反馈网络 R_{f1} 和 R_{f2} 连接的反馈类型为:本级并联电压负反馈。

(2) 反馈网络 R_{f3} 连接的反馈类型为:级间串联电压负反馈。

10.2.2 放大电路中的负反馈

根据反馈信号在输出端的采样方式以及在输入端与输入信号的连接形式,负反馈有四种组态,即**电压串联负反馈、电压并联负反馈、电流串联负反馈和电流并联负反馈**。

1. 电压串联负反馈

图 10-2-12 为电压串联负反馈。

分析思路:根据图 10-2-12,可以得到电路为基本运放,反馈网络为 R_f。

① 反馈信号:$u_f = u_o \cdot R_1/(R_1 + R_f)$,即反馈信号电压 u_f 正比于输出电压 u_o,可以判断电路为电压反馈;

② 净输入信号:$u_d = u_+ - u_- = u_i - u_f$,即 u_f 与 u_o 同相,$u_d < u_i$,削弱净输入信号,且 u_f 与 u_i 电压相加减,可得电路为串联负反馈。

综合①、②,可得图 10-2-12 为电压串联负反馈,且电压串联负反馈能稳定输出电压的过程为:

$$R_L \downarrow \to u_o \downarrow \to u_f \downarrow \to u_d(=u_i - u_f) \uparrow \to u_o \uparrow$$

2. 电压并联负反馈

如图 10-2-13 为电压并联负反馈。

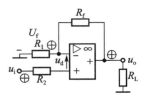

图 10-2-12 电压串联负反馈

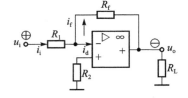

图 10-2-13 电压并联负反馈

分析思路:根据图 10-2-13,可以得到电路为基本运放,反馈网络为 R_f。

① 反馈信号:因为 $u_- = u_+ = 0$,即电路虚地,可得反馈信号 $i_f = -u_o/R_f$,即反馈信号电流 i_f 正比于输出电压 u_o,可以判断电路为电压反馈。

② 净输入信号:$i_d = i_i - i_f$,即 i_f 与 u_o 反相,$i_d < i_i$,削弱净输入信号,且 i_f 与 i_i 电流相加减,可得电路为并联负反馈。

综合①、②,可得图 10-2-13 为电压并联负反馈,且电压并联负反馈能稳定输出电压的过程为:

$$R_L \downarrow \to u_o \downarrow \to i_f \downarrow \to i_d(=i_i-i_f) \uparrow \to u_o \uparrow$$

3. 电流串联负反馈

如图 10-2-14 为电流串联负反馈。

分析思路:根据图 10-2-14,可以得到电路为基本运放,反馈网络为 R_f。

① 反馈信号:$u_f = i_o \cdot R_f$,即反馈信号电压 U_f 正比于输出电流 i_o,可以判断电路为电流反馈;

② 净输入信号:$u_d = u_+ - u_- = u_i - u_f$,即 u_f 与 $i_o(u_o)$ 同相,$u_d < u_i$,削弱净输入信号,且 u_f 与 u_i 电压相加减,可得电路为串联负反馈。

综合①、②,可得图 10-2-14 为电流串联负反馈,且电流串联负反馈能稳定输出电流的过程为:

$$i_o \uparrow \to u_f \uparrow \to u_d \downarrow = u_i - u_f \uparrow \to u_o \downarrow \to i_o \downarrow$$

4. 电流并联负反馈

如图 10-2-15 为电流并联负反馈。

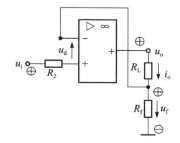

图 10-2-14 电流串联负反馈

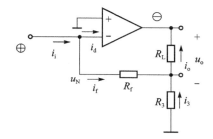

图 10-2-15 电流并联负反馈

分析思路:根据图 10-2-15,可以得到电路为基本运放,反馈网络为 R_3、R_f。

① 反馈信号:因为 $u_- = u_+ = 0$,即电路虚地,R_3 和 R_f 在 A 和"地"间相当于并联,可得反馈信号 $i_f = -i_o \cdot R_f/(R_f + R_3)$,即反馈信号电流 i_f 正比于输出电流 i_o,可以判断电路为电流反馈;

② 净输入信号:$i_d = i_i - i_f$,即 i_f 与 $u_o(i_o)$ 反相,$i_d < i_i$,削弱净输入信号,且 i_f 与 i_i 电流相加减,可得电路为并联负反馈。

综合①、②,可得图 10-2-15 为电流并联负反馈,且电流并联负反馈能稳定输出电流。

10.2.3 负反馈对放大电路工作性能的影响

1. 对放大倍数的影响

在图 10-2-1 所示电路中,可得反馈电路的基本方程:

$$\begin{cases} \dot{F} = \dfrac{\dot{X}_f}{\dot{X}_o} & \dot{A}_f = \dfrac{\dot{X}_o}{\dot{X}_i} = \dfrac{\dot{A}_o}{1 + \dot{A}_o \dot{F}} \\ \dot{A}_o = \dfrac{\dot{X}_o}{\dot{X}_d} & \to \dot{A}_o \text{——开环放大倍数} \\ \dot{X}_d = \dot{X}_i - \dot{X}_f & \dot{A}_f \text{——闭环放大倍数} \end{cases}$$

(1)负反馈使放大倍数下降。

因为:

$$\dot{A}_\mathrm{f} = \frac{\dot{A}_\mathrm{o}}{1 + \dot{A}_\mathrm{o}\dot{F}}$$

可得：

$$\dot{A}_\mathrm{o}\dot{F} = \frac{\dot{X}_\mathrm{o}}{\dot{X}_\mathrm{d}} \cdot \frac{\dot{X}_\mathrm{f}}{\dot{X}_\mathrm{o}} = \frac{\dot{X}_\mathrm{f}}{\dot{X}_\mathrm{d}}$$

又因为 $\dot{X}_\mathrm{f}$、$\dot{X}_\mathrm{d}$ 同相，所以：$\dot{A}_\mathrm{o}\dot{F} > 0$。

则有：$|\dot{A}_\mathrm{f}| < |\dot{A}_\mathrm{o}|$。

可得结论：负反馈使放大倍数下降。

(2) 提高放大倍数的稳定性。

因为：

$$|\dot{A}_\mathrm{f}| = \frac{|\dot{A}_\mathrm{o}|}{1 + |\dot{A}_\mathrm{o}\dot{F}|}$$

可得：

$$\frac{\mathrm{d}|\dot{A}_\mathrm{f}|}{|\dot{A}_\mathrm{f}|} = \frac{\mathrm{d}|\dot{A}_\mathrm{o}|}{|\dot{A}_\mathrm{o}|} \cdot \frac{1}{1 + |\dot{A}_\mathrm{o}\dot{F}|}$$

其中，$1 + |\dot{A}_\mathrm{o}\dot{F}|$ 为反馈深度。

当 $\dot{A}_\mathrm{o}\dot{F} \gg 1$，称为深度负反馈，此时：

$$\dot{A}_\mathrm{f} = \frac{1}{\dot{F}}$$

可得结论：引入负反馈电路的稳定性提高，且在深度负反馈的情况下，放大倍数只与反馈网络有关。

2. 改善波形的失真

由于晶体管的输入特性和输出特性是非线性的，在输入较大信号时，很容易引起输出波形的非线性失真。引入负反馈可以减小放大电路的非线性失真，如图 10 - 2 - 16 所示。

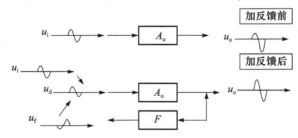

图 10 - 2 - 16　负反馈改善波形的失真

3. 对输入、输出电阻的影响

(1) 串联反馈使电路的输入电阻增加：

$$r_\mathrm{if} = (1 + \dot{A}_\mathrm{o}\dot{F})r_\mathrm{i}$$

(2) 并联反馈使电路的输入电阻减小：

$$r_\mathrm{if} = \frac{r_\mathrm{i}}{(1 + \dot{A}_\mathrm{o}\dot{F})}$$

（3）电压反馈使电路的输出电阻减小：

$$r_{of} = \frac{r_o}{(1 + \dot{A}_o \dot{F})}$$

（4）电流反馈使电路的输出电阻增加：

$$r_{of} = (1 + \dot{A}_o \dot{F}) r_o$$

10.3 集成运算放大器在信号运算方面的应用

10.3.1 比例运算电路

将输入信号按比例变化的电路，称为比例运算电路。比例运算电路是最基本的运算电路，是其他运算电路的基础。按输入方式的不同，比例运算电路分为反相比例和同相比例运算电路两种。

1. 反相比例运算电路

反相比例运算电路的组成，如图 10-3-1 所示。由图 10-3-1 可见，输入电压 u_i 通过电阻 R_1 加在运放的反相输入端。R_f 是连接输出和输入的通道，是电路的反馈网络。同相输入端所接的电阻 R_2 称为平衡电阻，且 $R_2 = R_1 /\!/ R_f$。

因为：

$$i_+ = i_- = 0, u_+ = u_- = 0$$

所以：

$$i_1 = i_f$$

$$\frac{u_i}{R_1} = \frac{u_o}{R_f}$$

可得：

$$u_o = - R_f/R_1 \cdot u_i$$

输出电压与输入电压成反相比例关系，电压放大倍数为：

$$A_o = \frac{u_o}{u_i} = -\frac{R_f}{R_1} \qquad (10-3-1)$$

从式（10-3-1）可得：u_o 与 u_i 为比例关系，且相位相反。当 $R_f = R_1$，则称反相比例运算电路为反相器。

2. 同相比例运算电路

同相比例运算电路的组成，如图 10-3-2 所示。由图 10-3-2 可见，输入电压 u_i 通

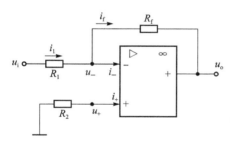

图 10-3-1 反相比例运算电路

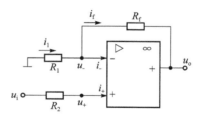

图 10-3-2 同相比例运算电路

过电阻 R_2 加在运放的反相输入端。R_f 是连接输出和输入的通道,是电路的反馈网络。同相输入端所接的电阻 R_2 的阻值为 $R_2 = R_1 /\!/ R_f$。

因为:
$$i_+ = i_- = 0, u_- = u_+ = u_i$$

所以:
$$i_1 = i_f$$
$$-u_i/R_1 = (u_i - u_o)/R_f$$

可得:
$$u_o = \left(1 + \frac{R_f}{R_1}\right)u_i$$

输出电压与输入电压成同相比例关系,电压放大倍数为:
$$A_o = \frac{u_o}{u_i} = 1 + \frac{R_f}{R_1} \qquad (10-3-2)$$

从式(10-3-2)可得:u_o 与 u_i 为比例关系,且相位相同。

3. 改进型同相比例运算电路

为了电路的对称性和平衡电阻的调试方便,同相比例运算电路可以进行改进,如图 10-3-3 所示。由图 10-3-3 可见,同相输入端所接的电阻 R_3 称为平衡电阻。

因为:
$$i_+ = i_- = 0, u_- = u_+ = R_3/(R_2 + R_3) \cdot u_i$$

所以:
$$i_1 = i_f$$
$$-u_+/R_1 = (u_+ - u_o)/R_f$$

可得:
$$u_o = \left(1 + \frac{R_f}{R_1}\right)u_+$$

输出电压与输入电压成同相比例关系,电压放大倍数为:
$$u_o = \left(1 + \frac{R_f}{R_1}\right) \cdot \frac{R_3}{R_2 + R_3} u_i \qquad (10-3-3)$$

4. 特例——电压跟随器

电压跟随器是同相比例运放的特例。在图 10-3-2 所示电路中,若令 $R_f = 0$,或者 $R_1 \to \infty$ 则电路变成图 10-3-4 所示的形式。

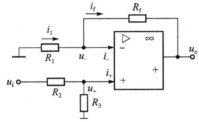

图 10-3-3 改进型同相比例运算电路

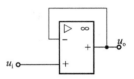

图 10-3-4 电压跟随器

由式(10-3-2)可知,基本同相放大电路的电压放大倍数为:

$$A_o = \frac{u_o}{u_i} = 1 + \frac{R_f}{R_1}$$

因为：
$$R_f = 0, \quad 或 R_1 = \infty$$

所以：
$$A_o = \frac{u_o}{u_i} = 1 \qquad (10-3-4)$$

从式(10-3-4)可得：u_o 与 u_i 为大小相等，相位相同，两者之间是一种跟随关系，所以称该电路为电压跟随器。

10.3.2 加法运算电路

在同一输入端增加若干个输入电路，则构成加法运算电路。加法电路也有同相输入和反相输入两种，这里只介绍反相加法电路。

图 10-3-5 为具有两个输入端的反相加法电路，信号从反相端输入，平衡电阻 R_2 的取值为 $R_2 = R_{11} // R_{12} // R_f$。

由"虚断"和"虚短"得：
$$u_+ = u_- = 0, i_{11} + i_{12} = i_f$$

所以：
$$u_o = -\left(\frac{R_f}{R_{11}}u_{i1} + \frac{R_f}{R_{12}}u_{i2}\right) \qquad (10-3-5)$$

输出电压反映了输入电压以一定形式相加的结果。

10.3.3 减法运算电路

1. 差分式放大电路

用于实现两个电压相减的差分式放大电路如图 10-3-6 所示，利用叠加原理很容易求得输出电压的表达式。

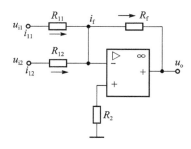

图 10-3-5 反相加法运算电路

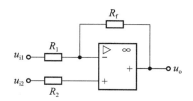

图 10-3-6 差分式放大电路

把图 10-3-6 变为图 10-3-7(a)和(b)。
利用叠加原理，可得：
$$u_o = u'_o + u''_o = (1 + R_f/R_1) \cdot u_{i2} - R_f/R_1 \cdot u_{i1} \qquad (10-3-6)$$

2. 减法运算电路

由差分式放大电路可以构成减法运算电路，如图 10-3-8 所示。

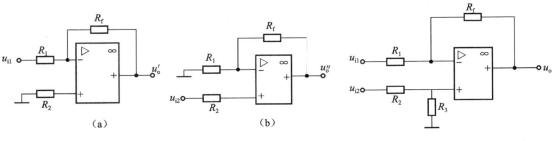

图 10 – 3 – 7　差分式放大电路的分解　　图 10 – 3 – 8　差分式放大电路实现减法运算

把图 10 – 3 – 8 变为图 10 – 3 – 9(a) 和 (b)。

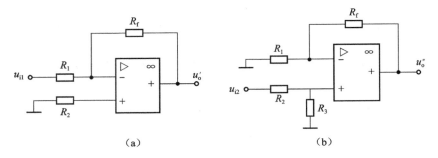

图 10 – 3 – 9　减法运算电路的分解

利用叠加原理，可得：

$$u_o = u_o' + u_o'' = \left(1 + \frac{R_f}{R_1}\right)\frac{R_3}{R_2 + R_3} \cdot u_{i2} - \frac{R_f}{R_1} \cdot u_{i1} \qquad (10-3-7)$$

(1) 当 $R_1 = R_2$，$R_3 = R_f$ 时：

$$u_o = \frac{R_f}{R_1}(u_{i2} - u_{i1}) \qquad (10-3-8)$$

(2) 当 $R_1 = R_2 = R_3 = R_f$ 时：

$$u_o = u_{i2} - u_{i1} \qquad (10-3-9)$$

10.3.4　积分和微分运算电路

积分电路的输出电压反映输入电压对时间的积分，而微分电路的输出电压则反映输入电压对时间的微分，积分和微分互为逆运算。在自动控制系统中，常用积分电路和微分电路作为调节环节。此外，它们广泛用于波形的产生和变换以及仪器、仪表之中。在实际工作中，积分电路的应用十分广泛，而微分电路由于其对高频噪声非常敏感，而容易产生自激振荡，因此应用不如积分电路广泛。

1. 积分电路

将反相比例运算电路中的反馈电阻 R_f 换成电容即构成积分电路，如图 10 – 3 – 10 所示。平衡电阻 $R_2 = R_f$。

由"虚断"和"虚短"得：

$$i_1 = \frac{u_i}{R_1} = i_F = -C_F \frac{du_o}{dt}$$

所以：
$$u_o = -\frac{1}{R_1 C_F} \int u_i \, dt \qquad (10-3-10)$$

由式(10-3-10)表明，输出电压是输入电压对时间的积分，故名为积分电路。

2. 微分电路

微分是积分的逆运算，将积分电路中的电阻和电容的位置互换，即可组成微分电路，如图10-3-11所示。

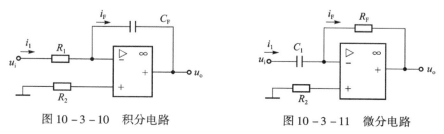

图10-3-10　积分电路　　　　图10-3-11　微分电路

由"虚断"和"虚短"得：

$$u_- = u_+ = 0, \quad i_F = -\frac{u_o}{R_F}, \quad i_1 = C_1 \frac{du_i}{dt}$$

$$i_1 = i_F$$

所以：

$$u_o = -R_F C_1 \frac{du_i}{dt} \qquad (10-3-11)$$

10.4　集成运算放大器在信号处理电路中的应用

10.4.1　有源滤波器

有源滤波电路(也称滤波器)是一种信号处理电路，在有源滤波电路中，集成运放工作在线性工作区。

1. 滤波的概念

滤波：使指定频段内的信号通过，而对其他频段的信号起衰减作用。 在实际应用中，滤波常用于信号处理、数据传送和抑制干扰等。

早期的滤波器主要采用 R、C 和 L 等无源元件组成，称为**无源滤波器**。随着集成运放的迅速发展，由集成运放和 RC 电路组成的滤波器具有体积小、效率高，阻抗性能好的优点，并具有一定的电压放大作用和缓冲作用，因而得到广泛应用。因为集成运放是有源元件，所以由集成运放构成的滤波器称为**有源滤波器**。

按照滤波器允许通过信号的频率范围，滤波器可以分为：低通滤波器(LPF)、高通滤波器(HPF)、带通滤波器(BEF)和带阻滤波器(APF)。

(1) 低通滤波器：允许低频信号通过而高频信号被衰减的滤波电路。该电路可以作为直流电源整流后的滤波电路，以便得到平滑的直流电压。

(2) 高通滤波器：允许高频信号通过而低频信号被衰减的滤波电路。该电路可以作为交流放大电路的耦合电路，隔离直流成分，削弱低频成分，只放大输入的高频信号。

(3) 带通滤波器:允许某一频段的信号通过,低于下限或高于上限截止频率的信号全部都衰减的滤波电路。该电路常用于载波信号或弱信号提取等场合,以提高信噪比。

(4) 带阻滤波器:只衰减某一频段的信号,而其他频率的信号都允许通过的滤波电路。该电路用于在已知干扰或噪声频率的情况下,阻止其通过的情况。

理想滤波电路的幅频特性如图 10-4-1 所示。允许通过的频段称为通带,将信号衰减到零的频段称为阻带。

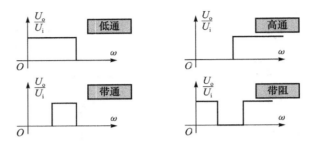

图 10-4-1 理想滤波电路的幅频特性

2. 低通滤波器

1) 一阶低通无源滤波器

若滤波电路仅由无源元件(电阻、电容、电感)组成,则称为无源滤波电路。一阶 RC 低通滤波器即为无源滤波电路,如图 10-4-2 所示。

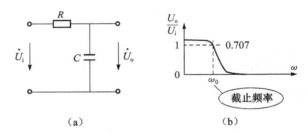

图 10-4-2 一阶低通无源滤波器
(a) 电路图;(b) 幅频特性

根据图 10-4-2(a),可得:

$$\frac{\dot{U}_o}{\dot{U}_i} = \frac{\frac{1}{j\omega C}}{R + \frac{1}{j\omega C}} = \frac{1}{1 + j\omega RC} = \frac{1}{1 + j\frac{\omega}{\omega_o}} \quad (10-4-1)$$

其中,$\omega_o = \frac{1}{RC}$。

由式(10-4-1),可得电路的幅频特性为:

$$|T(j\omega)| = \frac{1}{\sqrt{1 + \left(\frac{\omega}{\omega_0}\right)^2}} \quad (10-4-2)$$

该电路的特点:带负载能力差,无放大作用,且特性不理想,边沿不陡,截止频率处 $\frac{U_o}{U_i} = \frac{1}{\sqrt{2}}$。

2) 一阶低通有源滤波器

RC 低通无源滤波器的缺点可通过在输出端接入集成运放解决,即电路由一个 RC 低通网络和一个同相比例器组成,如图 10-4-3 所示。

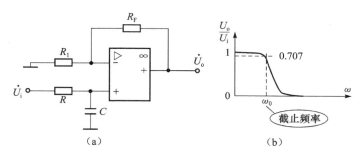

图 10-4-3 一阶低通有源滤波器
(a) 电路图;(b) 幅频特性

根据图 10-4-3,可得:

$$\dot{U}_- = \frac{R_1}{R_1 + R_F} \cdot \dot{U}_o$$

$$\dot{U}_+ = \frac{\frac{1}{j\omega C}}{R + \frac{1}{j\omega C}} \cdot \dot{U}_i = \frac{1}{1 + j\omega RC} \cdot \dot{U}_i$$

由 $\dot{U}_+ = \dot{U}_-$,可得:

$$\frac{\dot{U}_o}{\dot{U}_i} = \left(1 + \frac{R_F}{R_1}\right)\frac{1}{1 + j\omega RC} \tag{10-4-3}$$

其中,$\omega_o = \frac{1}{RC}$。

由式(10-4-3),可得电路的幅频特性为:

$$\frac{U_o}{U_i} = \left(1 + \frac{R_F}{R_1}\right)\frac{1}{1 + \left(\sqrt{\frac{\omega}{\omega_o}}\right)^2} \tag{10-4-4}$$

该电路的特点:

① $\omega = 0$ 时:$\frac{U_o}{U_i} = \left(1 + \frac{R_F}{R_1}\right)$,有放大作用。

② $\omega = \omega_o$ 时:$\frac{U_o}{U_i} = \left(1 + \frac{R_F}{R_1}\right)\frac{1}{\sqrt{2}}$,幅频特性与一阶无源低通滤波器类似。

③ 运放输出,带负载能力强。

3) 高通滤波器

将低通滤波器中的起滤波作用的电阻和电容互换位置,则构成相应的高通滤波器,图 10-4-4 为高通滤波器的电路图。其分析方法同一阶低通有源滤波器,有兴趣的同学可以自己推导。

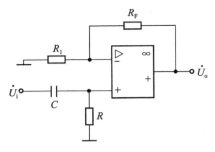

图 10-4-4 高通滤波器的电路图

10.4.2 电压比较器

电压比较器是一种用来比较输入信号电压与参考电压大小,并将比较结果以高电平或低电平形式输出的一种信号处理电路,广泛应用于各种非正弦波的产生和变换电路中,在自动控制和自动测量系统中,常常用于越限报警、模/数转换等。

根据输出信号与输入信号的关系,即电压传输特性,比较器可分为过零比较器、限幅电路比较器、滞回比较器和窗口比较器等四类。

1. 过零比较器

参考电压为零的电压比较器称为**过零比较器**,如图 10-4-5(a)所示。基准电压为零,电压传输特性如图 10-4-5(b)所示,输出电压在输入电压等于零时发生跳变。

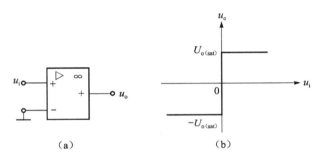

图 10-4-5 过零比较器
(a) 电路图;(b) 电压传输特性

2. 限幅电路的比较器

用双向稳压管限幅,使比较器的输出电压稳定在一定的数值上,称为限幅电路的比较器,如图 10-4-6(a)所示。电压传输特性如图 10-4-6(b)所示,输出电压为稳压管的电压。

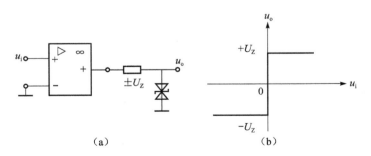

图 10-4-6 带稳压管限幅电路的比较器
(a) 电路图;(b) 电压传输特性

3. 滞回比较器

带限幅电路的比较器具有电路简单,灵敏度高等优点,但其抗干扰能力差。如果输入电压受噪声或干扰电压影响,在门限电压附近上下波动,则输出电压将在高、低两个电平间反复地跳变。如果在控制系统中发生这种情况,将对执行机构产生不利的影响。

为了解决以上问题,可以采用具有滞回传输特性的比较器。滞回比较器具有滞回特性,因而具有一定的抗干扰能力。从反相输入端输入的滞回比较器电路如图 10-4-7 所示。滞回比较器电路中引入了正反馈。

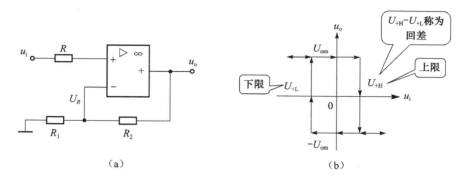

图 10-4-7 滞回比较器
(a) 电路图;(b) 电压传输特性

根据图 10-4-7(a),可得：
① 电路为正反馈,所以输出饱和。
② 当 u_o 正饱和时：

$$U_R = \frac{R_1}{R_1 + R_2}U_{om} = U_{+H}$$

③ 当 u_o 负饱和时：

$$U_R = -\frac{R_1}{R_1 + R_2}U_{om} = U_{+L}$$

10.5 集成运算放大器在波形产生方面的应用

信号产生电路也称波形发生电路,是无线通信、自动测量以及自动控制系统中不可缺少的一种电路。波形发生电路分为正弦波振荡电路和非正弦发生电路两大类。

10.5.1 产生正弦振荡的条件

正弦波振荡电路是依靠电路的自激振荡产生一定幅度、一定频率的正弦信号的电路。图 10-5-1 为正弦振荡电路的方框图,它是由放大电路和反馈网络组成。

产生正弦波振荡的条件是：

$$\dot{A}\dot{F} = 1 \qquad (10-5-1)$$

写成模和幅角的形式,即为：

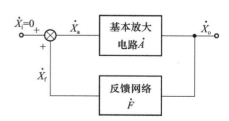

图 10-5-1 正弦振荡电路方框图

$$|\dot{A}\dot{F}| = 1 \text{——幅值平衡条件} \qquad (10-5-2)$$
$$\varphi_{AF} = \varphi_A + \varphi_F = \pm 2n\pi\,(n = 0,1,2,\cdots) \text{——相位平衡条件} \qquad (10-5-3)$$

式(10-5-2)称为幅值平衡条件,(10-5-3)称为相位平衡条件。相位平衡条件保证了反馈信号与放大电路的输入信号同相,$\dot{A}$ 或 $\dot{F}$ 是频率 ω 的函数,因此为了得到单一频率的正弦波,在放大电路或反馈网络中就包含一个由动态元件组成的**选频网络**,使式(10-5-1)对频率的正弦信号成立。

若选频网络由 RC 元件组成,则称振荡电路为 RC 振荡电路;若选频网络由 LC 元件组成,则称振荡电路为 LC 振荡电路。RC 振荡电路一般用来产生 1 MHz 以下的中低频信号,LC 振荡电路一般用以产生 1 MHz 以上的中高频信号。

要使电路能自行建立振荡,在电路进入稳态前还必须满足:

$$|\dot{A}\dot{F}| > 1 \qquad (10-5-4)$$

式(10-5-4)称为起振条件。为了使环路放大倍数 $|\dot{A}\dot{F}|$ 能随着输出电压的增大由大于 1 变为等于 1,在放大电路或反馈电路中还应包含有**稳幅电路**,电路从 $|\dot{A}\dot{F}| > 1$ 到 $|\dot{A}\dot{F}| = 1$ 的过程,就是正弦振荡的建立过程。

通过上面的分析,得到如下结论:

① 正弦波振荡电路是一个具有正反馈的放大电路,电路中包含选频网络和稳幅电路,选频网络决定了电路的振荡频率 ω_0。

② 稳幅电路可以控制放大倍数或反馈系数的大小,从而可以控制输出信号的幅值。

10.5.2 RC 正弦振荡电路

RC 正弦振荡电路的典型电路,如图 10-5-2 所示。在电路中,RC 串并联电路组成正反馈网络作为选频网络,用同相比例电路作为放大电路。

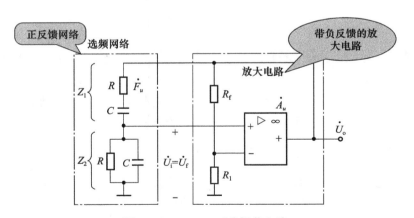

图 10-5-2 RC 正弦振荡电路

1. RC 串并联选频网络的选频特性

如图 10-5-2 中,RC 串并联电路组成正反馈网络作为选频网络,有:

$$F_u(s) = \frac{U_f(s)}{U_o(s)} = \frac{Z_2}{Z_1 + Z_2} = \frac{sCR}{1 + 3sCR + (sCR)^2} \qquad (10-5-5)$$

又 $s = j\omega$,且令 $\omega_0 = \dfrac{1}{RC}$,则:

$$\dot{F}_u = \frac{1}{3 + j\left(\dfrac{\omega}{\omega_0} - \dfrac{\omega_0}{\omega}\right)} \qquad (10-5-6)$$

幅频特性：
$$F_u = \frac{1}{\sqrt{3^2 + \left(\dfrac{\omega}{\omega_0} - \dfrac{\omega_0}{\omega}\right)^2}} \qquad (10-5-7)$$

相频响应：
$$\varphi_f = -\arctan\frac{\left(\dfrac{\omega}{\omega_0} - \dfrac{\omega_0}{\omega}\right)}{3} \qquad (10-5-8)$$

当

$$\omega = \omega_0 = \frac{1}{RC} \text{ 或 } f = f_0 = \frac{1}{2\pi RC}$$

幅频响应有最大值：

$$F_{u\max} = \frac{1}{3}$$

相频响应：
$$\varphi_f = 0$$

2. 工作原理

（1）电路是否构成正反馈。

当 $\omega = \omega_0 = \dfrac{1}{RC}$ 时，$\varphi_f = 0$。

所以：$\varphi_a + \varphi_f = 2n\pi$。

由此可知，电路满足相位平衡条件。

（2）电路能否起振。

① 此时若放大电路的电压增益为：

$$|\dot{A}_u| = 1 + \frac{R_f}{R_1} > 3$$

② 则振荡电路满足起振的振幅条件：

$$|\dot{A}_u \dot{F}_u| > 3 \times \frac{1}{3} = 1$$

③ 电路可以输出频率为 $f_0 = \dfrac{1}{2\pi RC}$ 的正弦波。

10.5.3 方波产生电路

非正弦波产生电路是产生方波、三角波及锯齿波等非正弦周期信号的电路。方波产生电路是一种直接产生方波的电路。由于方波包含了极丰富的高次谐波，因此也称为多谐振荡器，电路如图 10-5-3(a) 所示。双向稳压管 D_Z 和电阻 R_3 的作用是将输出电压的幅值限制在 $\pm U_Z$。

如图 10-5-3 所示，电路的工作原理如下：

（1）由于迟滞比较器中正反馈的作用，电源接通后瞬间，输出便进入饱和状态。即：

$$+U_{om} = +U_Z, \quad -U_{om} = -U_Z$$

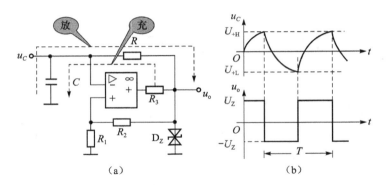

图 10-5-3 方波产生电路及波形图
(a) 电路图;(b) 波形图

上下限:
$$\begin{cases} U_{+H} = \dfrac{R_1}{R_1+R_2}U_{om} \\ U_{+L} = -\dfrac{R_1}{R_1+R_2}U_{om} \end{cases}$$

(2) R、C 构成充、放电回路,$u_- = u_C$。

① 设 $u_o = +U_Z$,则 $u_+ = U_{+H}$,可得此时输出给 C 充电。如图 10-5-4(a)所示。

在 $u_C < U_{+H}$ 时,$u_- < u_+$,u_o 保持 $+U_Z$ 不变;一旦 $u_C \geq U_{+H}$,就有 $u_- > u_+$,u_o 立即由 $+U_Z$ 变成 $-U_Z$!

② 当 $u_o = -U_Z$ 时,$u_+ = U_{+L}$,C 经输出端放电,如图 10-5-4(b)所示。即 u_C 达到 U_{+L} 时,u_o 上翻。

③ 当 u_o 重新回到 $+U_Z$ 以后,电路又进入另一个周期的变化,如图 10-5-5 所示。

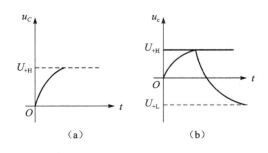

图 10-5-4 输出给 C 充电、放电的波形
(a) 输出给 C 充电;(b) C 经输出端放电

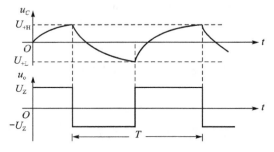

图 10-5-5 输出给 C 充电、放电的周期波形

因此,方波的振荡周期为:
$$T = 2RC\ln\left(1 + \dfrac{2R_1}{R_2}\right) \qquad (10-5-9)$$

10.5.4 三角波产生电路

将方波产生电路和积分电路连接起来,就能构成三角波产生电路,电路如图 10-5-6 所示。

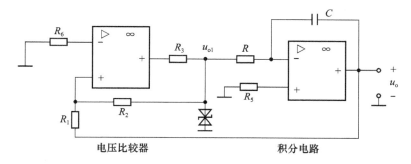

图 10-5-6 三角波产生电路

根据图 10-5-5,利用叠加原理,可得:

$$u_+ = \frac{R_1}{R_1+R_2} \cdot u_{o1} + \frac{R_2}{R_1+R_2} \cdot u_o, \quad u_- = 0$$

因为:

$$u_{o1} = \pm U_Z, \quad u_o = -\frac{1}{RC}(\pm U_Z)t$$

可得:

$$u_+ > 0, \quad u_{o1} = +U_Z, \quad u_o = -\frac{1}{RC}(U_Z)t$$

$$u_+ < 0, \quad u_{o1} = -U_Z, \quad u_o = +\frac{1}{RC}(U_Z)t$$

$$u_+ = 0, \quad \begin{cases} u_{o1} = +U_Z \text{ 时}, & u_o = -U_Z \frac{R_1}{R_2} \\ u_{o1} = -U_Z \text{ 时}, & u_o = +U_Z \frac{R_1}{R_2} \end{cases}$$

所以:设 $t=0$ 时,给电路加电,可得:$u_{o1} = +U_Z$。

当 C 充电和放电时,可得电容的工作过程:

$$C\text{ 开始充电} \to u_o\text{ 线性下降} \to u_o = -U_Z\frac{R_1}{R_2} \to u_{o1} = -U_Z$$

$$C\text{ 开始放电} \to u_o\text{ 线性上升} \to u_o = U_Z\frac{R_1}{R_2} \to u_{o1} = +U_Z$$

因此,可得三角波产生的电压波形,如图 10-5-7 所示。

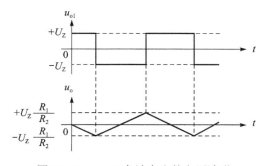

图 10-5-7 三角波产生的电压波形

三角波的振荡周期为：

$$T = \frac{4R_1RC}{R_2} \qquad (10-5-10)$$

习 题 10

一、选择题

1. 集成运放一般分为两个工作区,它们分别是( )。
   A. 正反馈与负反馈　　　　　　　　B. 线性与非线性
   C. 虚断和虚短　　　　　　　　　　D. 截止和失真
2. 各种电压比较器的输出状态只有( )。
   A. 一种　　　　B. 两种　　　　C. 三种　　　　D. 四种
3. 分析如图 10-1 所示的电路为( )。
   A. 并联电流负反馈　　　　　　　　B. 串联电流负反馈
   C. 并联电压负反馈　　　　　　　　D. 串联电压负反馈

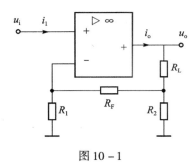

图 10-1

4. 基本积分电路中的电容器接在电路的( )。
   A. 反相输入端　　　　　　　　　　B. 同相输入端
   C. 反相端与输出端之间　　　　　　D. 同相输出端
5. 集成运算放大器具有( )两个输入端。
   A. 两个都是反相输入端　　　　　　B. 两个都是同相输入端
   C. 一个同相端,一个反相端　　　　D. 一个正端,一个负端

二、填空题

1. 集成运放工作在线性区的特点是_____等于零和_____等于零;工作在非线性区的特点:一是输出电压只具有_____状态和净输入电流等于_____;在运算放大器电路中,集成运放工作在_____区,电压比较器工作在_____区。
2. 集成运算放大器具有_____和_____两个输入端,相应的输入方式有_____输入、_____输入和_____输入三种。
3. 理想运算放大器工作在线性区时有两个重要特点:一是差模输入电压_____,称为_____;二是输入电流_____,称为_____。
4. 理想集成运放的 A_{uo} = _____, r_i = _____, r_o = _____, K_{CMR} = _____。

5. _____比例运算电路中反相输入端为虚地,_____比例运算电路中的两个输入端电位等于输入电压。_____比例运算电路的输入电阻大,_____比例运算电路的输入电阻小。

6. _____比例运算电路的输入电流等于零,_____比例运算电路的输入电流等于流过反馈电阻中的电流。_____比例运算电路的比例系数大于1,而_____比例运算电路的比例系数小于零。

7. _____运算电路可实现 $A_u > 1$ 的放大器,_____运算电路可实现 $A_u < 0$ 的放大器,_____运算电路可将三角波电压转换成方波电压。

三、问答题

1. 集成运放一般由哪几部分组成?各部分的作用如何?
2. 何谓"虚地"?何谓"虚短"?在什么输入方式下才有"虚地"?若把"虚地"真正接"地",集成运放能否正常工作?
3. 集成运放的理想化条件是哪些?
4. 集成运放的反相输入端为虚地时,同相端所接的电阻起什么作用?

四、计算题

1. 电路如图 10-2 所示,求下列情况下,u_o 和 u_i 的关系式。
 (1) S_1 和 S_3 闭合,S_2 断开时;
 (2) S_1 和 S_2 闭合,S_3 断开时。

2. 图 10-3 所示电路中,已知 $R_1 = 2$ kΩ,$R_f = 5$ kΩ,$R_2 = 2$ kΩ,$R_3 = 18$ kΩ,$u_i = 1$ V,求输出电压 u_o。

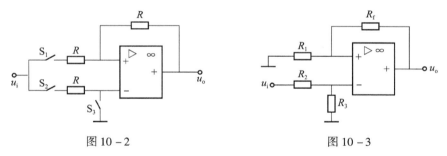

图 10-2   图 10-3

3. 在图 10-4 中,已知 $R_f = 2R_1$,$u_i = -2$ V。试求输出电压 u_o。

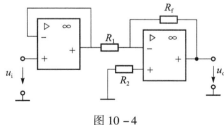

图 10-4

4. 如图 10-5 所示,已知 $R_1 = 50$ kΩ,$R_2 = 33$ kΩ,$R_3 = 3$ kΩ,$R_4 = 3$ kΩ,$R_F = 100$ kΩ。
 (1) 求电压放大倍数;
 (2) 如果 $R_3 = 0$,要得到同样大的电压放大倍数,R_F 的阻值应增大到多大?

5. 如图10-6所示运算放大器电路中,已知 $u_{i1}=1$ V, $u_{i2}=2$ V, $u_{i3}=3$ V, $u_{i4}=4$ V, $R_1=R_2=2$ kΩ, $R_3=R_4=R_F=1$ kΩ,求 $u_o=?$

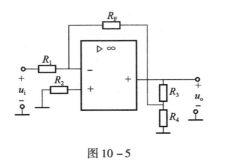

图 10-5

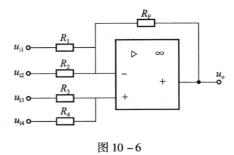

图 10-6

第 11 章

组合逻辑电路及其应用

本章的学习目的和要求：

了解常见的基本门电路；充分理解逻辑代数的基本定律和逻辑函数的表示方法；熟练运用代数法和卡诺图法进行逻辑函数的化简，并能对实际生活中的组合逻辑电路进行分析和设计；理解和领会常用的组合逻辑功能器件。

在电子技术中，被传递、加工和处理的信号可以分为两大类：一类信号是**模拟信号**，这类信号的特征是：无论从时间上或从信号的大小上看其变化都是连续的；用以传递、加工和处理模拟信号的电路叫**模拟电路**；另一类信号是**数字信号**，数字信号的特征是：无论从时间上还是从大小上看其变化都是不连续的，或者说是离散的；传递、加工和处理数字信号的电路叫**数字电路**。

与模拟电路相比，数字电路具有以下一些特点：

(1) 抗干扰能力强、精度高。由于在数字电路中一般都采用二进制，所以数字电路传递、加工和处理的是二值信息，不易受外界的干扰，因而抗干扰能力强。同时它可以通过增加二进制数的位数来提高电路的精度。

(2) 保密性好。在数字电路中可以进行加密处理，使一些重要的信息资源不易被窃取。

(3) 通用性强。可以采用标准的逻辑器件和可编程逻辑器件来构成各种各样的数字系统，设计方便，使用灵活。

随着工业自动化程度的提高，由于数字电路具有上述特点，其发展十分迅速，因而在电子计算机、数控技术、通信技术、数字仪表以及国民经济其他各部门都得到了越来越广泛的应用。

11.1 基本逻辑门电路及其组合

由于数字电路中采用的是二进制，0 和 1 既可以表示数量的大小，又可以表示逻辑状态。当 0 和 1 表示逻辑状态时，两个二进制数码按照某种指定的因果关系进行的运算称为逻辑运算。这种因果关系，一般称为逻辑关系。逻辑关系在数字电路中是以输入、输出脉冲信号电平的高低来实现的。如果约定高电平用逻辑"1"表示，低电平用逻辑"0"表示，便称为"正逻辑系统"。反之，如果高电平用逻辑"0"表示，低电平用逻辑"1"表示，便称为"负逻辑系统"，本书在讨论时采用正逻辑系统。

逻辑关系是渗透在生产和生活中的各种因果关系的抽象概括。事物之间的逻辑关系是复杂的、多种多样的，但是**最基本的逻辑关系却只有三种，即"与"逻辑关系、"或"逻辑关系和"非"逻辑关系。实现这些逻辑关系的电路分别称为与门、或门或非门**。

11.1.1 基本逻辑门电路

1. 与门

当决定某一事件的各个条件全部具备时,这事件才会发生,否则这事件就不会发生,这样的因果关系称为"与"逻辑。而实现"与"逻辑关系的电路称为与门电路。如图 11 – 1 – 1(a)中,若以 Y 代表电灯,A、B 代表各个开关,并约定开关闭合为逻辑"1",断开为逻辑"0",灯亮为逻辑"1",灯灭为逻辑"0",则只有当 A、B 两个开关都闭合时灯 Y 才会亮,这时 Y 与 A、B 之间便存在"与"逻辑关系。图 11 – 1 – 1(b)为与门的逻辑符号。

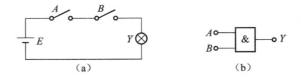

图 11 – 1 – 1　与运算电路示例及国际标准符号

"与"逻辑关系也可以用输入输出的逻辑关系式来表示,若输出(判断结果)用 Y 表示,输入(条件)分别用 A、B 来表示,则记成

$$Y = A \cdot B \tag{11-1-1}$$

式中"·"为与运算(乘运算)的符号,经常省略。

将逻辑变量 A、B 的所有各种可能取值的组合列出后,对应地列出它们的输出变量 Y 的逻辑值,并用表格形式表示出来,叫作逻辑函数的**真值表**,如表 11 – 1 – 1 为与门真值表。从表中可见,"与"逻辑关系可采用"全高出高、有低出低"的口诀来记忆。

表 11 – 1 – 1　与运算的真值表

A	B	Y
0	0	0
0	1	0
1	0	0
1	1	1

2. "或"逻辑关系

当决定一事件的各个条件中只要有一个或一个以上条件具备时,这事件就会发生,这样的因果关系称为"或"逻辑。在图 11 – 1 – 2(a)中,只要开关 A、B 有一个闭合,灯 Y 就会亮,这时 Y 与 A、B 之间就存在"或"逻辑关系。或门逻辑图形符号如图 11 – 1 – 2(b)所示。

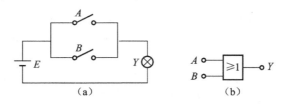

图 11 – 1 – 2　或运算电路示例及国际标准符号

"或"逻辑关系式表示为：

$$Y = A + B \tag{11-1-2}$$

式中"+"为或运算的符号。"或"逻辑的真值表如表 11-1-2 所示。从表中可见，"或"逻辑关系可采用"有高出高、全低出低"的口诀来记忆。

表 11-1-2 或运算的真值表

A	B	Y
0	0	0
0	1	1
1	0	1
1	1	1

3. "非"逻辑关系

当决定事件只有一个条件，且当这个条件具备时，事件不会发生，而条件不具备时事件就会发生。这样的因果关系称为"非"逻辑关系。如图 11-1-3(a) 所示，只要开关 A 闭合(条件具备)，灯就不会亮(事件不发生)；开关 A 断开(条件不具备)，灯就会亮(事件发生)。灯亮和开关开合之间满足"非"逻辑关系。图 11-1-3(b) 表示"非"门逻辑图形符号。"非"逻辑关系式表示为：

$$Y = \overline{A} \tag{11-1-3}$$

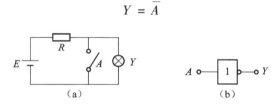

图 11-1-3 非运算电路示例及国际标准符号

式中 A 上的"¯"为非运算的符号。"非"逻辑关系的真值表，如表 11-1-3 所示。从表中可得，"非"逻辑又称逻辑取反。

表 11-1-3 非运算的真值表

A	Y
0	1
1	0

11.1.2 基本逻辑门电路的组合

利用与门、或门、非门三种最基本的门电路可以组合各种复合门电路，其中最常见的有**与非门电路、或非门电路、异或门电路**等。

1. 与非门

它的逻辑功能是：只有输入全部为 1 时，输出才为 0。即"有 0 出 1，全 1 出 0"。它的逻辑表达式为(以两输入端为例，以下同)

$$Y = \overline{A \cdot B} = \overline{AB} \tag{11-1-4}$$

2. 或非门

它的逻辑功能是：只有输入全部为 0 时，输出才为 1。即"有 1 出 0，全 0 出 1"。它的逻辑

表达式为

$$Y = \overline{A + B} \qquad (11-1-5)$$

3. 异或门

它的逻辑功能是：当两个输入端相反时，输出为1，输入相同时输出为0。即"相反出1，相同出0"。它的逻辑表达式为

$$Y = A\overline{B} + \overline{A}B = A \oplus B \qquad (11-1-6)$$

4. 同或门

它的逻辑功能是：当两个输入端相同时，输出为1；当输入不同时输出为0。即"相同出1，相反出0"。它的逻辑表达式为

$$Y = AB + \overline{A}\overline{B} = \overline{A \oplus B} = A \odot B \qquad (11-1-7)$$

在上述各逻辑表达式中，A 和 B 是输入变量，Y 是输出变量。字母上面无反号的叫**原变量**，例如 A，有反号的叫**反变量**，例如 $\overline{A}$。上述各逻辑关系也有专用的逻辑符号，其逻辑符号如图 11-1-4 所示。

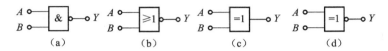

图 11-1-4　常用逻辑运算的逻辑符号
(a) 与非门；(b) 或非门；(c) 异或门；(d) 同或门

11.2　逻辑代数

逻辑代数是英国数学家乔治·布尔(Geroge·Boole)于1847年在他的著作中首先进行系统论述的，所以又称为布尔代数。在逻辑代数中，变量的取值只能是0和1，而且逻辑代数中的1和0并不表示数值的大小，它们代表了对立或矛盾着的两个方面，称为逻辑1和逻辑0。例如开关的闭合和断开，事情的真和假，灯的亮和灭等。

逻辑代数中有三种基本的逻辑关系：与、或和非。因此就有三种基本的逻辑运算：逻辑乘、逻辑加和逻辑非。这三种基本运算可分别由与其对应的与门、或门和非门三种电路来实现。

11.2.1　基本运算规则

1. 0、1 律

$$0 + A = A, \quad 0 \cdot A = 0, \quad 1 + A = 1, \quad 1 \cdot A = A$$

2. 重叠律

$$A + A = A, \quad A \cdot A = A$$

3. 互补律

$$A + \overline{A} = 1, \quad A \cdot \overline{A} = 0$$

4. 还原律

$$\overline{\overline{A}} = A$$

5. 交换律

$$A + B = B + A, \quad A \cdot B = B \cdot A$$

6. 结合律
$$A + B + C = (A + B) + C = A + (B + C), \quad (A \cdot B) \cdot C = A \cdot (B \cdot C)$$

7. 分配律
$$A(B + C) = AB + AC, \quad A + BC = (A + B)(A + C)$$

8. 吸收律
$$A(A + B) = A, \quad A + AB = A, \quad A + \overline{A}B = A + B, \quad A(\overline{A} + B) = AB$$
$$A \cdot B + \overline{A} \cdot C + B \cdot C = A \cdot B + \overline{A} \cdot C$$

9. 反演律（摩根定律）
$$\overline{A \cdot B} = \overline{A} + \overline{B}, \quad \overline{A + B} = \overline{A} \cdot \overline{B}$$

为了简化书写，除了与（乘）运算的"·"可以省略外，在对一个乘积项或逻辑式求非（反）时，乘积项或逻辑式外边的括号也可省略，如 $\overline{A + B}$、$\overline{AB}$。

注意：在对复杂的逻辑式进行运算时，仍需遵守与普通代数一样的运算优先顺序，即先算括号里的内容，其次算乘法，最后算加法。

11.2.2 基本定理

1. 代入定理

在任何一个包含变量 A 的逻辑等式中，若以另外一个逻辑式代入式中所有 A 的位置，则等式仍然成立。这就是**代入定理**。

例如：已知 $\overline{AB} = \overline{A} + \overline{B}$，若用 $Y = A \cdot C$ 代替等式中的 A，根据代入定理，等式仍然成立。则：
$$\overline{ACB} = \overline{AC} + \overline{B} = \overline{A} + \overline{C} + \overline{B}$$

上式说明摩根定理也适用于多变量。利用代入定理能够很容易地把上一节中的基本公式推广为多变量的形式。

2. 反演定理

对于任意一个逻辑式 Y，如果把其中所有的"·"换成"+"，"+"换成"·"，"0"换成"1"，"1"换成"0"；原变量换成反变量，反变量换成原变量，那么得到的结果就是 $\overline{Y}$，这就是反演定理。

使用反演定理，我们可以很方便地求取一个已知逻辑式的反逻辑式。但在使用反演定理时需注意以下两点：

（1）仍需遵守"先括号，然后乘，最后加"的运算顺序。
（2）不属于单个变量上的反号应保留不变。

【例 11-2-1】 已知 $Y = \overline{A} \cdot \overline{B} + C \cdot D$，求 $\overline{Y}$。

解：利用反演定理可得
$$\overline{Y} = (A + B) \cdot (\overline{C} + \overline{D}) = A\overline{C} + B\overline{C} + A\overline{D} + B\overline{D}$$

注意：运算顺序应保持不变，不能写成 $\overline{Y} = A + B \cdot \overline{C} + \overline{D}$。

11.2.3 逻辑函数的表示方法

从前面已经讲到的各种逻辑关系中可以看到，当输入变量 A、B、…、N 的取值确定之后，输出变量 Y 的取值便随之确定，因而输入与输出之间是一种函数关系，我们就称 Y 是 A、B、…、N 的逻辑函数，写作：

$$Y = F(A,B,\cdots,N) \tag{11-2-1}$$

任何一件具体事物的因果关系都可以用一个逻辑函数描述。在生产或科学实验中,为了解决某个实际问题,首先应根据该问题,确定哪些是逻辑变量,再研究其自变量和因变量之间的因果关系,从而得出相应的逻辑函数。**逻辑函数常用逻辑状态表(真值表)、逻辑表达式、逻辑图、波形图和卡诺图五种方法表示,同时它们之间可以相互转换。**

【例 11-2-2】 有一T字形过道,有三个入口,在三个入口的相会处有一盏路灯,在每个入口处均有一个开关,都能独立控制。任意闭合一个开关,灯亮;任意闭合两个开关,灯灭;三个开关同时闭合,灯亮。要求设计一个控制该路灯工作的逻辑电路。

【解】 设 A、B、C 代表三个开关,为输入变量,开关闭合其状态为1,断开为0;Y 代表灯的状态,为输出变量,灯亮为1,灯灭为0。现分别用三种方法表示逻辑函数 Y。

1. 逻辑状态表(真值表)

将逻辑变量所有各种可能取值的组合与其一一对应的逻辑函数值之间的关系,用表格形式表示出来,叫做逻辑函数的真值表,又称为逻辑状态表。

(1) 列写方法。

按照本例题的要求,输入变量有三个,即 A、B、C,每个变量均有0、1两种逻辑状态,则三个输入变量的有 $2^3(8)$ 种组合,推广到 n 个变量,则有 2^n 种组合,将它们按顺序(一般按二进制数递增规律)排列起来,在对应的位置写上逻辑函数值。本例题输出变量只有1个 Y。按照例题的要求,可以列出逻辑状态表。如表 11-2-1 所示。

表 11-2-1 例 11-2-2 的真值表

A	B	C	Y
0	0	0	0
0	0	1	1
0	1	0	1
0	1	1	0
1	0	0	1
1	0	1	0
1	1	0	0
1	1	1	1

(2) 主要特点。

① **优点**:逻辑状态表具有直观明了,使用方便的优点。输入变量取值一旦确定,就可以直接从表中查出相应的函数值。在把一个实际的逻辑问题抽象为数字表达形式时,使用逻辑状态表是最方便的。所以在许多数字集成电路手册中,常以各种形式的真值表,给出器件的逻辑功能;在数字电路逻辑设计过程中,也是首先列出真值表;在分析数字电路逻辑功能时,最后也是列出真值表。

② **缺点**:真值表难以运用逻辑代数的公式和定理进行运算和变换,而且当变量个数较多时,列真值表会十分烦琐,因此,为了简单起见,在真值表中一般只列出使逻辑函数值为1的输入变量的组合。

2. 逻辑表达式

逻辑式是用**与、或、非**等运算来表达逻辑函数的表达式。由逻辑状态表可以写出逻辑表达式。

① 取 $Y=1$(或 $Y=0$)列逻辑式。

② 对一种组合而言,输入变量之间是"与"逻辑关系。对应于 $Y=1$,如果输入变量为1,则取其原变量(如 A);如果输入变量为0,则取其反变量(如 $\bar{A}$),而后取乘积项。

③ 各种组合之间,是"或"逻辑关系,故取以上乘积项之和。

因此,从表11-2-1的逻辑状态表写出相应的三地控制一灯的逻辑式:

$$Y = \bar{A}\bar{B}C + \bar{A}B\bar{C} + A\bar{B}\bar{C} + ABC \tag{11-2-2}$$

逻辑表达式的优点是书写简洁、方便,可以用逻辑代数的公式和定理十分灵活地进行运算、变换。**它的缺点**是在逻辑函数比较复杂时,很难直接从变量的取值得出相应的函数值,没有逻辑状态表直观。

3. 逻辑图

用基本和常用的逻辑符号,表示函数表达式中各个变量之间的运算关系,便能够画出函数的逻辑图。由逻辑表达式可以直接画出逻辑图,逻辑乘用与门实现,逻辑加用或门实现,逻辑反用非门实现。式(11-2-2)就可用三个非门、四个与门和一个或门来实现,如图11-2-1所示。

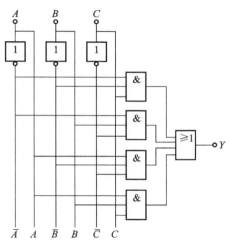

图11-2-1 例11-2-2的逻辑图

逻辑图与表达式有着十分简单而准确的一一对应关系。逻辑图中的逻辑符号,都有实际的电路器件存在,我们称之为门电路。所以在实际工作中,要了解一个数字系统或数控装置的逻辑功能时,都要用到逻辑图,因为它可以将复杂的实际电路的逻辑功能,层次分明地表示出来。另外,在设计数字电路时,也要先通过逻辑设计,画出逻辑图,然后再把逻辑图变成实际电路。它的缺点是不能用逻辑代数的公式和定理进行运算和变换,也没有逻辑状态图直观。

4. 波形图

在给出输入变量取值随时间变化的波形后,根据函数中变量之间的运算关系,真值表或者卡诺图中变量取值和函数值的对应关系,都可以对应地画出输出变量(函数)随时间变化的波形,这种反映输入和输出变量对应取值,并随时间按照一定规律变化的图形,就叫作波形图。例如,同或函数 $Y = AB + \bar{A}\bar{B}$ 的逻辑图如图11-2-2(a)表示,波形图如图11-2-2(b)表示。

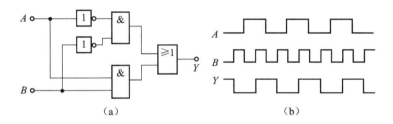

图11-2-2 同或函数的波形图
(a)同或函数的逻辑图;(b)同或函数的波形图

5. 卡诺图

卡诺图可以说是真值表的一种方块图表达形式，只不过是变量取值必须按照循环码的顺序排列而已，与真值表有着严格的一一对应关系，也叫作真值方格图。卡诺图的有关结构我们将在后续章节做详细介绍。

11.2.4 逻辑函数的标准形式

一个逻辑函数可以有多种不同的表达式。如果按照表达式中乘积项的特点，以及各个乘积项之间的关系进行分类，则大致可分成下列五种：与或表达式、或与表达式、与非-与非表达式、或非-或非表达式、与或非表达式。

一般说来，表达式越简单，相应的逻辑电路也就越简单。对于不同类型的表达式，简单的标准是不一样的，在数字电路中，逻辑函数常用标准形式：**标准与或式**。

1. 最小项

在 n 变量逻辑函数中，若 m 为包含 n 个因子的乘积项，而且这 n 个变量均以原变量或反变量的形式在 m 中出现一次，则称 m 为该组变量的最小项。

例如：A、B、C 三变量的最小项就有 $\bar{A}\bar{B}\bar{C}$、$\bar{A}\bar{B}C$、$\bar{A}B\bar{C}$、$\bar{A}BC$、$A\bar{B}\bar{C}$、$A\bar{B}C$、$AB\bar{C}$、ABC，共 8 个（即 2^3 个）。同理，四变量的最小项有 2^4 个。依此类推，n 变量的最小项应有 2^n 个。

输入变量的每一组取值都使一个对应的最小项数值等于 1。例如，在三变量 A、B、C 的最小项中，当 $A=0$，$B=0$，$C=0$ 时，$\bar{A}\bar{B}\bar{C}=1$。如果把 ABC 的取值 000 看作一个二进制数，那么它表示的二进制数就是 0，所以为了书写方便，有时就把 $\bar{A}\bar{B}\bar{C}$ 这个最小项记作 m_0，按照这一约定，可得出所有最小项的编号表。

根据最小项的定义不难看出，最小项有下列重要性质：

（1）在输入变量的任何取值下必有一个最小项，而且仅有一个相应的最小项的值为 1。
（2）任意两个不同的最小项之积恒为 0。
（3）全部最小项之和恒为 1。
（4）具有相邻性的两个最小项之和可以合并成一项并消去一个因子。

若两个最小项仅有一个因子不同，则称这两个最小项具有相邻性。例如，$\bar{A}BC$ 和 ABC 这两个最小项只有第二个因子不同，所以它们具有相邻性。利用逻辑代数的基本公式，这两个最小项相加时就能进行合并，并可消去一个因子。例如：

$$\bar{A}BC + ABC = \bar{A}(\bar{B}+B)C = AC$$

2. 逻辑函数的两种标准形式

利用逻辑代数的基本公式可以将任何一个逻辑函数式展开为最小项之和的形式，也就是**标准与或表达式**，也可以说任何逻辑函数都是由函数中变量的若干个最小项构成的。这种形式在逻辑函数的图形化简法中以及计算机辅助分析和设计中得到了广泛的应用。

【例 11-2-3】 写出逻辑函数 $Y = A\bar{B}\bar{C} + \bar{A}C + AC$ 的标准与或式。

【解】
$$\begin{aligned}
Y &= A\bar{B}\bar{C} + \bar{A}C + AC \\
&= A\bar{B}\bar{C} + \bar{A}(B+\bar{B})C + A(B+\bar{B})C \\
&= A\bar{B}\bar{C} + \bar{A}BC + \bar{A}\bar{B}C + ABC + A\bar{B}C \\
&= m_4 + m_3 + m_1 + m_7 + m_2 \\
&= \sum_i m_i \,(i=1,2,3,4,7)
\end{aligned}$$

11.2.5 逻辑函数的化简

在进行逻辑运算时我们常常会看到,同一个逻辑函数可以写成不同形式的逻辑表达式,而这些逻辑式的繁简程度又往往相差甚远。逻辑函数式越简单,它所表示的逻辑关系越明显,同时实现它的电路也越简单,不仅经济,而且还能提高电路的可靠性。因此,经常需要通过化简找出逻辑函数的最简形式。

逻辑函数式的最简形式主要有:**最简与或表达式**、**最简或与表达式**、**最简与非 – 与非表达式**、**最简或非 – 或非表达式**、**最简与或非表达式**五种。对于任何一种类型的逻辑函数式,我们规定当函数式中进行**或**运算的项不能再减少时,而且各项中进行与运算的因子也不能再减少时,函数式就是最简函数式。

1. 公式化简法

公式化简法就是在与或表达式的基础上,反复使用逻辑代数的基本公式和常用公式消去多余的乘积项和每个乘积项中多余的因子,求出函数的最简与或式。化简没有固定的步骤可循。现将常用的方法归纳如下。

(1) 并项法。

运用公式 $AB + A\bar{B} = A$,把两个乘积项合并起来成为一项,并消去一个变量,根据代入定理,A 和 B 还可以是任何复杂的逻辑式。

【例 11 – 2 – 4】 试用并项法化简函数 $Y = \bar{A}B\bar{C} + A\bar{C} + \bar{B}\bar{C}$,写出它的最简与或式。

【解】
$$\begin{aligned} Y &= \bar{A}B\bar{C} + A\bar{C} + \bar{B}\bar{C} \\ &= \bar{A}B\bar{C} + (A + \bar{B})\bar{C} \\ &= (\overline{AB})\bar{C} + (\overline{AB})\bar{C} \\ &= \bar{C} \end{aligned}$$

(2) 吸收法。

利用公式 $A + AB = A$ 可将 AB 项消去。A 和 B 同样也可以是任何一个复杂的逻辑式。

【例 11 – 2 – 5】 试用吸收法化简函数 $Y = AB + AB\bar{C} + ABD + AB(\bar{C} + \bar{D})$,写出它的最简与或式。

【解】
$$\begin{aligned} Y &= AB + AB\bar{C} + ABD + AB(\bar{C} + \bar{D}) \\ &= AB[1 + \bar{C} + D + (\bar{C} + \bar{D})] \\ &= AB \end{aligned}$$

(3) 消去法。

利用公式 $A + \bar{A}B = A + B$,消去乘积项中多余的因子 $\bar{A}$,A 和 B 同样也可以是任何一个复杂的逻辑式。

【例 11 – 2 – 6】 化简函数 $Y = \overline{AB} + AC + BD$,写出它的最简与或式。

【解】 先用摩根定理展开 $\overline{AB} = \bar{A} + \bar{B}$,再用消去法化简,可得:
$$\begin{aligned} Y &= \overline{AB} + AC + BD \\ &= \bar{A} + \bar{B} + AC + BD \\ &= \bar{A} + C + \bar{B} + D \end{aligned}$$

（4）配项消项法。

利用公式 $A+A=A$ 在函数与或表达式中加上多余项——冗余项,再利用公式:$AB+\bar{A}C+BC=AB+\bar{A}C$ 可将乘积项 BC 消去,从而获得最简与或式。其中 A、B、C 同样也可以是任何一个复杂的逻辑式。

【例 11-2-7】 化简函数:
$$Y = AD + A\bar{D} + AB + \bar{A}C + BD + ACEF + \bar{B}E + DEF$$

【解】 ① 利用并项法:$AD+A\bar{D}=A$,可得
$$Y = A + AB + \bar{A}C + BD + ACEF + \bar{B}E + DEF$$

② 利用吸收法:$A+AB+ACEF=A$,可得
$$Y = A + \bar{A}C + BD + \bar{B}E + DEF$$

③ 利用消去法:$A+\bar{A}C=A+C$,可得
$$Y = A + C + BD + \bar{B}E + DEF$$

④ 利用配项消项法:$BD+\bar{B}E+DEF=BD+\bar{B}E$,可得
$$Y = A + C + BD + \bar{B}E$$

在解例 11-2-7 中我们综合运用了 4 种常用的化简方法,运算步骤也较为烦琐。实际解题时,能否较快地获得最简结果,除了要求我们熟练掌握逻辑代数的有关公式和定理外,还要求解题者具备一定的运算技巧。

2. 卡诺图化简法

用卡诺图化简逻辑函数,求最简与或表达式的方法,又称为图形化简法。图形化简法有比较明确的步骤可遵循,判断结果是否最简也比较简单。

将 n 变量的全部最小项各用一个小方块表示,并使具有逻辑相邻性的最小项在几何位置上也相邻地排列起来,所得到的图形叫作 n 变量的卡诺图。逻辑变量的卡诺图实际上是一种最小项方块图。这种方法是由美国工程师 Karnaugh 首先提出的,所以把这种方块图叫作卡诺图。

（1）二变量的卡诺图。

图 11-2-3 给出的是二变量 A、B 卡诺图。两个变量有 4 个最小项,用 4 个小方块表示。

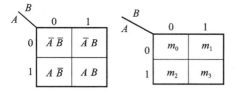

图 11-2-3 二变量的卡诺图

（2）卡诺图的结构。

n 个变量有 2^n 个最小项,而每一个最小项,都需要用一个方块表示,所以变量的卡诺图一般都画成正方形或矩形,图中分割出 2^n 个小方块。为了保证几何位置相邻的最小项在逻辑上也具有相邻性,最小项的排列顺序按照循环码排列。只有这样排列所得到的最小项方块图才叫卡诺图。四位循环码如表 11-2-2 所示。

在循环码中,相邻两个代码之间只有一位状态不同,循环码可以从纯二进制码中推导出来:如果 $B=B_2B_1B_0$ 是一组 3 位二进制码,那么用公式 $G_i=B_{i+1}\oplus B_i$,便可求得 3 位循环码 $G=G_2G_1G_0$。$G_0=B_1\oplus B_0$、$G_1=B_2\oplus B_1$、$G_2=B_3\oplus B_2$,由于无 B_3,则 $B_3=0$。

表 11-2-2 列出了四位循环码

十进制数	循环码	十进制数	循环码
0	0000	2	0011
1	0001	3	0010

续表

十进制数	循环码	十进制数	循环码
4	0110	10	1111
5	0111	11	1110
6	0101	12	1010
7	0100	13	1011
8	1100	14	1001
9	1101	15	1000

在图 11 – 2 – 4 中，分别画出了三变量、四变量的卡诺图。

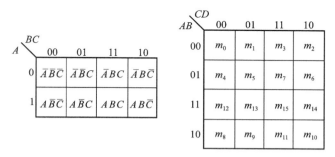

图 11 – 2 – 4　三、四变量的卡诺图

（3）卡诺图的特点。

在卡诺图中，凡是几何相邻（包括相接、相对、相重）的最小项，在逻辑上都是相邻的，即两个最小项除了一个变量的形式不同以外，其余的都相同。而在逻辑上相邻的最小项，是可以合并的。例如 ABC 和 $A\bar{B}C$ 就是两个逻辑相邻的最小项，显然根据逻辑代数的基本公式：$ABC + A\bar{B}C = AC$。因此利用卡诺图的这一特点来化简逻辑函数。卡诺图的主要缺点是随着变量个数的增加，图形迅速复杂，当变量数大于六个时，画图十分麻烦，而且许多最小项的相邻性也很难判断。

因为任何一个逻辑函数都能表示为若干最小项之和的形式，所以也可用卡诺图来表示任何一个逻辑函数。在与或表达式的基础上，画逻辑函数的卡诺图的步骤为：
① 将逻辑函数化成最小项之和的形式；
② 画出函数变量的卡诺图；
③ 在卡诺图上，与逻辑函数中的最小项相对应的位置上填入 1，其余填入 0 或不填。

【例 11 – 2 – 8】　用卡诺图表示逻辑函数：
$$Y = \bar{A}\bar{B}\bar{C} + \bar{A}B + AC + \bar{B}C$$

【解】　（1）首先把 Y 化成最小项之和的形式：
$$Y = \bar{A}\bar{B}\bar{C} + \bar{A}B(C + \bar{C}) + A(B + \bar{B})C + (A + \bar{A})\bar{B}C$$
$$= \bar{A}\bar{B}\bar{C} + \bar{A}BC + \bar{A}B\bar{C} + ABC + A\bar{B}C + \bar{A}\bar{B}C$$
$$= m_0 + m_1 + m_2 + m_3 + m_5 + m_7$$

（2）画出三变量的卡诺图，在对应于函数式中各最小项的位置填入 1，其余填入 0 或不填，就得到如图 11 – 2 – 5 所示的逻辑函数的卡诺图。

【例11-2-9】 已知逻辑函数 Y 的卡诺图如图 11-2-6 所示,试求 Y 的逻辑函数表达式。

【解】 画出三变量的卡诺图,在对应于函数式中各最小项的位置填入 1,其余填入 0 或不填,就得到如图 11-2-6 所示的逻辑函数的卡诺图。故:

$$Y = m_3 + m_5 + m_6 + m_7$$
$$= \bar{A}BC + A\bar{B}C + AB\bar{C} + ABC$$

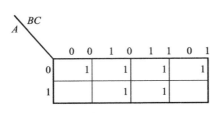
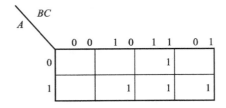

图 11-2-5　例 11-2-8 的卡诺图　　　　图 11-2-6　例 11-2-9 的卡诺图

卡诺图化简法(也称为图形化简法)就是利用卡诺图化简逻辑函数。化简就是根据具有相邻性的最小项可以合并的基本原理,消去不同的因子。由于在卡诺图上几何位置相邻与逻辑上的相邻性是一致的,因而能从卡诺图上非常直观地找到那些具有相邻性的最小项,并将它们合并,从而达到化简的目的。

(4) 合并最小项的规则。

在逻辑函数的卡诺图中,可以按如下规则将相邻的最小项合并,并消去多余因子:

① 若两个最小项相邻,可以合并为一项并消去一个因子,合并后的结果中只剩下公共因子;

② 若四个最小项相邻并且排列成一个矩形组,则可合并为一项,并消去两个因子,合并后的结果只包含公共因子;

③ 若 8 个最小项相邻并且排列成一个矩形组,则可合并为一项,并消去三个因子,合并后的结果只包含公共因子;

④ 如果有 2^n 个最小项相邻($n = 1, 2, \cdots$)并排列成一个矩形组,则它们一定可以合并为一项,并消去 n 个因子,合并后的结果中仅包含这些最小项的公共因子。

(5) 卡诺图化简的步骤。

卡诺图化简逻辑函数的步骤:

① 将函数化为最小项之和的形式;

② 画出表示该逻辑函数的卡诺图;

③ 找出可以合并的最小项矩形组;

④ 选择化简后的乘积项,乘积项选用的依据为:乘积项应包含函数的所有最小项;所用的乘积项数目最少,亦即所取的矩形组数目应最少;每个乘积项所包含的因子最少,亦即每个矩形组中应包含尽量多的最小项。

【例 11-2-10】 用卡诺图化简,将下式化为最简的与或函数式。

$$Y = A\bar{C} + \bar{A}C + \bar{B}C + B\bar{C}$$

【解】 (1) 将函数化为最小项之和的形式。

$$Y = A\bar{C} + \bar{A}C + \bar{B}C + B\bar{C}$$

$$= AB\bar{C} + A\bar{B}\bar{C} + \bar{A}BC + \bar{A}\bar{B}C + A\bar{B}C + \bar{A}\bar{B}\bar{C}$$

事实上，在填写卡诺图以前，并不一定要将函数化成最小项之和的形式，例如 AC 包含了所有含有 AC 因子的最小项，因此，可以直接在卡诺图上所有对应 $A=1,C=1$ 的空格里填上 1。按照这种方法，可以省略化成最小项之和这一步骤。

（2）画出卡诺图，并在相应的最小项所对应的位置填上 1，其余的空格不填。如图 11-2-7 所示。

（3）找出可以合并的最小项。由图 11-2-8 可见，合并的方式并不是唯一的，可以有图(a)、(b)两种，将可能合并的最小项用线圈起来。

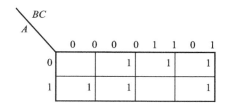

图 11-2-7　例 11-2-10 的卡诺图

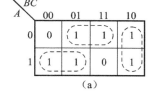
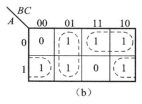

图 11-2-8　例 11-2-10 的卡诺图合并方法

（4）选择化简后的乘积项。

① 按图 11-2-8(a)的方式合并最小项，则得到：
$$Y = A\bar{B} + \bar{A}C + B\bar{C}$$

② 按图 11-2-8(b)的方式合并最小项，则得到：
$$Y = \bar{A}B + A\bar{C} + \bar{B}C$$

这两个结果都符合最简与或式的标准。

这个例子说明：在很多情况下，如果选择进行合并的最小项的组合方式不同，同一个逻辑函数的最简函数式也不同。

在利用逻辑函数的卡诺图合并最小项时，应注意下面几个问题：

① 圈越大越好。合并最小项时，圈的最小项越多，消去的变量就越多，因而得到的乘积项也就越简单。

② 每个圈至少包含一个新的最小项。合并时，任何一个最小项都可重复利用，但是每一个圈至少都应包含一个新的最小项——未被其他圈圈过的最小项，否则它就是多余的。

③ 注意卡诺图中四个角上的最小项是可以合并的。

④ 必须把组成函数的所有最小项圈完。每个圈中最小项的公因子就构成一个乘积项，把这些乘积项加起来，就是该函数的最小项。

⑤ 有时需要比较、检查才能写出最简与或表达式。有些情况下，最小项的圈法超过一种，因而得到的各个乘积项组成的与或表达式也会各不相同，虽然它们都同样包含了函数的全部最小项，但哪个是最简式要经过比较、检查。有时还会出现几个表达式都同样是最简式的情况。

11.3　组合逻辑电路的分析和设计

对于数字逻辑电路，当其任意时刻的稳定输出仅仅取决于该时刻的输入变量的取值，而与过去的输出状态无关,则称该电路为组合逻辑电路,简称组合电路。

11.3.1 组合逻辑电路的方框图及特点

组合逻辑电路示意框图如图 11-3-1 所示。

图 11-3-1 组合逻辑电路示意框图

组合逻辑电路基本构成单元为门电路,组合逻辑电路没有输出端到输入端的信号反馈网络。假设组合电路有 n 个输入变量为 $I_0, I_1, \cdots, I_{n-1}$,$m$ 个输出变量为 $Y_0, Y_1, \cdots, Y_{m-1}$,根据图 11-3-1 可以列出 m 个输出函数表达式:

$$\left. \begin{array}{l} Y_0 = F_0(I_0, I_1, \cdots, I_{n-1}) \\ Y_1 = F_1(I_0, I_1, \cdots, I_{n-1}) \\ \vdots \\ Y_{m-1} = F_{m-1}(I_0, I_1, \cdots, I_{n-1}) \end{array} \right\} \tag{11-3-1}$$

从输出函数表达式可以看出,当前输出变量只与当前输入变量有关,也就是说,组合逻辑电路无记忆性。所以**组合逻辑电路是无记忆性电路**。

组合逻辑电路的逻辑功能是指输出变量与输入变量之间的函数关系,表示形式有输出函数表达式、逻辑电路图、真值表、卡诺图等。

11.3.2 组合逻辑电路的分析

组合逻辑电路的分析就是对一个给定的逻辑电路,找出其输出与输入之间的逻辑关系,确定它的逻辑功能的过程。

分析组合逻辑电路的步骤如下:

(1) 根据给定的逻辑电路图分析电路有几个输入变量、输出变量,写出输出变量与输入变量的逻辑表达式,有若干个输出变量就要写若干个逻辑表达式。

(2) 对所写出的逻辑表达式进行化简,求出最简逻辑表达式。

(3) 根据最简的逻辑表达式列出真值表。

(4) 根据真值表分析其逻辑功能。

【例 11-3-1】 试分析图 11-3-2 所示组合电路的逻辑功能。

【解】 根据组合逻辑电路分析步骤:

(1) 由逻辑图写出逻辑表达式。

图 11-3-2 有四个输入变量 A、B、C、D,一个输出变量 Y;根据图中各个门的关系,可写出 Y 的逻辑表达式为:

$$Y = A \oplus B \oplus C \oplus D$$

(2) 由于 Y 的逻辑表达式不能再化简,所以直接进入第三步骤,列出 Y 与 A、B、C、D 关

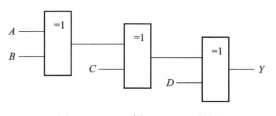

图 11-3-2 例 11-3-1 的图

系的真值表,如表 11-3-1 所示。

表 11-3-1 例 11-3-1 的真值表

A	B	C	D	Y
0	0	0	0	0
0	0	0	1	1
0	0	1	0	1
0	0	1	1	0
0	1	0	0	1
0	1	0	1	0
0	1	1	0	0
0	1	1	1	1
1	0	0	0	1
1	0	0	1	0
1	0	1	0	0
1	0	1	1	1
1	1	0	0	0
1	1	0	1	1
1	1	1	0	1
1	1	1	1	0

(3) 根据真值表说明组合电路功能。从表 11-3-1,可以看出,当输入变量 A、B、C、D 中奇数个变量为逻辑 1 时,输出变量 Y 等于 1,否则 Y 输出为 0,所以图 11-3-2 电路是输入奇数个 1 校验器。

【例 11-3-2】 试分析图 11-3-3 所示组合电路的逻辑功能。

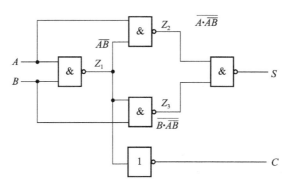

图 11-3-3 例 11-3-2 的图

【解】 (1) 由逻辑图写出各输出端的逻辑表达式,并进行化简:

$$S = \overline{Z_2 \cdot Z_3} = \overline{Z_2} + \overline{Z_3} = A \cdot \overline{AB} + B \cdot \overline{AB}$$
$$= A(\overline{A} + \overline{B}) + B(\overline{A} + \overline{B}) = A\overline{B} + \overline{A}B = A \oplus B$$
$$C = \overline{Z_1} = AB$$

(2) 列出真值表,如表 11-3-2 所示。

表 11－3－2　例 11－3－2 的真值表

输入		输出	
A	B	S	C
0	0	0	0
0	1	1	0
1	0	1	0
1	1	0	1

(3) 根据真值表说明组合电路功能。从表 11－3－2 可以看出，图 11－3－3 电路可以实现两个一位二进制加法运算，功能为半加器。

11.3.3　组合逻辑电路的设计

根据设计要求，设计出符合需要的组合逻辑电路，并画出组合逻辑电路图，这个过程称为组合逻辑电路的设计。

组合逻辑电路设计步骤：

(1) 根据设计要求，确定组合电路输入变量个数及输出变量个数，并根据设计要求，列真值表。

(2) 根据真值表写出各输出变量的逻辑表达式。

(3) 对逻辑表达式进行化简，写出符合要求的最简逻辑表达式。

(4) 根据最简逻辑表达式，画出逻辑电路图。

【例 11－3－3】　某雷达站有 3 部雷达 A、B、C，其中 A 和 B 功率消耗相等，C 的消耗功率是 A 的两倍。这些雷达由两台发电机 X、Y 供电，发电机 X 的最大输出功率等于雷达 A 的功率消耗，发电机 Y 的最大输出功率是雷达 A 和 C 的功率消耗总和。要求设计一个组合逻辑电路，能够根据各雷达的启动、关闭信号，以最省电的方式开、停电机。

【解】　根据组合逻辑电路的设计步骤：

(1) 确定输入变量个数为 3 个，输出变量个数为 2 个；设输入变量为 A、B、C，设定雷达启动状态为逻辑 1，雷达关闭为逻辑 0；输出变量为 X、Y，设定发电机开状态为逻辑 1，关状态为逻辑 0。

(2) 根据输入与输出变量的逻辑关系，列真值表 11－3－3。

表 11－3－3　例 11－3－3 的真值表

A	B	C	X	Y
0	0	0	0	0
0	0	1	0	1
0	1	0	1	0
0	1	1	0	1
1	0	0	1	0
1	0	1	0	1
1	1	0	0	1
1	1	1	1	1

(3) 根据真值表，直接画出卡诺图进行化简。卡诺图如图 11－3－4 所示。

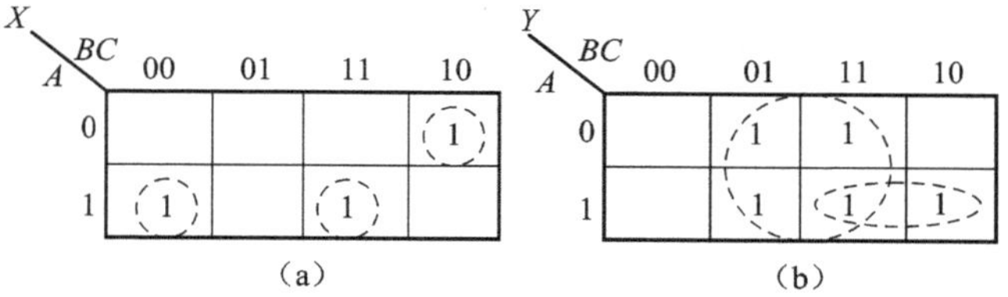

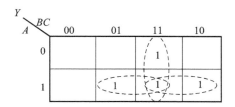

(a)   (b)

图 11-3-4　例 11-3-3 的卡诺图

根据图 11-3-4 化简，写出最简表达式：

$$X = \overline{A}B\overline{C} + A\overline{B}\,\overline{C} + ABC$$
$$Y = C + AB$$

(4) 根据最简表达式画出逻辑电路图，如图 11-3-5 所示。

【例 11-3-4】 设计一个表决电路，该电路有 3 个输入信号，输入信号有同意及不同意两种状态；当多数同意时，输出信号处于通过的状态，否则处于不通过状态，试用与非门设计该逻辑电路。

【解】 根据组合逻辑电路的设计步骤：

(1) 确定输入变量个数为 3 个，输出变量个数为 1 个；设输入变量为 A、B、C，设定输入同意状态为逻辑 1，不同意为逻辑 0；输出变量为 Y，设定通过状态为逻辑 1，不通过状态为逻辑 0。

(2) 根据输入与输出变量的逻辑关系，列真值表 11-3-4。

(3) 根据真值表，直接画卡诺图进行化简，卡诺图如图 11-3-6 所示。

根据图 11-3-6 化简，写出最简表达式：
$$Y = AC + AB + BC = \overline{\overline{AB}\,\overline{BC}\,\overline{AC}}$$

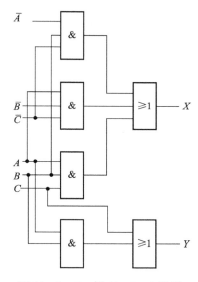

图 11-3-5　例 11-3-3 的图

图 11-3-6　例 11-3-4 的卡诺图

表 11-3-4　例 11-3-4 的真值表

A	B	C	Y
0	0	0	0
0	0	1	0
0	1	0	0
0	1	1	1
1	0	0	0

续表

A	B	C	Y
1	0	1	1
1	1	0	1
1	1	1	1

（4）根据最简与非－与非表达式画出逻辑电路图如图 11－3－7 所示。

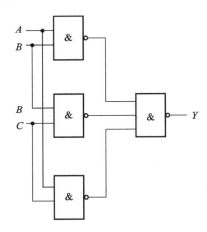

图 11－3－7　例 11－3－4 设计的逻辑电路图

11.4　常用中规模标准组合模块电路

在数字系统设计中，其中有些逻辑电路经常出现在各种数字系统中，这些逻辑电路包含译码器、编码器、数据选择器、数据分配器、加法器、比较器等。将这些逻辑电路制成中规模标准组合模块电路，称为中规模标准组合模块电路。本节主要介绍它们的逻辑功能和应用。下面分别介绍这些逻辑电路。

11.4.1　加法器

1. 半加器

实现两个一位二进制数相加的加法电路称为半加器。

半加器有两个输入变量 A_i、B_i，代表两个一位二进制数的输入；有两个输出变量 S_i、C_i，分别代表相加产生的和与进位输出。根据一位二进制加法原理，列出真值表如表 11－4－1 所示。

表 11－4－1　半加器真值表

A	B	S	C
0	0	0	0
0	1	1	0
1	0	1	0
1	1	0	1

根据真值表直接写出输出逻辑表达式：
$$S = \bar{A}B + A\bar{B} = A \oplus B \quad (11-4-1)$$
$$C = AB \quad (11-4-2)$$

根据式(11-4-1)、式(11-4-2)画出逻辑电路图如图11-4-1(a)所示，图11-4-1(b)为半加器的图形符号。

【例11-4-1】 用3个半加器构成下列4个函数：
(1) $F_1 = A \oplus B \oplus C$； (2) $F_2 = C(A \oplus B)$； (3) $F_3 = ABC$； (4) $F_4 = (AB) \oplus C$

【解】 由于半加器由异或门和与门构成，这4个逻辑函数也是由这两种逻辑运算构成，所设计的逻辑电路图如图11-4-2所示。

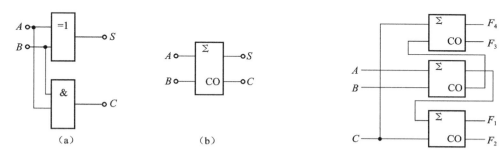

图11-4-1 半加器
(a) 逻辑电路图；(b) 图形符号

图11-4-2 例11-4-1的逻辑电路图

2. 全加器

实现两个多位二进制数中的某一位的加法运算电路，称为一位全加器。全加器输入变量有3个：被加数 A_i、加数 B_i、低一位的进位输入 C_{i-1}；输出变量有两个：产生的和 S_i 和进位输出 C_i，其示意图如图11-4-3所示。

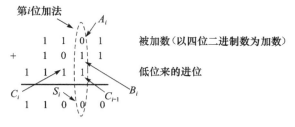

图11-4-3 一位全加器第 i 位加法示意图

根据图11-4-3列一位全加器真值表如表11-4-2所示。

表11-4-2 全加器真值表

A_i	B_i	C_{i-1}	S_i	C_i
0	0	0	0	0
0	0	1	1	0
0	1	0	1	0
0	1	1	0	1

续表

A_i	B_i	C_{i-1}	S_i	C_i
1	0	0	1	0
1	0	1	0	1
1	1	0	0	1
1	1	1	1	1

根据表 11-4-2,对输出变量用卡诺图化简,如图 11-4-4 所示。

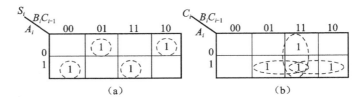

图 11-4-4　全加器卡诺图

由图 11-4-4,写出输出逻辑表达式：

$$S_i = A_i\overline{B_i}\overline{C_{i-1}} + \overline{A_i}\overline{B_i}C_{i-1} + \overline{A_i}B_i\overline{C_{i-1}} + A_iB_iC_{i-1} = A_i \oplus B_i \oplus C_{i-1} \quad (11-4-3)$$

$$C_i = A_iB_i + B_iC_{i-1} + A_iC_{i-1} = A_iB_i + C_{i-1}(B_i \oplus A_i) \quad (11-4-4)$$

根据式(11-4-3)、式(11-4-4)画出全加器的逻辑电路图,如图 11-4-5(a)所示,图 11-4-5(b)为全加器图形符号。

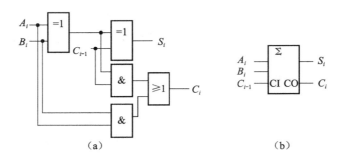

图 11-4-5　全加器
(a) 逻辑电路图；(b) 图形符号

3. 加法器

实现多位二进制数相加的电路称为加法器。例如,图 11-4-6 所示逻辑电路可实现四位二进制加法运算。

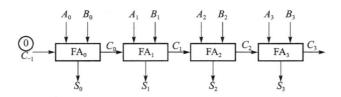

图 11-4-6　四位加法器

由图 11-4-6 可以看出,低位全加法器进位输出端连到高一位全加器的进位输入端,任何一位的加法运算必须等到低位加法完成时才能进行。

11.4.2 数字比较器

数字比较器是比较两个二进制数大小的电路。输入信号是两个要比较的二进制数,输出为比较结果:大于、等于、小于。设 A_i、B_i 为输入的一位二进制数,L_i、G_i、M_i 为 A_i 与 B_i 比较产生大于、等于、小于三种结果的输出信号。根据二进制数的大小比较,列出真值表如表 11-4-3 所示。

表 11-4-3 数值比较器的真值表

A_i	B_i	M_i	G_i	L_i
0	0	0	1	0
0	1	1	0	0
1	0	0	0	1
1	1	0	1	0

根据表 11-4-3 所示的真值表,直接写出输出逻辑表达式:

$$L_i = A\overline{B} \tag{11-4-5}$$

$$G_i = \overline{A\overline{B} + \overline{A}B} \tag{11-4-6}$$

$$M_i = \overline{A}B \tag{11-4-7}$$

根据式(11-4-5)、式(11-4-6)、式(11-4-7)画出数值比较器的逻辑电路图,如图 11-4-7(a)所示,图形符号如图 11-4-7(b)所示。

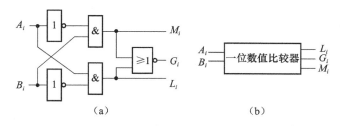

图 11-4-7 数值比较器
(a) 逻辑电路图;(b) 图形符号

11.4.3 编码器

在数字电路中,编码器是指将输入信号用二进制编码形式输出的器件。如图 11-4-8 所示,假设有 N 个输入信号要求编码,最少输出编码位数为 m,则应满足:

$$2^{m-1} < N < 2^m \tag{11-4-8}$$

1. 4/2 进制编码器

对输入 $N=2^n$ 个信号用 n 位二进制编码输出的逻辑电路称为编码器。4/2 编码器有四个要求编码的输入信号:I_0、I_1、I_2、I_3,两个输出信号:Y_1、Y_0;根据输入信号编码要求唯一性,即当输入

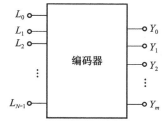

图 11-4-8 编码器

某个信号要求编码时,其他三个输入不能有编码要求。并假设 I_0 为高电平时要求编码,其对应 Y_1Y_0 为 00,同理,I_1 为高电平时对应 Y_1Y_0 为 01,I_2 为高电平时对应 Y_1Y_0 为 10,I_3 为高电平时对应 Y_1Y_0 为 11,列出真值表如表 11 – 4 – 4 所示。

表 11 – 4 – 4　4/2 编码器真值表

输入				输出	
I_0	I_1	I_2	I_3	Y_1	Y_0
1	0	0	0	0	0
0	1	0	0	0	1
0	0	1	0	1	0
0	0	0	1	1	1

根据真值表写出逻辑表达式:

$$Y_1 = I_2 + I_3 \qquad (11-4-9)$$
$$Y_0 = I_1 + I_3 \qquad (11-4-10)$$

根据式(11 – 4 – 9)、式(11 – 4 – 10)画出 4/2 编码器逻辑图,如图 11 – 4 – 9 所示。

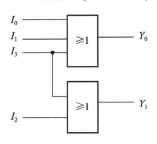

图 11 – 4 – 9　两位二进制编码器

从表 11 – 4 – 4 可看出,当输入信号同时出现两个或两个以上信号要求编码时,该二进制编码器逻辑电路将出现编码错误,此时应使用二进制优先编码器。

2. 8/3 位二进制优先编码器

优先编码器是指当输入信号同时出现几个编码要求时,编码器选择优先级最高的输入信号输出其编码。 8/3 优先编码器有 8 个输入信号端: $\overline{I_0}$、$\overline{I_1}$、$\overline{I_2}$、$\overline{I_3}$、$\overline{I_4}$、$\overline{I_5}$、$\overline{I_6}$、$\overline{I_7}$,其中 $\overline{I_i}(i=0,1,2,\cdots,7)$ 的非号表示当 $\overline{I_i}$ 为低电平时该信号要求编码。三位编码输出: $\overline{Y_2}$、$\overline{Y_1}$、$\overline{Y_0}$、$\overline{Y_i}(i=0,1,2)$ 的非号表示对应二进制反码输出;假设 $\overline{I_7}$ 的编码优先级最高,$\overline{I_6}$ 次之,依次类推。$\overline{I_0}$ 的编码优先级最低,则对应的 8/3 优先编码器真值表如表 11 – 4 – 5 所示。

表 11 – 4 – 5　8/3 优先编码器真值表

输入								输出		
$\overline{I_0}$	$\overline{I_1}$	$\overline{I_2}$	$\overline{I_3}$	$\overline{I_4}$	$\overline{I_5}$	$\overline{I_6}$	$\overline{I_7}$	$\overline{Y_2}$	$\overline{Y_1}$	$\overline{Y_0}$
×	×	×	×	×	×	×	0	0	0	0
×	×	×	×	×	×	0	1	0	0	1
×	×	×	×	×	0	1	1	0	1	0
×	×	×	×	0	1	1	1	0	1	1
×	×	×	0	1	1	1	1	1	0	0
×	×	0	1	1	1	1	1	1	0	1
×	0	1	1	1	1	1	1	1	1	0
0	1	1	1	1	1	1	1	1	1	1

表 11 – 4 – 5 中的 × 表示取值可为 0 或 1。根据表 11 – 4 – 5 所示逻辑功能,写出逻辑表达式:

$$\overline{Y_2} = \overline{\overline{I_0}\,\overline{I_1}\,\overline{I_2}\,\overline{I_3}\,\overline{I_4}\,\overline{I_5}\,\overline{I_6}\,I_7} + \overline{\overline{I_1}\,\overline{I_2}\,\overline{I_3}\,\overline{I_4}\,\overline{I_5}\,I_6\,\overline{I_7}} + \overline{\overline{I_2}\,\overline{I_3}\,\overline{I_4}\,I_5\,\overline{I_6}\,\overline{I_7}} + \overline{\overline{I_3}\,I_4\,\overline{I_5}\,\overline{I_6}\,\overline{I_7}} \qquad (11-4-11)$$

$$\overline{Y}_1 = \overline{\overline{I}_0 \overline{I}_1 \overline{I}_2 \overline{I}_3 \overline{I}_4 \overline{I}_5 \overline{I}_6 \overline{I}_7 + \overline{\overline{I}}_1 \overline{I}_2 \overline{I}_3 \overline{I}_4 \overline{I}_5 \overline{I}_6 \overline{I}_7 + \overline{\overline{I}}_4 \overline{I}_5 \overline{I}_6 \overline{I}_7 + \overline{\overline{I}}_5 \overline{I}_6 \overline{I}_7} \quad (11-4-12)$$

$$\overline{Y}_0 = \overline{\overline{I}_0 \overline{I}_1 \overline{I}_2 \overline{I}_3 \overline{I}_4 \overline{I}_5 \overline{I}_6 \overline{I}_7 + \overline{\overline{I}}_2 \overline{I}_3 \overline{I}_4 \overline{I}_5 \overline{I}_6 \overline{I}_7 + \overline{\overline{I}}_4 \overline{I}_5 \overline{I}_6 \overline{I}_7 + \overline{\overline{I}}_6 \overline{I}_7} \quad (11-4-13)$$

根据式(11-4-11)、式(11-4-12)、式(11-4-13)画出逻辑电路图,如图11-4-10所示。

3. 集成8/3优先编码器

图11-4-11是集成8/3优先编码器74LS148、74148的逻辑图/功能图,表11-4-6为其真值表。

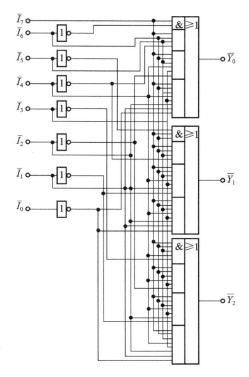

图11-4-10 8/3优先编码器

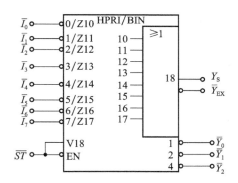

图11-4-11 集成8/3优先编码器
74LS148 逻辑图/功能图

表11-4-6 集成8/3优先编码器的真值表

	输入								输出				
$\overline{ST}$	$\overline{I}_7$	$\overline{I}_6$	$\overline{I}_5$	$\overline{I}_4$	$\overline{I}_3$	$\overline{I}_2$	$\overline{I}_1$	$\overline{I}_0$	$\overline{Y}_2$	$\overline{Y}_1$	$\overline{Y}_0$	$\overline{Y}_{EX}$	Y_S
1	×	×	×	×	×	×	×	×	1	1	1	1	1
0	1	1	1	1	1	1	1	1	1	1	1	1	0
0	0	×	×	×	×	×	×	×	0	0	0	0	1
0	1	0	×	×	×	×	×	×	0	0	1	0	1
0	1	1	0	×	×	×	×	×	0	1	0	0	1
0	1	1	1	0	×	×	×	×	0	1	1	0	1
0	1	1	1	1	0	×	×	×	1	0	0	0	1
0	1	1	1	1	1	0	×	×	1	0	1	0	1
0	1	1	1	1	1	1	0	×	1	1	0	0	1
0	1	1	1	1	1	1	1	0	1	1	1	0	1

其中,$\overline{ST}$是优先编码器的选通输入端,$\overline{I}_7$、$\overline{I}_6$、$\overline{I}_5$、$\overline{I}_4$、$\overline{I}_3$、$\overline{I}_2$、$\overline{I}_1$、$\overline{I}_0$ 是 8 个输入信号端,输入低电平表示该信号有编码要求;$\overline{Y}_{EX}$为优先扩展输出端,Y_S 为选通输出端,$\overline{Y}_2$、$\overline{Y}_1$、$\overline{Y}_0$ 是三位二进制反码输出端。

表 11-4-6 输入栏中第一行表示,当$\overline{ST}=1$时,集成 8/3 优先编码器禁止编码输出,此时$\overline{Y}_{EX}Y_S=11$;第二行则说明当$\overline{ST}=0$时,允许编码器编码,但由于输入信号$\overline{I}_7\overline{I}_6\overline{I}_5\overline{I}_4\overline{I}_3\overline{I}_2\overline{I}_1\overline{I}_0=11111111$,8 个输入信号无一个信号有编码要求,此时状态输出端$\overline{Y}_{EX}Y_S=10$,从第三行开始到最后一行表示$\overline{ST}=0$有效时,且输入信号至少有一个有编码要求,则此时$\overline{Y}_{EX}Y_S=01$,输入有效信号为低电平,当输入端有低电平时,且比此输入端优先级别高的输入端均无低电平输入,$\overline{Y}_2$、$\overline{Y}_1$、$\overline{Y}_0$ 输出相对应的输入端代码。

如果构成 16/4 优先编码器,可以用两片 74LS148 优先编码器加少量的门电路构成。具体步骤为:

(1) 确定$\overline{I}_{15}$的编码优先级最高,$\overline{I}_{14}$次之,依次类推,$\overline{I}_0$ 最低。

(2) 用一片 74LS148 作为高位片,$\overline{I}_{15}$、$\overline{I}_{14}$、$\overline{I}_{13}$、$\overline{I}_{12}$、$\overline{I}_{11}$、$\overline{I}_{10}$、$\overline{I}_9$、$\overline{I}_8$ 作为该片的信号输入;另一片 74LS148 作为低位片,$\overline{I}_7$、$\overline{I}_6$、$\overline{I}_5$、$\overline{I}_4$、$\overline{I}_3$、$\overline{I}_2$、$\overline{I}_1$、$\overline{I}_0$ 作为该片的信号输入。

(3) 根据编码优先级顺序,高位片的选通输入端作为总的选通输入端,低位片的选通输入端接高位片的选通输出端,高位片的$\overline{Y}_{EX}$端作为 4 位编码的最高位输出,低位片的Y_S 作为总的选通输出端。两片的$\overline{Y}_{EX}$信号相与作为总的优先扩展输出端。具体逻辑电路为图 11-4-12 所示。

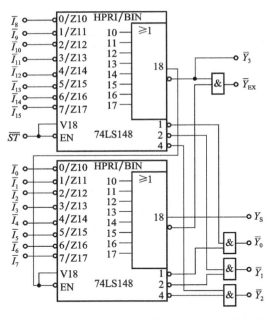

图 11-4-12 用 74LS148 构成 16/4 优先编码器

求,列出真值表如表 11-4-7 所示。

11.4.4 译码器

译码是编码的逆过程,译码器是将输入的二进制代码转换成相应控制信号输出的电路。

1. 3/8 译码器

假设输入信号为二进制原码,输出信号为低电平有效,3/8 译码器输入的三位二进制代码为A_2、A_1、A_0;2^3 个输出信号为$\overline{Y}_0$、$\overline{Y}_1$、$\overline{Y}_2$、$\overline{Y}_3$、$\overline{Y}_4$、$\overline{Y}_5$、$\overline{Y}_6$、$\overline{Y}_7$。任何时刻二进制译码器的输出信号只允许一个输出信号有效。根据设计要

表 11-4-7 3/8 译码器真值表

输入			输出							
A_2	A_1	A_0	$\overline{Y}_0$	$\overline{Y}_1$	$\overline{Y}_2$	$\overline{Y}_3$	$\overline{Y}_4$	$\overline{Y}_5$	$\overline{Y}_6$	$\overline{Y}_7$
0	0	0	0	1	1	1	1	1	1	1
0	0	1	1	0	1	1	1	1	1	1
0	1	0	1	1	0	1	1	1	1	1
0	1	1	1	1	1	0	1	1	1	1
1	0	0	1	1	1	1	0	1	1	1

续表

输入			输出							
A_2	A_1	A_0	$\overline{Y}_0$	$\overline{Y}_1$	$\overline{Y}_2$	$\overline{Y}_3$	$\overline{Y}_4$	$\overline{Y}_5$	$\overline{Y}_6$	$\overline{Y}_7$
1	0	1	1	1	1	1	1	0	1	1
1	1	0	1	1	1	1	1	1	0	1
1	1	1	1	1	1	1	1	1	1	0

根据真值表,直接写出输出信号的逻辑表达式:

$\overline{Y}_0 = \overline{\overline{A}_2\overline{A}_1\overline{A}_0}$ $\overline{Y}_1 = \overline{\overline{A}_2\overline{A}_1 A_0}$ $\overline{Y}_2 = \overline{\overline{A}_2 A_1\overline{A}_0}$ $\overline{Y}_3 = \overline{\overline{A}_2 A_1 A_0}$

$\overline{Y}_4 = \overline{A_2\overline{A}_1\overline{A}_0}$ $\overline{Y}_5 = \overline{A_2\overline{A}_1 A_0}$ $\overline{Y}_6 = \overline{A_2 A_1\overline{A}_0}$ $\overline{Y}_7 = \overline{A_2 A_1 A_0}$

从二进制译码器的逻辑表达式可以看到,输出为低电平有效时,输出表达式为以输入信号为自变量的最小项的非,用译码器加与非门构成逻辑函数表达式。

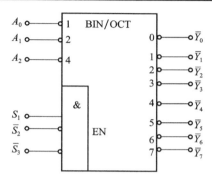

图 11 - 4 - 13　集成 3/8 译码器 74LS138 逻辑图

2. 集成 3/8 译码器

将设计好的 3/8 译码器封装在一个集成芯片上,便成为集成 3/8 译码器,图 11 - 4 - 13 为 74LS138 逻辑图,其真值表如表 11 - 4 - 8 所示。

表 11 - 4 - 8　集成 3/8 译码器真值表

输入					输出							
S_1	$\overline{S}_2+\overline{S}_3$	A_2	A_1	A_0	$\overline{Y}_0$	$\overline{Y}_1$	$\overline{Y}_2$	$\overline{Y}_3$	$\overline{Y}_4$	$\overline{Y}_5$	$\overline{Y}_6$	$\overline{Y}_7$
1	0	0	0	0	0	1	1	1	1	1	1	1
1	0	0	0	1	1	0	1	1	1	1	1	1
1	0	0	1	0	1	1	0	1	1	1	1	1
1	0	0	1	1	1	1	1	0	1	1	1	1
1	0	1	0	0	1	1	1	1	0	1	1	1
1	0	1	0	1	1	1	1	1	1	0	1	1
1	0	1	1	0	1	1	1	1	1	1	0	1
1	0	1	1	1	1	1	1	1	1	1	1	0
0	×	×	×	×	1	1	1	1	1	1	1	1
×	1	×	×	×	1	1	1	1	1	1	1	1

其中,S_1、$\overline{S}_2$、$\overline{S}_3$ 为 3 个输入选通控制端,当 $S_1\overline{S}_2\overline{S}_3 = 100$ 时,才允许集成 3/8 译码器进行译码,同时这 3 个控制信号可以作为译码器的扩展使用。

如果构成 4/16 译码器,可以用两片 74LS138 译码器构成。具体步骤为:

(1) 确定译码器的个数:由于输出有 16 个信号,至少需要两片 3/8 译码器芯片。

(2) 扩展后输入的二进制代码有 4 个,除了使用芯片原有的 3 个二进制代码输入端为低 3 位代码输入外,还需要在 3 个选通控制端中选择一个作为最高位代码输入端。具体的逻辑电路如图 11 - 4 - 14 所示。

3. 显示译码器

与二进制译码器不同,显示译码器是用来驱动显示器件的译码器。

(1) 七段数字显示器。

七段数字显示器是目前使用最广泛的一种数码显示器。这种数码显示器由分布在同一平面的七段可发光的线段组成,可用来显示数字、文字或符号。它有半导体显示器和液晶显示器两种。

由某些特殊的半导体材料做成的 PN 结,在外加一定的电压时,能将电能转化成光能的这种特性,利用这种 PN 结发光特性制作成显示器件,称为半导体显示器件。常用半导体显示器件有单个的发光二极管及由多个发光二极管组成的 LED 数码管的显示器件,如图 11-4-15 所示。

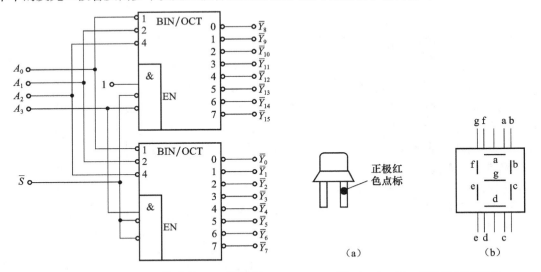

图 11-4-14 用 74LS138 构成的 4/16 译码器

图 11-4-15 半导体显示器件
(a) 发光二极管;(b) LG5611B 型数码管引脚功能

LED 数码管的显示器件有共阴极数码管与共阳极数码管两种接法。如图 11-4-16 所示,在构成显示译码器时,对于共阳极数码管,要使某段发亮,该段应接低电平;对于共阴极数码管,要使某段发亮,该段应接高电平。

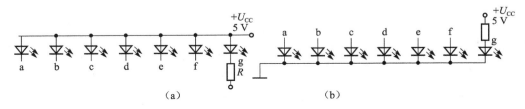

图 11-4-16 七段数字显示器的两种接法
(a) 共阳极;(b) 共阴极

半导体显示器件的优点是体积小、工作可靠、寿命长、响应速度快、颜色丰富。缺点是功耗较大。

液晶显示元件(LCD)是一种平板薄型显示器件。由于它的驱动电压低,工作电流非常小,与 CMOS 电路结合可以构成微功耗系统,广泛应用在电子钟表、电子计算机、各种仪器和仪表中。

液晶是一种介于晶体和液体之间的化合物。常温下既具有液体的流动性和连续性,又具有晶体的某些光学特性。液晶显示器件本身不发光,但在外加电场作用下,产生光电效应,调制外界光线使不同的部位显现反差来达到显示目的。

液晶显示器件由一个公共极和构成七段字形的 7 个电极构成。图 11-4-17(a)是字段 a 的液晶显示器件交流驱动电路,图 11-4-17(b)是产生交流电压的工作波形。当 a 为低电平时,液晶两端不形成电场,无光电效应,该段不发光;当 a 为高电平时,液晶两端形成电场,有光电效应,该段发光。

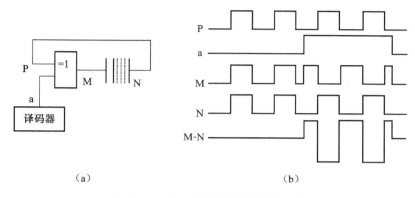

图 11-4-17 液晶显示器件驱动电路
(a) 液晶显示器件交流驱动电路;(b) 工作电压波形

(2) 显示译码器。

数字显示译码器是驱动显示器的核心部件,它可以将输入代码转换成相应的数字显示代码,并在数码管上显示出来。图 11-4-18 为显示译码器的方框图,其中输入信号为 8421 码,输出为对应下标的数码管 7 段控制信号。

图 11-4-18 显示译码器方框图

根据共阳极 LED 数码管特点,当某段控制信号为低电平时,该段发亮,否则该段不亮。由于显示译码器是将 8421 BCD 码转换成十进制数显示控制信号,如图 11-4-19 所示,当输入不同的 BCD 码,输出应控制每段 LED 数码管按下列方式发亮。

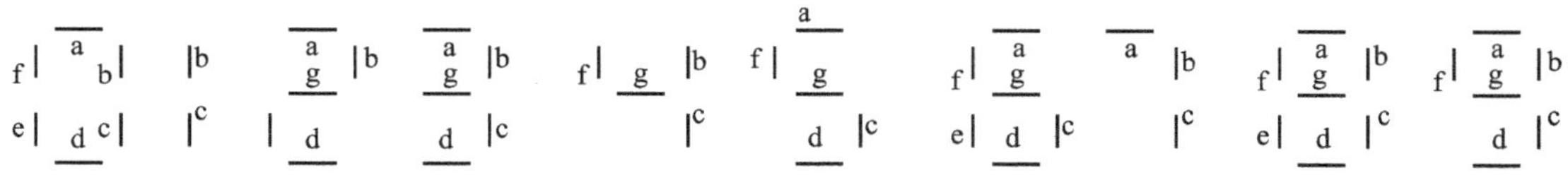

图 11-4-19 BCD 码所对应的 10 个十进制数显示形式

根据图 11-4-19,列出相应的真值表,如表 11-4-9 所示。

表 11-4-9 8421 BCD 码七段显示译码器真值表

输入				输出							字形
A_3	A_2	A_1	A_0	Y_a	Y_b	Y_c	Y_d	Y_e	Y_f	Y_g	
0	0	0	0	0	0	0	0	0	0	1	0
0	0	0	1	1	0	0	1	1	1	1	1
0	0	1	0	0	0	1	0	0	1	0	2
0	0	1	1	0	0	0	0	1	1	0	3
0	1	0	0	1	0	0	1	1	0	0	4
0	1	0	1	0	1	0	0	1	0	0	5
0	1	1	0	0	1	0	0	0	0	0	6
0	1	1	1	0	0	0	1	1	1	1	7
1	0	0	0	0	0	0	0	0	0	0	8
1	0	0	1	1	1	1	1	0	1	1	9

根据共阳极数码管发光原理,译码器输出信号为低电平时,才能使数码管发光。因此,LED 数码管的阳极接电源正极,阴极接译码器输出信号。由于 LED 数码管发光需要有一定的工作电流,显示译码器输出信号必须要有足够的带灌电流负载的能力,以驱动 LED 相应的段发光。在译码器的输出端需串联一个限流电阻 R,具体电路如图 11 - 4 - 20 所示。

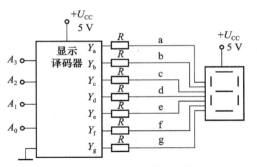

图 11 - 4 - 20　显示译码器与共阳极显示器的连接图

11.4.5　数据选择器

如图 11 - 4 - 21 所示,数据选择器是指 2^m(m 为正整数)个输入信号,根据 m 个地址输入信号,选择一个输入信号传送到输出端的器件。数据选择器也称为多路选择器或多路开关。

1. 4 选 1 数据选择器

如图 11 - 4 - 22 所示,4 选 1 数据选择器有 4 个输入信号、2 个地址输入信号,1 个输出信号,根据数据选择器定义及图 11 - 4 - 22,列出真值表,如表 11 - 4 - 10 所示。

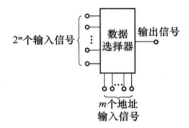

图 11 - 4 - 21　数据选择器方框图

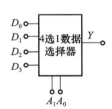

图 11 - 4 - 22　4 选 1 数据选择器

表 11 - 4 - 10　4 选 1 数据选择器真值表

输入		输出
A_1	A_0	Y
0	0	D
0	1	D
1	0	D
1	1	D

根据真值表,写出逻辑表达式:

$$Y = D_0 \bar{A}_1 \bar{A}_0 + D_1 \bar{A}_1 A_0 + D_2 A_1 \bar{A}_0 + D_3 A_1 A_0 \quad (11 - 4 - 14)$$

2. 8 选 1 数据选择器

8 选 1 数据选择器 74LS151 逻辑图,如图 11 - 4 - 23 所示。其真值表如表 11 - 4 - 11 所示。

当选通控制端 $\bar{S} = 1$ 时,互补输出端 $Y\bar{Y} = 01$,数据选择器被禁止;当选通控制端 $\bar{S} = 0$ 时,数据选择器被选通,此时互补输出端逻辑表达式为:

$$Y = D_0 \bar{A}_2 \bar{A}_1 \bar{A}_0 + D_1 \bar{A}_2 \bar{A}_1 A_0 + \cdots + D_7 A_2 A_1 A_0 \quad (11 - 4 - 15)$$

$$\bar{Y} = \overline{D_0 \bar{A}_2 \bar{A}_1 \bar{A}_0} + \overline{D_1 \bar{A}_2 \bar{A}_1 A_0} + \cdots + \overline{D_7 A_2 A_1 A_0} \quad (11 - 4 - 16)$$

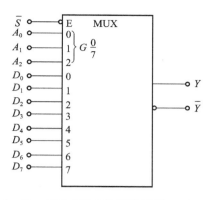

图 11-4-23　集成 8 选 1 数据选择器 74LS151 逻辑图

表 11-4-11　8 选 1 数据选择器 74LS151 真值表

输入				输出	
$\bar{S}$	A_2	A_1	A_0	Y	$\bar{Y}$
1	×	×	×	0	1
0	0	0	0	D_0	$\bar{D}_0$
0	0	0	1	D_1	$\bar{D}_1$
0	0	1	0	D_2	$\bar{D}_2$
0	0	1	1	D_3	$\bar{D}_3$
0	1	0	0	D_4	$\bar{D}_4$
0	1	0	1	D_5	$\bar{D}_5$
0	1	1	0	D_6	$\bar{D}_6$
0	1	1	1	D_7	$\bar{D}_7$

11.4.6　数据分配器

如图 11-4-24 所示，根据 m 位地址输入信号，将 1 个输入信号传送到 2^m 个输出端中某 1 个输出端中的器件称为数据分配器。

如图 11-4-25 所示为 1 路-4 路数据分配器，它有 1 个信号输入端 D，2 个地址输入端 A_1、A_0，4 个信号输出端 Y_3、Y_2、Y_1、Y_0，其数据分配器真值表如表 11-4-12 所示。

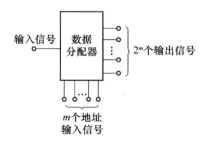

图 11-4-24　数据分配器方框图

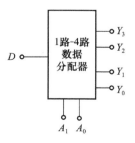

图 11-4-25　1 路-4 路数据分配器

表 11-4-12　1 路 -4 路数据分配器真值表

输入		输出			
A_1	A_0	Y_3	Y_2	Y_1	Y_0
0	0	0	0	0	D
0	1	0	0	D	0
1	0	0	D	0	0
1	1	D	0	0	0

11.5　用中规模集成电路实现组合逻辑电路

1. 用译码器实现组合逻辑函数

集成译码器加少量逻辑门可以构成任意组合逻辑函数。用译码器构成组合逻辑门电路的步骤：

（1）根据函数自变量个数确定译码器输入编码位数,并将函数自变量与译码器输入编码一一对应。

（2）写出函数的标准与或式。

（3）把标准的与或式变换成与非 – 与非式。

（4）然后用译码器加与非门构成逻辑函数。

【例 11-5-1】 用 74LS138 及少量与非门构成全加器。

【解】 全加器有 3 个输入变量 A_i、B_i、C_{i-1},而 74LS138 有 3 位编码输入,因此可以采用 74LS138 译码器设计全加器。

（1）全加器的表达式为:

$$S_i = A_i\overline{B_i}\overline{C_{i-1}} + \overline{A_i}B_i\overline{C_{i-1}} + \overline{A_i}\overline{B_i}C_{i-1} + A_iB_iC_{i-1}, \quad C_i = A_iB_i + B_iC_{i-1} + A_iC_{i-1}$$

（2）取 A_i、B_i、C_{i-1} 分别与译码器输入 A_2、A_1、A_0 对应；将 S_i、C_i 标准与或式表示为:

$$S_i(A_i, B_i, C_{i-1}) = m_1 + m_2 + m_4 + m_7$$

$$C_i(A_i, B_i, C_{i-1}) = \overline{A_i}B_iC_{i-1} + A_i\overline{B_i}C_{i-1} + A_iB_i\overline{C_{i-1}} + A_iB_iC_{i-1}$$

$$= m_3 + m_5 + m_6 + m_7$$

（3）将 S_i、C_i 标准与或式变换成与非 – 与非式:

$$S_i(A_i, B_i, C_{i-1}) = \overline{\overline{m_1} \cdot \overline{m_2} \cdot \overline{m_4} \cdot \overline{m_7}}$$

$$C_i(A_i, B_i, C_{i-1}) = \overline{\overline{m_3} \cdot \overline{m_5} \cdot \overline{m_6} \cdot \overline{m_7}}$$

（4）由于 74LS138 译码器的输出信号表达式为:

$$\overline{Y_0} = \overline{\overline{A_2}\overline{A_1}\overline{A_0}} = \overline{m_0}, \overline{Y_1} = \overline{\overline{A_2}\overline{A_1}A_0} = \overline{m_1}, \cdots, \overline{Y_7} = \overline{A_2A_1A_0} = \overline{m_7}$$

所以 S_i、C_i 表达式可通过译码器加 2 个与非门实现,最终逻辑电路图如图 11-5-1 所示。

2. 用集成数据选择器实现组合逻辑函数

数据选择器加少量门电路可以实现任意逻辑函数,用集成数据选择器构成组合逻辑门电路的步骤：

（1）根据数据选择器的地址输入端的个数,确定逻辑函数变量与地址输入端的对应关系。

（2）写出对应地址输入变量的逻辑函数标准与 – 或式。

（3）将逻辑函数标准与 – 或式各最小项前的系数（该系数可能是一个逻辑表达式）与数

据选择器数据输入一一对应,写出数据选择器数据输入端的逻辑表达式。

(4) 将步骤(1)确定的变量作为数据选择器地址输入,用少许门电路实现数据输入端的逻辑表达式,画出最终的逻辑电路图。

【例 11-5-2】 用数据选择器 74LS153 实现逻辑函数 $F = A\overline{B} + BC$。

【解】 (1) 74LS153 是一个双 4 选 1 数据选择器,其引脚图如图 11-5-2 所示,真值表如表 11-5-1 所示。

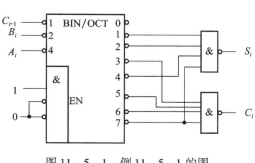

图 11-5-1 例 11-5-1 的图

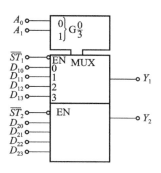

图 11-5-2 双 4 选 1 数据选择器 74LS153 引脚图

表 11-5-1 双 4 选 1 数据选择器 74LS153 的真值表

输入			输出	
$\overline{ST_1}(\overline{ST_2})$	A_1	A_0	Y_1	(Y_2)
1	×	×	0	0
0	0	0	D_{10}	D_{20}
0	0	1	D_{11}	D_{21}
0	1	0	D_{12}	D_{22}
0	1	1	D_{13}	D_{23}

(2) 选定 B、C 变量与数据选择器地址输入 A_1、A_0 对应,将原表达式写为以 B、C 为自变量的标准与或式:

$$F(B,C) = A\overline{B} + BC = A(\overline{BC} + \overline{B}\overline{C}) + BC = Am_0 + Am_1 + 1 \cdot m_3$$

(11-5-1)

(3) 根据式(11-5-1),并选择一个 4 选 1 数据选择器工作,则 $D_{10} = A$,$D_{11} = A$,$D_{12} = 0$,$D_{13} = 1$。

(4) 根据题意,数据选择器 74LS153 实现逻辑函数 $F = A\overline{B} + BC$ 的逻辑电路图,如图 11-5-3 所示。

【例 11-5-3】 用数据选择器 74LS151 实现函数:

$$F(A,B,C,D) = \sum_m (0,3,5,8,10,12,15)$$

【解】 74LS151 是 8 选 1 数据选择器,选取 B、C、D 与数据选择器的地址 A_2、A_1、A_0 输入对应,画出卡诺图如图 11-5-4 所示。

写出以 B、C、D 为自变量的标准与或式:

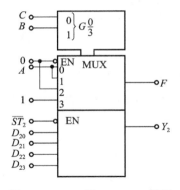

图 11-5-3 例 11-5-2 的图

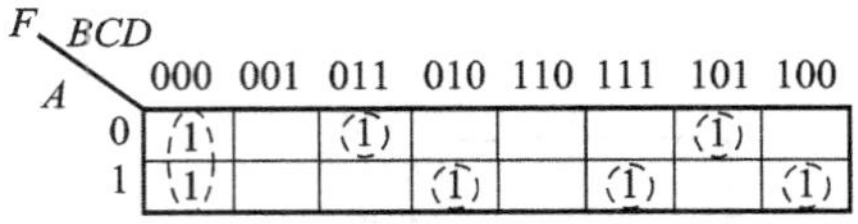

图 11-5-4 例 11-5-3 的卡诺图

$$F(B,C,D) = 1 \cdot \overline{B}\,\overline{C}\,\overline{D} + \overline{A} \cdot \overline{B}CD + A \cdot \overline{BC}D + \overline{A} \cdot BCD + \overline{A} \cdot B\overline{C}D + A \cdot B\overline{C}\,\overline{D}$$
$$= m_0 + A \cdot m_2 + \overline{A}m_3 + A \cdot m_4 + \overline{A} \cdot m_5 + A \cdot m_7$$

所以
$$D_0 = 1, D_1 = 0, D_2 = A, D_3 = \overline{A}, D_4 = A, D_5 = \overline{A}, D_6 = 0, D_7 = A$$

根据题意,画出 74LS151 构成的逻辑电路图如图 11-5-5 所示。

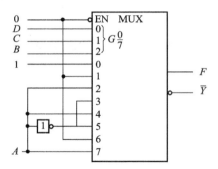

图 11-5-5 例 11-5-3 的图

习 题 11

一、选择题

1. 十进制数 100 对应的二进制数为( )。
   A. 1011110 B. 1100010 C. 1100100 D. 11000100
2. 和逻辑式 $\overline{AB}$ 表示不同逻辑关系的逻辑式是( )。
   A. $\overline{A} + \overline{B}$ B. $\overline{A} \cdot \overline{B}$ C. $\overline{A} \cdot B + \overline{B}$ D. $A\overline{B} + \overline{A}$
3. 逻辑函数中的逻辑"与"和它对应的逻辑代数运算关系为( )。
   A. 逻辑加 B. 逻辑乘 C. 逻辑非 D. 逻辑或
4. 数字电路中机器识别和常用的数制是( )。
   A. 二进制 B. 八进制 C. 十进制 D. 十六进制
5. 一个两输入端的门电路,当输入为 1 和 0 时,输出不是 1 的门是( )。
   A. 与非门 B. 或门 C. 或非门 D. 异或门

6. 若逻辑表达式 $F = \overline{A + B + CD} = 1$，则 A、B、C、D 分别为（　　）
　A. 1000　　　　　B. 0100　　　　　C. 0110　　　　　D. 1011
7. 逻辑"与"的运算是（　　）
　A. 逻辑和　　　　B. 逻辑乘　　　　C. 逻辑除　　　　D. 逻辑加
8. 下列逻辑状态表对应的逻辑表达式为（　　）

A	B	F
0	0	1
0	1	0
1	0	0
1	1	0

　A. $F = A + B$　　　　B. $F = A \cdot B$
　C. $F = \overline{A + B}$　　　　D. $F = \overline{A \cdot B}$

9. 下列图的逻辑符号，能实现 $F = \overline{AB}$ 逻辑功能的是（　　）。

　　A　　　　　　　　B　　　　　　　　C　　　　　　　　D

10. 逻辑电路如图 11-1 所示，已知 $F = 1$，则 $ABCD$ 的值为（　　）
　A. 0101　　　　　B. 1110　　　　　C. 1010　　　　　D. 1101

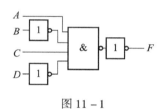

图 11-1

二、填空题

1. 在时间上和数值上均做连续变化的电信号称为_____信号；在时间上和数值上离散的信号叫作_____信号。

2. 在正逻辑的约定下，"1"表示_____电平，"0"表示_____电平。

3. 数字电路中，输入信号和输出信号之间的关系是_____关系，所以数字电路也称为_____电路。在逻辑关系中，最基本的关系是_____、_____和_____关系，对应的电路称为_____门、_____门和_____门。

4. 功能为有 1 出 1、全 0 出 0 的门电路称为_____门；_____功能的门电路是异或门；实际中_____门应用的最为普遍。

5. 三态门除了_____态、_____态，还有第三种状态，即_____态。

6. 用来表示各种计数制数码个数的数称为_____，同一数码在不同数位所代表的_____不同。十进制计数各位的_____是 10，_____是 10 的幂。

7. TTL 门输入端口为_____逻辑关系时，多余的输入端可_____处理；TTL 门输入端口为_____逻辑关系时，多余的输入端应接_____；CMOS 门输入端口为"与"逻辑关系时，多余的输入端应接_____电平，具有"或"逻辑端口的 CMOS 门多余的输入端应接_____电平；即 CMOS 门的输入端不允许_____。

8. 卡诺图是将代表_____的小方格按_____原则排列而构成的方块图。

9. 组合逻辑电路当前的输出变量状态仅由输入变量的组合状态来决定，与原来状态_____。

10. 一个"与非"门电路,当其输入全为"1"时,输出为_____,当输入中有一个为"0"时,输出为_____。

三、化简下列逻辑函数

① $F = (A + \overline{B})C + \overline{A}B$

② $F = A\overline{C} + \overline{A}B + BC$

③ $F = \overline{A}\,\overline{B}C + \overline{A}BC + AB\overline{C} + \overline{A}\,\overline{B}\,\overline{C} + ABC$

④ $F = \overline{A + \overline{B}C} + AB + A\overline{C}D$

⑤ $F = (A + B)C + \overline{A}C + \overline{AB + \overline{B}C}$

⑥ $F = \overline{A}B + B\overline{C} + \overline{B}\,\overline{C}$

四、用卡诺图化简法将下列函数化为最简与或形式

(1) $Y = ABC + ABD + \overline{C}\,\overline{D} + A\overline{B}C + \overline{A}CD + A\overline{C}D$

(2) $Y = A\overline{B} + \overline{A}C + BC + \overline{C}D$

(3) $Y = A\overline{B}\,\overline{C} + \overline{A}\,\overline{B} + \overline{A}D + C + BD$

(4) $Y(A,B,C,) = \sum (m_0, m_1, m_2, m_5, m_6, m_7)$

(5) $Y(A,B,C,) = \sum (m_1, m_3, m_5, m_7)$

五、组合逻辑的分析和设计

1. 写出图11-2所示逻辑电路的逻辑表达式及真值表。

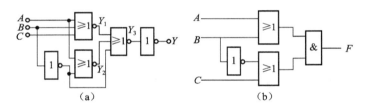

图11-2

2. 如图11-3所示是用两个4选1数据选择器组成的逻辑电路,试写出输出 Z 与输入 M、N、P、Q 之间的逻辑函数。已知数据选择器的逻辑函数式为:

$$Y = [D_0\overline{A_1}\,\overline{A_0} + D_1\overline{A_1}A_0 + D_2A_1\overline{A_0} + D_3A_1A_0] \cdot S$$

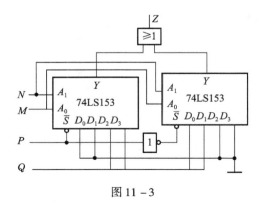

图11-3

3. 列出图11-4所示电路 F_1、F_2 的真值表,并写出逻辑表达式。

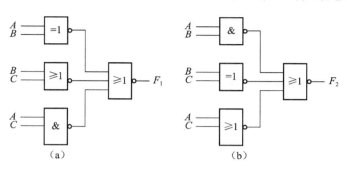

图 11-4

4. 试分析图 11-5 所示逻辑电路的功能。

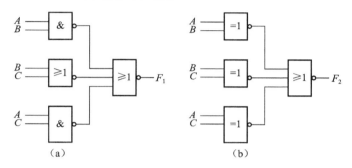

图 11-5

5. 写出图 11-6 所示电路的逻辑表达式,并列出真值表,说明其功能。

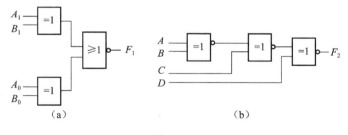

图 11-6

6. 试用两输入与非门和反相器设计一个四变量的奇偶校验器,即当四变量中有奇数个一输入时,输出为 1,否则为 0。

7. 试设计一个三输入、三输出逻辑电路。当控制信号 $C=0$ 时,输出状态与输入状态相同,当 $C=1$ 时,输出状态与输入状态相反,尽可能做到门的种类少,数目少。

8. 设计用 3 个开关控制一个电灯的逻辑电路,要求改变任何一个开关的状态都控制电灯由亮变灭或由灭变亮。要求用数据选择器来实现。

9. 试设计一个组合逻辑电路,该电路有 3 个输入,即 A、B、C,1 个输出 F。当下面条件有任意 1 个成立时,F 都等于 1,否则为 0。

(1) 所有输入为 0。
(2) 没有一个输入为 0。
(3) 有奇数个输入为 0。

第 12 章

时序逻辑电路及其应用

本章的学习目的和要求:

掌握常用的双稳态触发器的功能和时序图的画法;理解由双稳态触发器构成的同步计数器和异步计数器的内部结构和工作原理;了解由双稳态触发器构成的数码寄存器和移位寄存器的内部结构和工作原理;掌握应用中规模计数器模块设计任意计数器的方法;了解555定时器的内部结构和工作原理;理解由555定时器构成的单稳态触发器的电路结构和工作原理;理解由555定时器构成的多谐振荡器的电路结构和工作原理。

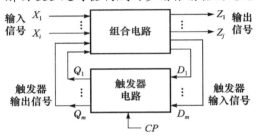

图 12-0-1 时序逻辑电路方框图

数字电路中,凡是任一时刻的稳定输出不仅决定于该时刻的输入,而且还和电路原来的状态有关者,称为时序逻辑电路,其方框图如图 12-0-1 所示。

时序逻辑电路的特点为含有具有记忆元件的触发器和具有反馈通道。因此双稳态触发器是各种时序逻辑电路的基础。本章将在分析双稳态触发器逻辑功能的基础上,讨论几种典型的时序逻辑电路器件,介绍时序逻辑电路的分析和设计方法。

12.1 双稳态触发器

双稳态触发器是组成时序逻辑电路的基本单元。按其逻辑功能可分为 RS 触发器、JK 触发器和 D 触发器等。双稳态触发器有两种稳定的状态为"0"和"1",当有信号触发时,状态会发生"翻转",即"0"变为"1"或者"1"变为"0"。

12.1.1 RS 触发器

1. 基本 RS 触发器

(1) 基本 RS 触发器的构成。

基本 RS 触发器由两个与非门 G_1 和 G_2 交叉耦合构成,如图 12-1-1 所示。$\overline{S_D}$ 和 $\overline{R_D}$ 为信号输入端,有四种触发状态,平时固定接高电平,当加负脉冲后,由 1 变为 0;Q 和 $\overline{Q}$ 为输出端,在正常的情况下,两个输出端保持稳定的状态且始终相反。当 $Q=1$ 时,$\overline{Q}=0$;反之当 $Q=0$ 时,$\overline{Q}=1$,所以称为**双稳态触发器**。

触发器的状态以 Q 端为标志,设 Q^n 为初态(也称为原态),Q^{n+1} 为次态(也称为新态),当

$Q^{n+1}=1$ 时称为触发器处于 1 态,即置位状态;当 $Q^{n+1}=0$ 时称为触发器处于 0 态,即复位状态;当 $Q^{n+1}=Q^n$ 为保持原态。

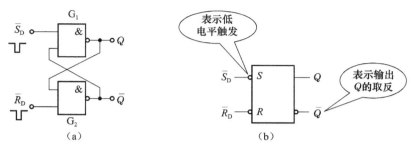

图 12 - 1 - 1　由与非门组成的基本 RS 触发器
(a) 逻辑图;(b) 逻辑符号

(2) 基本 RS 触发器的功能。

(1) 当 $\bar{S}_D=0,\bar{R}_D=1$ 时,$Q^n=1,\bar{Q}^n=0,Q^{n+1}=1$。触发器处于 1 状态,也称为置位状态,因此 $\bar{S}_D$ 端被称为置位端。

(2) 当 $\bar{S}_D=1,\bar{R}_D=0$ 时,$Q^n=0,\bar{Q}^n=1,Q^{n+1}=0$。触发器处于 0 状态,也称为复位状态,因此 $\bar{R}_D$ 端被称为复位端或清零端。

(3) 当 $\bar{S}_D=1,\bar{R}_D=1$ 时,$Q^{n+1}=Q^n$。触发器保持原先的状态或存储原先的状态。

(4) 当 $\bar{S}_D=0,\bar{R}_D=0$ 时,$Q^{n+1}=\overline{Q^{n+1}}=1$。此状态不是触发器定义的状态。当负脉冲除去后,触发器的状态为不定状态,因此,此种情况在使用中应该禁止出现。

上述逻辑关系可用表 12 - 1 - 1 来表示。表 12 - 1 - 1 可以用表 12 - 1 - 2 来简化。

基本 RS 触发器置 0 和置 1 是利用 $\bar{S}_D$、$\bar{R}_D$ 端的负脉冲实现的。图 12 - 1 - 1(b) 所示逻辑符号中 $\bar{R}_D$ 端和 $\bar{S}_D$ 端的小圆圈表示用负脉冲对触发器置 0 和置 1。

表 12 - 1 - 1　基本 RS 触发器的逻辑功能表

输入		输出			
$\bar{S}_D$	$\bar{R}_D$	Q^n	$\bar{Q}^n$	Q^{n+1}	$\overline{Q^{n+1}}$
0	0	0	1	1*	1*
0	0	1	0	1*	1*
0	1	0	1	1	0
0	1	1	0	1	0
1	0	0	1	0	1
1	0	1	0	0	1
1	1	0	1	0	1
1	1	1	0	1	0

表 12 - 1 - 2　基本 RS 触发器的逻辑功能简化表

输入		输出		说明
$\bar{S}_D$	$\bar{R}_D$	Q^{n+1}	$\overline{Q^{n+1}}$	
0	0	1*	1*	禁态
0	1	1	0	置位
1	0	0	1	复位
1	1	Q^n	$\bar{Q}^n$	存储

【例 12-1-1】 设基本 RS 触发器的初态为 0,$\overline{S}_D$ 和 $\overline{R}_D$ 的电压波形如图 12-1-2 所示,试画出 Q^n、$\overline{Q}^n$ 端的输出波形。

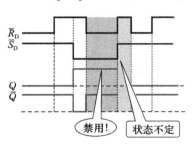

图 12-1-2 例 12-1-1 的图

【解】 根据题意,触发器初态为 0,即 $Q=0$,$\overline{Q}=1$。

(1) 当输入信号 $\overline{S}_D=1$,$\overline{R}_D=0$ 时,$Q=0$,$\overline{Q}=1$。

(2) 当输入信号 $\overline{S}_D=1$,$\overline{R}_D=1$ 时,触发器保持原先的状态不变,即 $Q=0$,$\overline{Q}=1$。

(3) 当 $\overline{S}_D=0$,$\overline{R}_D=1$ 时,$Q=1$,$\overline{Q}=0$。

(4) 当 $\overline{S}_D=0$,$\overline{R}_D=0$ 时,$Q=\overline{Q}=1$,负脉冲过后,触发器处于不定状态。

后面的波形根据 $\overline{S}_D$ 和 $\overline{R}_D$ 的状态,以此类推。触发器 Q^n、$\overline{Q}^n$ 端的输出波形如图 12-1-2 所示。

2. 可控 RS 触发器

基本 RS 触发器的状态转换直接受输入信号 $\overline{S}_D$ 和 $\overline{R}_D$ 的控制,而在实际应用中,往往要求触发器的翻转时刻受统一的时钟脉冲 CP 控制。用 CP 控制的 RS 触发器称为可控 RS 触发器,其逻辑图和逻辑符号如图 12-1-3 所示。

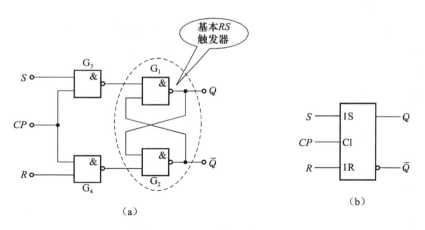

图 12-1-3 可控 RS 触发器
(a) 逻辑图;(b) 逻辑符号

图 12-1-2 中,与非门 G_1 和 G_2 构成基本 RS 触发器,G_3 和 G_4 构成时钟控制电路,CP 为时钟脉冲输入端。

(1) 当 $CP=0$ 时,G_3 和 G_4 门被封锁,输入信号 R、S 不会对触发器的状态产生影响。

(2) 当 $CP=1$ 时,G_3 和 G_4 门被打开,输入信号 R、S 的信号才能送入基本 RS 触发器,使触发器的状态发生变化。

当 CP 为高电平期间触发器的逻辑功能如表 12-1-3 所示,表 12-1-4 为表 12-1-3 的简化。

表 12-1-3 可控 RS 触发器的逻辑功能表

输入		输出			
S	R	Q^n	$\overline{Q^n}$	Q^{n+1}	$\overline{Q^{n+1}}$
0	0	0	1	0	1
0	0	1	0	1	0
0	1	0	1	0	1
0	1	1	0	0	1
1	0	0	1	1	0
1	0	1	0	1	0
1	1	0	1	1*	1*
1	1	1	0	1*	1*

表 12-1-4 可控 RS 触发器的逻辑功能简化表

输入		输出		
S	R	Q^{n+1}	$\overline{Q^{n+1}}$	说明
0	0	Q^n	$\overline{Q^n}$	存储
0	1	0	1	复位
1	0	1	0	置位
1	1	1*	1*	禁态

【例 12-1-2】 设可控 RS 触发器的初态为 0,试画出图 12-1-4 所示的 Q、$\overline{Q}$ 端的输出波形。

【解】 根据表 12-1-4 可得图 12-1-4 所示的 Q、$\overline{Q}$ 端的输出波形,其输出波形如图 12-1-4 所示。

12.1.2 JK 触发器

JK 触发器是一种功能较完善、应用很广泛的双稳态触发器,它可以构成计数器、寄存器以及脉冲序列发生器等。图 12-1-5 所示为一

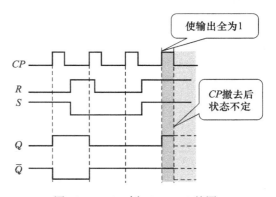

图 12-1-4 例 12-1-2 的图

种典型结构的 JK 触发器——主从 JK 触发器。它由两个可控 RS 触发器串联组成,分别称为主触发器和从触发器。J 和 K 是信号输入端,时钟 CP 控制主触发器和从触发器的翻转。

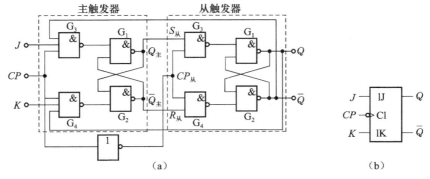

图 12-1-5 主从 JK 触发器
(a) 逻辑图;(b) 逻辑符号

（1）当 $CP=0$ 时，主从触发器状态不变，从触发器输出状态与主触发器的输出状态相同。

（2）当 $CP=1$ 时，输入 J、K 影响主触发器，而从触发器状态不变。当 CP 从 1 变成 0 时，主触发器的状态传送到从触发器，即主从触发器是在 CP 下降沿到时才使触发器翻转的。

根据前面所讲的可控 RS 触发器的功能表 12-1-4，可得主从 JK 触发器的逻辑功能，如表 12-1-5 所示，表 12-1-6 为表 12-1-5 的简化。

表 12-1-5 主从 JK 触发器逻辑功能表

输入			输出			
CP	J	K	Q^n	$\overline{Q^n}$	Q^{n+1}	$\overline{Q^{n+1}}$
⎺⎽	0	0	0	1	0	1
⎺⎽	0	0	1	0	1	0
⎺⎽	0	1	0	1	0	1
⎺⎽	0	1	1	0	0	1
⎺⎽	1	0	0	1	1	0
⎺⎽	1	0	1	0	1	0
⎺⎽	1	1	0	1	1	0
⎺⎽	1	1	1	0	0	1

表 12-1-6 主从 JK 触发器逻辑功能简化表

输入			输出		
CP	J	K	Q^{n+1}	$\overline{Q^{n+1}}$	说明
↓	0	0	Q^n	$\overline{Q^n}$	存储
↓	0	1	0	1	复位
↓	1	0	1	0	置位
↓	1	1	$\overline{Q^n}$	Q^n	计数

根据表 12-1-6 可写出 JK 触发器的表达式：

$$Q^{n+1} = J\overline{Q^n} + \overline{K}Q^n \qquad (12-1-1)$$

【例 12-1-3】 设 JK 触发器的初态为 0，试画出图 12-1-6 所示的 Q 端的输出波形。

【解】 根据表 12-1-6 可得图 12-1-6 所示的 Q 端的输出波形，其输出波形如图 12-1-6 所示。

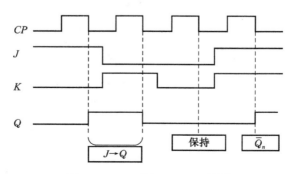

图 12-1-6 例 12-1-3 的图

12.1.3 D 触发器

D 触发器也称锁存器,其输出状态跟随输入数据而变。D 触发器可由一个非门和可控 RS 触发器构成,如图 12-1-7 所示。

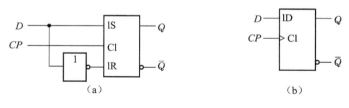

图 12-1-7 D 触发器
(a) 逻辑图;(b) 逻辑符号

根据前面所讲的可控 RS 触发器的功能表 12-1-4,可得 D 触发器的逻辑功能,如表 12-1-7 所示。

表 12-1-7 D 触发器功能表

输入	输出			
D	Q^n	$\overline{Q^n}$	Q^{n+1}	$\overline{Q^{n+1}}$
0	0	1	0	1
0	1	0	0	1
1	0	1	1	0
1	1	0	1	0

【例 12-1-4】 设 D 触发器的初态为 0,试画出图 12-1-8 所示的 Q、$\overline{Q}$ 端的输出波形。

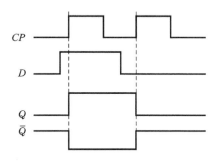

图 12-1-8 例 12-4-1 的图

【解】 根据表 12-1-7 可得图 12-1-8 所示的 Q、$\overline{Q}$ 端的输出波形,其输出波形如图 12-1-8 所示。

12.2 寄 存 器

寄存器用来暂时存放参与运算的数据和运算结果。一个触发器只能寄存一位二进制数,要存多位数,就得用多个触发器。常用的有四位、八位、十六位等寄存器。

寄存器存放数码的方式有并行和串行两种,如图 12-2-1 所示。在并行方式中,被取出的数码各位在对应于各位的输出端上同时出现;而在串行方式中,被取出的数码在一个输出端逐位出现。

寄存器常分为数码寄存器和移位寄存器两种,其区别在于有无移位的功能。

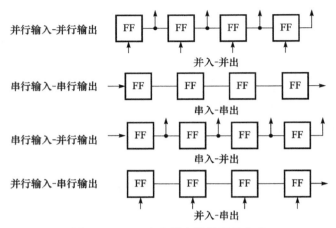

图 12 - 2 - 1　寄存器存放数码的方式

12.2.1　数码寄存器

图 12 - 2 - 2 所示为由四个 D 触发器组成的并行输入、并行输出数码寄存器。使用前,直接在复位端 $\overline{R}_D$ 加负脉冲将触发器清零。数码加在输入端 d_3、d_2、d_1、d_0 上,当时钟 CP 上升沿过后,$Q_3Q_2Q_1Q_0 = d_3d_2d_1d_0$,这待存的四位数码就暂存到寄存器中。需要取出数码时,可从输出端 Q_3、Q_2、Q_1、Q_0 同时取出。

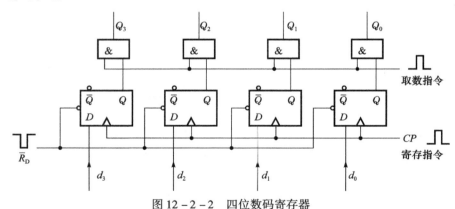

图 12 - 2 - 2　四位数码寄存器

12.2.2　移位寄存器

移位寄存器不仅能够寄存数码,而且具有移位功能。"移位",就是将寄存器所存各位数据,在每个移位脉冲的作用下,向左或向右移动一位。根据移位方向,常把它分成左移寄存器、右移寄存器和双向移位寄存器,如图 12 - 2 - 3 所示。

图 12 - 2 - 4 所示为由四个 D 触发器组成的四位左移寄存器。数码从第一个触发器的 D_0 端串行输入,使用前先用 $\overline{R}_D$ 将各触发器清零。现将数码 $d_3d_2d_1d_0 = 1011$ 从高位到低位依次送到 D_0 端。

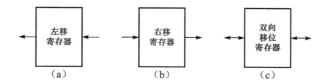

图 12-2-3 移位寄存器的分类
(a) 左移寄存器;(b) 右移寄存器;(c) 双向移位寄存器

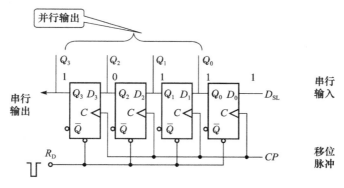

图 12-2-4 由四个 D 触发器组成的四位左移寄存器

设 $d_3d_2d_1d_0 = 1011$,第一个 CP 过后,$Q_0 = d_3 = 1$,其他触发器输出状态仍为 0,即 $Q_3Q_2Q_1Q_0 = 0001$。第二个 CP 过后,$Q_0 = d_2 = 0$,$Q_1 = d_3 = 1$,而 $Q_3 = Q_2 = 0$。经过四个 CP 脉冲后,$Q_3Q_2Q_1Q_0 = d_3d_2d_1d_0 = 1011$,存数结束。各输出端状态如表 12-2-1 所示。

表 12-2-1 各输出端状态

移位脉冲顺序	串行输入 D	Q_3	Q_2	Q_1	Q_0
0 (清0)		0	0	0	0
1	1	0	0	0	1
2	0	0	0	1	0
3	1	0	1	0	1
4	1	1	0	1	1

如果继续送四个移位脉冲,就可以使寄存的这四位数码 1011 逐位从 Q_3 端输出,这种取数方式为串行输出方式,直接从 $Q_3Q_2Q_1Q_0$ 取数为并行输出方式。波形如图 12-2-5 所示。

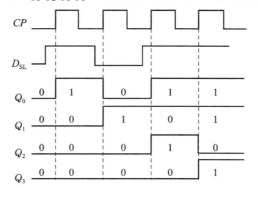

图 12-2-5 四位移位波形图

12.3 计 数 器

计数器是记忆输入脉冲的个数,用于定时、分频、产生节拍脉冲及进行数字运算等。

计数器种类很多,如按计数器中触发器翻转的先后次序分类,可把计数器分为异步计数器和同步计数器;按计数过程中计数器数字的增减分类,可把计数器分为加法计数器、减法计数器和可逆计数器。按计数进制,可分为二进制计数器、十进制计数器和其他计数器等。

12.3.1 异步计数器

触发器直接受输入计数脉冲控制,把其他触发器的输出信号作为自己的时钟脉冲,使各个触发器状态变换的时间先后不一,这种结构的计数器称为异步计数器。

1. 异步二进制计数器

二进制只有 0 和 1 两个代码。二进制加法就是"逢二进一",即 $0+1=1, 1+1=10$。即每当本位是 1 再加 1 时,本位变成 0,而向高位进位,使高位加 1。

图 12-3-1 所示为用三个 JK 触发器组成的三位二进制异步加法计数器,所有触发器的 $J=K=1$,均处在计数工作状态,每当它们 C 端出现下降沿时,Q 的状态即可翻转。

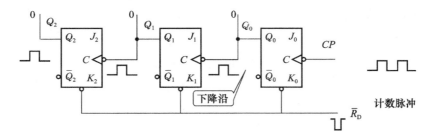

图 12-3-1 异步二进制加法计数器逻辑图

在计数前,首先在 $\overline{R}_D$ 端用负脉冲清零,$Q_0 \sim Q_2$ 的波形变化如图 12-3-2 所示。从电路结构特点看,CP 计数脉冲只与最低位触发器的 C 端相连,并用该脉冲出发翻转,而其他触发器均用低一位触发器的输出 Q 进行触发翻转,即用低位输出推动高一位触发器,三个触发器的状态只能依次翻转。异步计数器的优点是结构简单,但计数速度较慢。

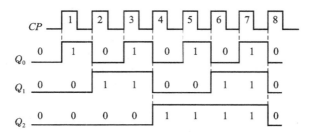

图 12-3-2 异步二进制加法波形图

观察 $Q_0 \sim Q_2$ 波形的频率,每出现两个 CP 计数脉冲,Q_0 输出一个脉冲,即频率减半,称为对 CP 计数脉冲二分频。同理,Q_1 为四分频,Q_2 为八分频。

图 12-3-3 是用三个 D 触发器组成的三位异步二进制加法计数器,每个触发器的 $\overline{Q}$ 与 D 相连,接成计数方式,其工作原理和波形图与前面基本相同,由于 Q 的状态在 CP 脉冲的上升沿翻转,因而各触发器要用低位触发器的 $\overline{Q}$ 触发。异步二进制加法计数器状态表如表 12-3-1 所示。

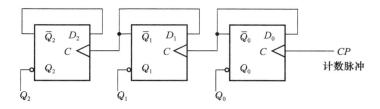

图 12-3-3 D 触发器构成的异步二进制加法计数器逻辑图

表 12-3-1 异步二进制加法计数器状态表

计数脉冲	Q_2	Q_1	Q_0	计数脉冲	Q_2	Q_1	Q_0
0	0	0	0	4	1	0	0
1	0	0	1	5	1	0	1
2	0	1	0	6	1	1	0
3	0	1	1	7	1	1	1
				8	0	0	0

2. 异步非二进制计数器

异步非二进制计数器分析的步骤:
(1) 根据逻辑图,写出控制端的逻辑表达式。
(2) 列写状态转换表,分析其状态转换过程。
(3) 根据状态表分析电路功能。

【**例 12-3-1**】 设 JK 触发器的初态为 0,试分析图 12-3-4 为几进制计数器。

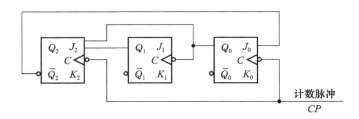

图 12-3-4 例 12-3-1 的图

【**解**】 (1) 根据图 12-3-4,写出控制端的逻辑表达式。

$$J_2 = Q_1 Q_0, \quad K_2 = 1$$
$$J_1 = K_1 = 1$$
$$J_0 = \overline{Q_2}, \quad K_0 = 1$$

(2) 列写状态转换表如表 12-3-2 所示。

表 12 – 3 – 2 例 12 – 3 – 1 的状态表

CP	Q_2	Q_1	Q_0	对应十进制数
0	0	0	0	0
1	0	0	1	1
2	0	1	0	2
3	0	1	1	3
4	1	0	0	4
5	0	0	0	0

(3) 根据状态表可判断该电路的功能为异步五进制加法计数器。

12.3.2 同步计数器

为了提高计数速度,将计数脉冲输入端与各个触发器的 C 端相连。**各个触发器都受同一时钟脉冲输入计数脉冲的控制,所有翻转的触发器同时动作,这种结构的计数器称为同步计数器。**

1. 同步二进制计数器

图 12 – 3 – 5 所示为用三个 JK 触发器组成的三位二进制同步加法计数器,所有触发器的 $J = K = 1$,均处在计数工作状态,每当它们的 C 端出现下降沿时,Q 的状态即可翻转。

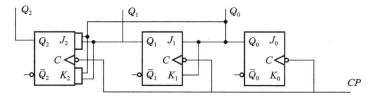

图 12 – 3 – 5 异步二进制加法计数器逻辑图

因为:
$$J_0 = K_0 = 1, \quad J_1 = K_1 = Q_0, \quad J_2 = K_2 = Q_1 Q_0 \quad (12-3-1)$$

可得:

(1) Q_0:来一个 CP,它就翻转一次。

(2) Q_1:当 $Q_0 = 1$ 时,它可翻转一次。

(3) Q_2:只有当 $Q_1 Q_0 = 11$ 时,它才能翻转一次。

根据逻辑式(12 – 3 – 1)和触发器的前一个状态确定其后一个状态,列写状态表,如表 12 – 3 – 3 所示。

表 12 – 3 – 3 三位二进制同步加法计数器状态表

CP	Q_2	Q_1	Q_0	对应十进制数
0	0	0	0	0
1	0	0	1	1
2	0	1	0	2
3	0	1	1	3
4	1	0	0	4
5	1	0	1	5
6	1	1	0	6
7	1	1	1	7
8	0	0	0	0

列下一个循环

根据表 12-3-3 可画出相应的波形,如图 12-3-6 所示。

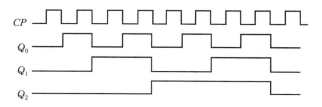

图 12-3-6　三位二进制同步加法计数器波形图

2. 同步非二进制计数器

同步非二进制计数器分析的步骤：
（1）根据逻辑图,写出控制端的逻辑表达式。
（2）列写状态转换表,分析其状态转换过程。
（3）根据状态表分析电路功能。

【例 12-3-2】　设 JK 触发器的初态为 0,试分析图 12-3-7 为几进制计数器。

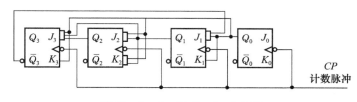

图 12-3-7　例 12-3-2 的图

【解】　（1）根据图 12-3-7 写出逻辑表达式：

$$J_0 = K_0 = 1$$
$$J_1 = Q_0\overline{Q_3}, \quad K_1 = Q_0$$
$$J_2 = K_2 = Q_1Q_0$$
$$J_3 = Q_2Q_1Q_0, \quad K_3 = Q_0$$

（2）列写状态转换表,如表 12-3-4 所示。

表 12-3-4　例 12-3-2 的状态转换表

CP	Q_3	Q_2	Q_1	Q_0	十进制数
0	0	0	0	0	0
1	0	0	0	1	1
2	0	0	1	0	2
3	0	0	1	1	3
4	0	1	0	0	4
5	0	1	0	1	5
6	0	1	1	0	6
7	0	1	1	1	7
8	1	0	0	0	8
9	1	0	0	1	9
10	0	0	0	0	进位

(3) 根据状态表可判断该电路的功能为同步十进制加法计数器。

12.3.3 中规模集成计数器组件

1. 中规模集成计数器组件

74LS90 是进行二、五和十进制的计数器,其逻辑图如图 12-3-8 所示。

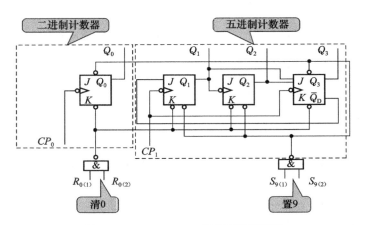

图 12-3-8 74LS90 型计数器逻辑图

74LS90 内部含有两个独立的计数电路:一个是二进制计数器(CP_0 为其时钟,Q_0 为其输出端),另一个是五进制计数器(CP_1 为其时钟,$Q_3Q_2Q_1$ 为其输出端)。

(1) 当外部时钟 CP 送到 CP_0,将 CP_1 与 Q_0 连接,则构成十进制计数器。

(2) 当将计数器适当改接,可构成多种进制的计数器。

74LS90 在"计数状态"或"清零状态"时,均要求 $S_{9(1)}$ 和 $S_{9(2)}$ 中至少有一个必须为"0"。只有在 $R_{0(1)}$ 和 $R_{0(2)}$ 同时为"1"时,它才进入"清零状态";否则,它必定处于"计数状态"。74LS90 功能表如表 12-3-5 所示。图 12-3-9 为 74LS90 的引脚分布图。

表 12-3-5 74LS90 功能表

$R_{0(1)}$	$R_{0(2)}$	$S_{9(1)}$	$S_{9(2)}$	Q_3	Q_2	Q_1	Q_0
×	0	1	1	1	0	0	1
0	×	1	1	1	0	0	1
1	1	0	×	0	0	0	0
1	1	×	0	0	0	0	0
0	×	0	×		计数状态		
0	×	×	0				
×	0	0	×				
×	0	×	0				

2. 任意进制计数器

目前常用的计数器主要有二进制和十进制,当需要其他任意进制计数器时,只能用已有的计数器产品经过外电路的不同连接方法得到。

第 12 章 时序逻辑电路及其应用 241

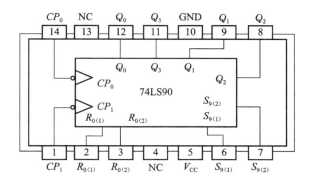

图 12-3-9 74LS90 的引脚分布图

(1) 清零法。

当计数状态到 M 时,从触发器的输出端引出的反馈立即将计数器置零,M 状态不能保持,即构成 M 进制计数器。

【例 12-3-3】 试利用清零法将二-五-十进制的计数器 74LS90 接成六进制计数器。

【解】 电路如图 12-3-10 所示。它从 0000 开始计数,经过五个脉冲 CP_0 后变成 0101。当第六个脉冲来到后,出现 0110 的状态,由于 Q_1 和 Q_2 端分别接 $R_{0(1)}$ 和 $R_{0(2)}$,$S_{9(1)}$ 和 $S_{9(2)}$ 接地,进行强迫清零,0110 这一状态转瞬即逝,显示不出来,立即回到 0000。它经过六个脉冲循环一次故为六进制计数器。

计数器的状态循环如下:

$0000 \to 0001 \to 0010 \to 0011 \to 0100 \to 0101 \to 0000$

(2) 级联法。

将 M_1 进制和 M_2 进制计数器串联起来,构成 M 进制计数器。$M = M_1 \cdot M_2$。

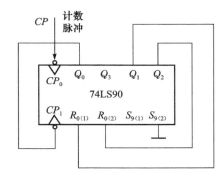

图 12-3-10 六进制计数器

【例 12-3-4】 试利用级联法将两片二-五-十进制的计数器 74LS90 接成 100 进制计数器。

利用两片 74LS90 构成 100 进制计数器,如图 12-3-11 所示。低一位 74LS90 的最高位向高一位的 74LS90 进位。即低一位 74LS90 的 Q_3 与高一位 74LS90 的 CP 连接。

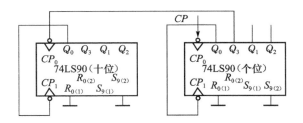

图 12-3-11 100 进制计数器

【例 12-3-5】 试利用级联法将两片二-五-十进制的计数器 74LS90 接成 36 进制计数器。
利用两片 74LS90 构成 36 进制计数器,低位 74LS90 构成 4 进制,高位 74LS90 构成 9 进制,电路图连线如图 12-3-12 所示。

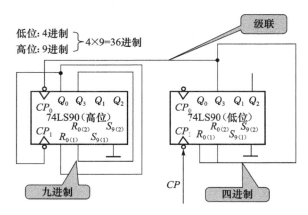

图 12-3-12　36 进制电路

12.4　555 定时器及其应用

555 定时器是一种数字电路与模拟电路相结合的中规模集成电路。该电路使用灵活、方便,只需外接少量的阻容元件就可以构成单稳态触发器和多谐振荡器等,因而广泛用于信号的产生、变换、控制与检测。

12.4.1　555 定时器

555 定时器的内部电路包括:一个由三个相等电阻组成的分压器、两个电压比较器 C_1 和 C_2、一个 RS 触发器和一个晶体管 T。具体的结构图如图 12-4-1 所示。

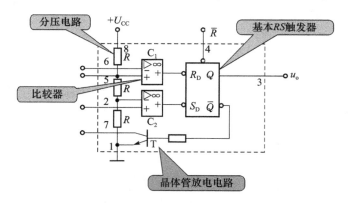

图 12-4-1　555 定时器内部电路

根据 555 定时器的内部电路,可得 555 定时器的引脚逻辑图和各个引脚的功能,如图 12-4-2 所示。

其中:分压器为两个电压比较器 C_1 和 C_2 提供参考电压;根据基本 RS 触发器的功能可以控制晶体管的导通和截止功能,具体 RS 触发器功能与晶体管对应的关系,如表 12-4-1 所示。

第12章 时序逻辑电路及其应用 243

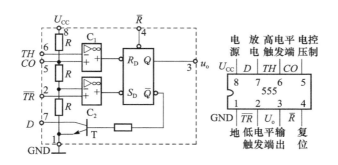

图12-4-2 555定时器引脚逻辑图
(a) 555定时器电路；(b) 555定时器引脚图

表12-4-1 所示 RS 触发器功能与晶体管对应的关系

R_D	S_D	$\bar{Q}$	晶体管 T	U_o
0	1	1	导通	0
1	0	0	截止	1
1	1	保持	保持	保持

根据分压器的功能和表12-4-1，可得555定时器的功能表，如表12-4-2所示。

表12-4-2 555定时器的功能表

输入			输出	
$TH(u_6)$	$\overline{TR}(u_2)$	$\bar{R}(u_4)$	Q	T
∅	∅	0	0	导通
$<\frac{2}{3}U_{CC}$	$<\frac{1}{3}U_{CC}$	1	1	截止
$>\frac{2}{3}U_{CC}$	$>\frac{1}{3}U_{CC}$	1	0	导通
$<\frac{2}{3}U_{CC}$	$<\frac{1}{3}U_{CC}$	1	保持原状态	保持原状态

12.4.2 555定时器组成单稳态触发器

单稳态触发器的功能是：在触发脉冲作用下，触发器从稳态反转为暂稳态，经过一段时间后自动翻转回稳态。其过程如图12-4-3所示。

图12-4-4为555定时器构成的单稳态触发器电路，其中 R、C 为外接元件，触发脉冲由端2输入，端5不用时一般通过0.01 μF 电容接地，以防干扰。

当单稳态触发器不需触发时，$u_i = 1$；当单稳态触发器需触发时，$u_i = 0$。图12-4-5为单

图12-4-3 单稳态触发的过程

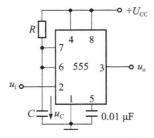

图12-4-4 单稳态触发器电路

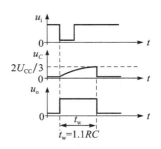

图12-4-5 单稳态触发器工作的波形图

稳态触发器工作的波形图，下面对照该图加以分析。

（1）当 $u_i = 1$ 时，其值 $u_i > \frac{1}{3}U_{CC}$，比较器 C_2 的输出为 1。若触发器的原始状态为 0 时，T 导通，C 放电，输出保持在"0"；若触发器的原始状态为 1 时，T 截止，C 充电，输出翻转为"0"。$u_o = 0$，555 定时器内的管 T 导通，电容 C 被短路，$u_C = 0.3$ V。

（2）当 $u_i = 0$ 时，555 定时器被触发，$u_C = 0.3$ V，u_o 由 0 至 1，晶体管 T 截止，C 充电，u_C 呈指数上升，只要 u_C 尚未充至 $\frac{2}{3}U_{CC}$，u_o 的状态就不会变化。一旦 $u_C > \frac{2}{3}U_{CC}$，且已有 $u_i > \frac{1}{3}U_{CC}$，u_o 由 1 至 0，晶体管 T 由截止变为导通，C 迅速放电，$u_C = 0.3$ V。

图 12-4-5 中 $t_w = 1.1RC$ 为暂稳态的持续时间，即电容 C 的电压从 0 充至 $\frac{2}{3}U_{CC}$ 所需的时间。该时间可以通过改变 R、C 的值，改变输出脉冲宽度，从而可以用于定时控制；同时在 R、C 的值一定时，输出脉冲的幅度和宽度是一定的，利用这一特性可对边沿不陡、幅度不齐的波形进行整形。

【例 12-4-1】 利用单稳态触发器设计触摸定时控制开关电路。

【解】 图 12-4-6 为单稳态触发器设计的触摸定时控制开关电路。人手触摸 P，触发，u_o 高电平，灯亮 $t_w = 1.1RC$，波形如图 12-4-7 所示。

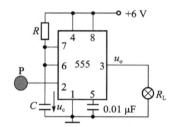

图 12-4-6 触摸定时控制开关

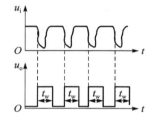

图 12-4-7 触摸定时控制开关波形

12.4.3 555 定时器组成多谐振荡器

多谐振荡器又称无稳态触发器，它没有稳定的输出状态，只有两个暂稳态。在电路处于某一暂稳态后，经过一段时间可以自行触发翻转到另一稳态。两个暂稳态自行相互转换而输出一系列矩形波。

图 12-4-8 所示为 555 定时器构成的多谐振荡器。R_1、R_2 和 C 是外接元件。图 12-4-9 为多谐振荡器工作的波形图。

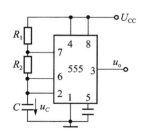

图 12-4-8 多谐振荡器电路

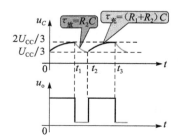

图 12-4-9 多谐振荡器的工作波形

根据图 12-4-9,可知电路接通电源的一瞬间,由于电容 C 来不及充电,$u_C = 0$ V,所以输出 u_o 为高电平。同时,集电极输出端(7引脚)对地断开,电源 U_{CC} 对电容充电,电路进入暂稳态。此后,电路周而复始地产生周期性的输出脉冲。多谐振荡器两个暂稳态的维持时间取决于 RC 充、放电回路的参数。暂稳态 Ⅰ 的维持时间,即输出 u_o 的正向脉冲宽度 $T_1 = 0.7(R_1 + R_2)C$;暂稳态 Ⅱ 的维持时间,即输出 u_o 的负向脉冲宽度 $T_2 = 0.7R_2C$。

【例 12-4-2】 利用多谐振荡器设计的门铃电路。

【解】 图 12-4-10 为多谐振荡器设计的门铃电路。SB 按下时,电源接通,产生振荡,喇叭发出声音,SB 不按下时,电源断开,振荡器不工作,喇叭不响。门铃响的时间为:

$$T = 0.7(10 \times 10^3 + 2 \times 100 \times 10^3) \times 0.01 \times 10^{-6} (\text{s})$$

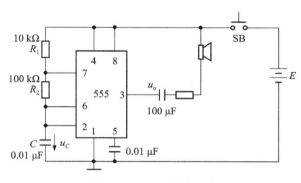

图 12-4-10 门铃电路

【例 12-4-3】 利用多谐振荡器设计的简易电子琴。

【解】 图 12-4-11 为多谐振荡器设计的简易电子琴。设计的简易电子琴就是通过改变 R_2 的阻值来改变输出方波的周期,使外接的喇叭发出不同的音调。

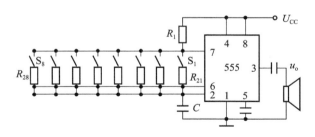

图 12-4-11 简易电子琴

习 题 12

一、选择题

1. 由与非门组成的基本 RS 触发器不允许输入的变量组合 $\overline{S}_D \overline{R}_D$ 为( )。
A. 00　　　　　　　B. 01　　　　　　　C. 10　　　　　　　D. 11
2. 按各触发器的状态转换与时钟输入 CP 的关系分类,计数器可为( )计数器。

A. 同步和异步 B. 加计数和减计数
C. 二进制和十进制 D. 八进制和十六进制

3. 按计数器的进位制或循环模数分类,计数器可为( )计数器。

A. 同步和异步 B. 加计数、减计数
C. 二进制、十进制 D. 任意进制

4. 四位移位寄存器构成扭环形计数器是( )计数器。

A. 四进制 B. 八进制 C. 十进制 D. 十六进制

5. 改变 555 定时电路的电压控制端 CO 的电压值,可改变( )。

A. 555 定时电路的高、低输出电平 B. 开关放电管的开关电平
C. 比较器的阈值电压 D. 置"0"端 $\overline{R}$ 的电平值

二、填空题

1. 两个与非门构成的基本 RS 触发器的功能有_____、_____和_____。电路中不允许两个输入端同时为_____,否则将出现逻辑混乱。

2. _____触发器具有"空翻"现象,且属于_____触发方式的触发器;为抑制"空翻",人们研制出了_____触发方式的 JK 触发器和 D 触发器。

3. JK 触发器具有_____、_____、_____和_____四种功能。欲使 JK 触发器实现 $Q^{n+1} = \overline{Q^n}$ 的功能,则输入端 J 应接_____,K 应接_____。

4. D 触发器的输入端子有_____个,具有_____和_____的功能。

5. 时序逻辑电路的输出不仅取决于_____的状态,还与电路_____的状态有关。

6. 组合逻辑电路的基本单元是_____,时序逻辑电路的基本单元是_____。

7. 触发器的逻辑功能通常可用_____、_____、_____和_____四种方法来描述。

8. JK 触发器的次态方程为_____;D 触发器的次态方程为_____。

9. 寄存器可分为_____寄存器和_____寄存器,集成 74LS194 属于_____移位寄存器。用四位移位寄存器构成环行计数器时,有效状态共有_____个。

三、简述题

1. 时序逻辑电路和组合逻辑电路的区别有哪些?
2. 何谓"空翻"现象?抑制"空翻"可采取什么措施?

四、写出图 12-1 所示逻辑图中各电路的输出方程。

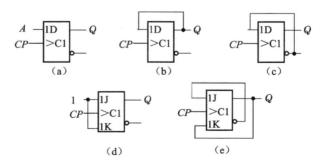

图 12-1

五、分析题

1. 将如图 12-2 所示的输入波形加在图(a)所示基本 RS 触发器上,试画出输出 Q 和 $\bar{Q}$ 端的波形(设初始状态为 $Q=0$)。

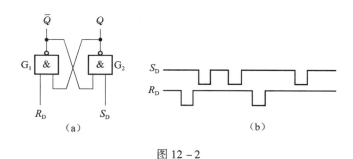

图 12-2

2. 设如图 12-3 所示电路的初始状态为 $Q=0$,R、S 端和 CP 端的输入信号如图(b)所示,试画出该同步 RS 触发器相应的 Q 和 $\bar{Q}$ 端的波形。

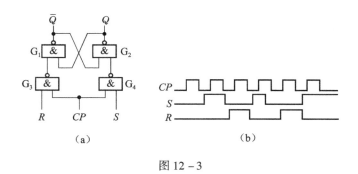

图 12-3

3. 设如图 12-4 所示电路的初始状态为 $Q=0$,当 JK 触发器(下降沿触发)的 JK 端加上如图所示的波形时,试画出 Q 端的输出波形,设初始状态为"0"。若 JK 触发器改为上升沿触发,情况又如何?

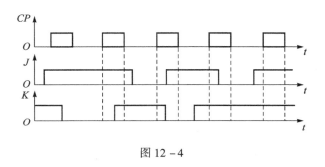

图 12-4

4. 设如图 12-5 所示电路的初始状态为 $Q=0$,当维持阻塞结构 D 触发器的输入电压波形如图所示时,试画出输出端 Q 和 $\bar{Q}$ 的电压波形。(假定触发器的初始状态为 $Q=0$)

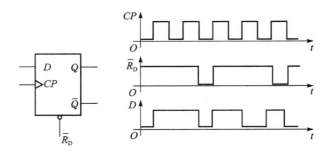

图 12 - 5

5. 分析如图 12 - 6 所示给出的计数器电路，列出状态表，指出这是几进制计数器。

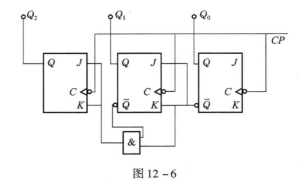

图 12 - 6

第 13 章

数/模和模/数转换

本章的学习目的和要求:

掌握数/模转换和模/数转换的基本原理,转换的基本过程,常用的典型电路,模/数和数/模转换器的主要参数和应用;掌握倒 T 形电阻网络、权电阻网络、权电流型数/模转换器的电路结构和工作原理;了解取样 – 保持的基本原理;掌握并联比较型、逐次逼近型模数转换器的电路结构和工作原理;了解 DAC 和 ADC 的主要技术指标以及集成产品的应用。

13.1 数/模转换器的基本原理

数字量是用二进制代码按数位组合起来表示的,对于有权码,每位代码都有一定的权。为了将数字量转换成模拟量,必须将每位的代码按其权的大小转换成相应的模拟量,然后将代表每一位的模拟量相加,即可得到与数字量成正比的总模拟量,从而实现了数字 – 模拟转换。这就是构成数/模转换器的基本指导思路。

图 13 – 1 – 1 所示是数/模转换器的输入、输出关系框图,$D_0 \sim D_{n-1}$ 是输入的 n 位二进制数,u_o 是与输入二进制数成比例的输出电压。

图 13 – 1 – 2 所示是一个输入为 3 位二进制数时数/模转换器的转换特性,它具体而形象地反映了数/模转换器的基本功能。

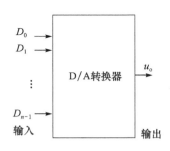

图 13 – 1 – 1 数/模转换器的输入、输出关系框图

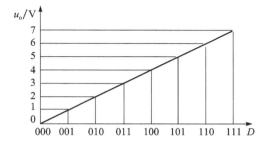

图 13 – 1 – 2 3 位数/模转换器的转换特性

13.1.1 倒 T 形电阻网络数/模转换器

在单片集成数/模转换器中,使用最多的是倒 T 形电阻网络数/模转换器。四位倒 T 形电阻网络数/模转换器的原理图如图 13 – 1 – 3 所示。

$S_0 \sim S_3$ 为模拟开关,$R – 2R$ 电阻解码网络呈倒 T 形,运算放大器 A 构成求和电路。S_i 由

输入数码 D_i 控制,当 $D_i = 1$ 时,S_i 接运放反相输入端("虚地"),I_i 流入求和电路;当 $D_i = 0$ 时,S_i 将电阻 $2R$ 接地。

无论模拟开关 S_i 处于何种位置,与 S_i 相连的 $2R$ 电阻均等效接"地"(地或虚地)。这样流经 $2R$ 电阻的电流与开关位置无关,为确定值。

分析 $R-2R$ 电阻解码网络不难发现,从每个接点向左看的二端网络等效电阻均为 R,流入每个 $2R$ 电阻的电流从高位到低位按 2 的整倍数递减。设由基准电压源提供的总电流为 I($I = U_{REF}/R$),则流过各开关支路(从右到左)的电流分别为 $I/2$、$I/4$、$I/8$ 和 $I/16$。

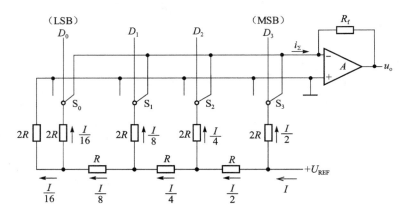

图 13-1-3 倒 T 形电阻网络数/模转换器

于是可得总电流:

$$i_\Sigma = \frac{U_{REF}}{R}\left(\frac{D_0}{2^4} + \frac{D_1}{2^3} + \frac{D_2}{2^2} + \frac{D_3}{2^1}\right)$$

$$= \frac{U_{REF}}{2^4 \times R}\sum_{i=0}^{3}(D_i \cdot 2^i)$$

输出电压为:

$$u_o = -i_\Sigma R_f$$

$$= -\frac{R_f}{R} \cdot \frac{U_{REF}}{2^4}\sum_{i=0}^{3}(D_i \cdot 2^i)$$

将输入数字量扩展到 n 位,可得 n 位倒 T 形电阻网络数/模转换器输出模拟量与输入数字量之间的一般关系式如下:

$$u_o = -\frac{R_f}{R} \cdot \frac{U_{REF}}{2^n}\left[\sum_{i=0}^{n-1}(D_i \cdot 2^i)\right]$$

设 $K = \frac{R_f}{R} \cdot \frac{U_{REF}}{2^n}$,$N_B$ 表示括号中的 n 位二进制数,则:

$$u_o = -KN_B$$

要使数/模转换器具有较高的精度,对电路中的参数有以下要求:
(1)基准电压稳定性好。
(2)倒 T 形电阻网络中 R 和 $2R$ 电阻的比值精度要高。
(3)每个模拟开关的开关电压降要相等。为实现电流从高位到低位按 2 的整倍数递减,模拟开关的导通电阻也相应地按 2 的整倍数递增。

由于在倒 T 形电阻网络数/模转换器中,各支路电流直接流入运算放大器的输入端,它们之间不存在传输上的时间差。电路的这一特点不仅提高了转换速度,而且也减少了动态过程中输出端可能出现的尖脉冲。它是目前广泛使用的数/模转换器中速度较快的一种。常用的 CMOS 开关倒 T 形电阻网络数/模转换器的集成电路有 AD7520(10 位)、DAC1210(12 位) 和 AK7546(16 位高精度)等。

13.1.2 权电流型数/模转换器

尽管倒 T 形电阻网络数/模转换器具有较高的转换速度,但由于电路中存在模拟开关电压降,当流过各支路的电流稍有变化时,就会产生转换误差。为进一步提高数/模转换器的转换精度,可采用权电流型数/模转换器。

1. 原理电路

这组恒流源从高位到低位电流的大小依次为 $I/2$、$I/4$、$I/8$、$I/16$,如图 13-1-4 所示。

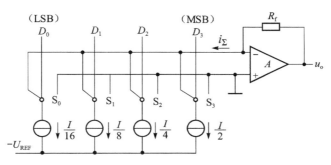

图 13-1-4 权电流型数/模转换器的原理电路

当输入数字量的某一位代码 $D_i = 1$ 时,开关 S_i 接运算放大器的反相输入端,相应的权电流流入求和电路;当 $D_i = 0$ 时,开关 S_i 接地。分析该电路可得出:

$$\begin{aligned}
u_o &= i_\Sigma R_f \\
&= R_f \left(\frac{I}{2} D_3 + \frac{I}{4} D_2 + \frac{I}{8} D_1 + \frac{I}{16} D_0 \right) \\
&= \frac{I}{2^4} \cdot R_f (D_3 \cdot 2^3 + D_2 \cdot 2^2 + D_1 \cdot 2^1 + D_0 \cdot 2^0) \\
&= \frac{I}{2^4} \cdot R_f \sum_{i=0}^{3} D_i \cdot 2^i
\end{aligned} \qquad (13-1-1)$$

采用了恒流源电路之后,各支路权电流的大小均不受开关导通电阻和压降的影响,这就降低了对开关电路的要求,提高了转换精度。

13.1.3 权电流型数/模转换器应用举例

图 13-1-5 是权电流型数/模转换器 DAC0808 的电路结构框图,图中 $D_0 \sim D_7$ 是 8 位数字量输入端,I_o 是求和电流的输出端。U_{REF+} 和 U_{REF-} 接基准电流发生电路中运算放大器的反相输入端和同相输入端。COMP 供外接补偿电容之用。U_{CC} 和 U_{EE} 为正负电源输入端。

用 DAC0808 这类器件构成的数/模转换器时需要外接运算放大器和产生基准电流用的电

阻 R_1，如图 13-1-6 所示。

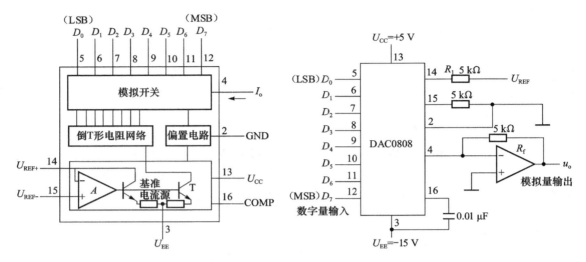

图 13-1-5 权电流型数/模转换器
DAC0808 的电路结构框图

图 13-1-6 DAC0808 数/模转换器的典型应用

在 $U_{REF}=10\ V$、$R_1=5\ k\Omega$、$R_f=5\ k\Omega$ 的情况下，根据式(13-1-1)可知输出电压为：

$$u_o = \frac{R_f U_{REF}}{2^8 R_1} \sum_{i=0}^{7} D_i \cdot 2^i$$

$$= \frac{10}{2^8} \sum_{i=0}^{7} D_i \cdot 2^i$$

当输入的数字量在全 0 和全 1 之间变化时，输出模拟电压的变化范围为 $0 \sim 9.96\ V$。

13.1.4 数/模转换器的主要技术指标

1. 转换精度

数/模转换器的转换精度通常用分辨率和转换误差来描述。

（1）分辨率——数/模转换器模拟输出电压可能被分离的等级数。

输入数字量位数越多，输出电压可分离的等级越多，即分辨率越高。在实际应用中，往往用输入数字量的位数表示数/模转换器的分辨率。此外，数/模转换器也可以用能分辨的最小输出电压（此时输入的数字代码只有最低有效位为 1，其余各位都是 0）与最大输出电压（此时输入的数字代码各有效位全为 1）之比给出。n 位数/模转换器的分辨率可表示为 $\frac{1}{2^n-1}$。它表示数/模转换器在理论上可以达到的精度。

（2）转换误差

转换误差的来源很多，转换器中各元件参数值的误差，基准电源不够稳定和运算放大器的零漂的影响等。

数/模转换器的绝对误差（或绝对精度）是指输入端加入最大数字量（全 1）时，数/模转换器的理论值与实际值之差。该误差值应低于 LSB/2。

2. 转换速度

（1）建立时间（t_{set}）——指输入数字量变化时，输出电压变化到相应稳定电压值所需时间。一般用数/模转换器输入的数字量从全 0 变为全 1 时，输出电压达到规定的误差范围（±LSB/2）时所需时间表示。数/模转换器的建立时间较快，单片集成数/模转换器建立时间最短可达 0.1 μs 以内。

（2）转换速率（SR）——大信号工作状态下模拟电压的变化率。

3. 线性度

通常用非线性误差的大小表示模/数转换器的线性度。把偏离理想的输入/输出特性的偏差与满刻度输出之比的百分数定义为非线性误差。

13.2 模/数转换器

13.2.1 模/数转换的一般步骤和取样定理

在模/数转换器中，因为输入的模拟信号在时间上是连续量，而输出的数字信号代码是离散量，所以进行转换时必须在一系列选定的瞬间（亦即时间坐标轴上的一些规定点上）对输入的模拟信号取样，然后再把这些取样值转换为输出的数字量。因此，一般的模/数转换过程是通过取样、保持、量化和编码这四个步骤完成的。模拟量到数字量的转换过程如图 13-2-1 所示。

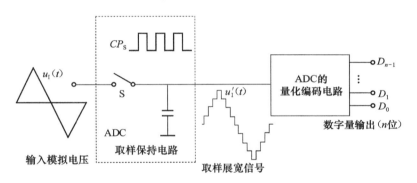

图 13-2-1 模拟量到数字量的转换过程

1. 取样定理

可以证明，为了正确无误地用图 13-2-2 中所示的取样信号 u_S 表示模拟信号 u_I，必须满足：

$$f_S \geq 2f_{\text{imax}}$$

式中，f_S 为取样频率；f_{imax} 为输入信号 u_I 的最高频率分量的频率。

在满足取样定理的条件下，可以用一个低通滤波器将信号 u_S 还原为 u_I，这个低通滤波器的电压传输系数 $|A(f)|$ 在低于 f_{imax} 的范围内应保持不变，而在 $f_S - f_{\text{imax}}$ 以前应迅速下降为零，如图 13-2-3 所示。因此，取样定理规定了模/数转换的频率下限。

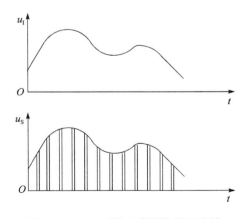

图 13-2-2 对输入模拟信号的采样

因为每次把取样电压转换为相应的数字量都需要一定的时间，所以在每次取样以后，必须把取样电压保持一段时间。可见，进行模/数转换时所用的输入电压，实际上是每次取样结束

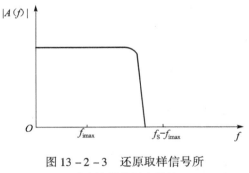

图 13-2-3 还原取样信号所用滤波器的频率特性

时的 u_I 值。

2. 量化和编码

我们知道,数字信号不仅在时间上是离散的,而且在数值上的变化也不是连续的。这就是说,任何一个数字量的大小,都是以某个最小数量单位的整倍数来表示的。因此,在用数字量表示取样电压时,也必须把它化成这个最小数量单位的整倍数,这个转化过程就叫作量化。所规定的最小数量单位叫作量化单位,用 Δ 表示。显然,数字信号最低有效位中的 1 表示的数量大小,就等于 Δ。把量化的数值用二进制代码表示,称为编码。这个二进制代码就是模/数转换的输出信号。

既然模拟电压是连续的,那么它就不一定能被 Δ 整除,因而不可避免地会引入误差,我们把这种误差称为量化误差。在把模拟信号划分为不同的量化等级时,用不同的划分方法可以得到不同的量化误差。

假定需要把 0~+1 V 的模拟电压信号转换成 3 位二进制代码,这时便可以取 $\Delta = (1/8)$ V,并规定凡数值在 0~(1/8) V 的模拟电压都当作 $0 \times \Delta$ 看待,用二进制的 000 表示;凡数值在 (1/8) V~(2/8) V 的模拟电压都当作 $1 \times \Delta$ 看待,用二进制的 001 表示,等等,如图 13-2-4(a) 所示。不难看出,最大的量化误差可达 Δ,即 (1/8) V。

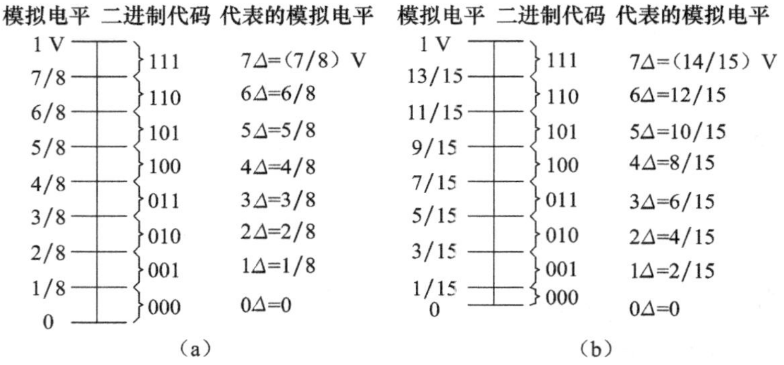

图 13-2-4 划分量化电平的两种方法

为了减少量化误差,通常采用图 13-2-4(b) 所示的划分方法,取量化单位 $\Delta = (2/15)$ V,并将 000 代码所对应的模拟电压规定为 0~(1/15) V,即 0~$\Delta/2$。这时,最大量化误差将减少为 $\Delta/2 = (1/15)$ V。这个道理不难理解,因为现在把每个二进制代码所代表的模拟电压值规定为它所对应的模拟电压范围的中点,所以最大的量化误差自然就缩小为 $\Delta/2$ 了。

13.2.2 取样-保持电路

1. 电路组成及工作原理

如图 13-2-5 所示,N 沟道 MOS 管 T 作为取样开关用。

当控制信号 u_L 为高电平时,T 导通,输入信号 u_I 经电阻 R_i 和 T 向电容 C_h 充电。若取

$R_i = R_f$，则充电结束后 $u_o = -u_i = u_{C_h}$。

当控制信号返回低电平，T 截止。由于 C_h 无放电回路，所以 u_o 的数值被保存下来。

缺点：取样过程中需要通过 R_i 和 T 向 C_h 充电，所以使取样速度受到了限制。同时，R_i 的数值又不允许取得很小，否则会进一步降低取样电路的输入电阻。

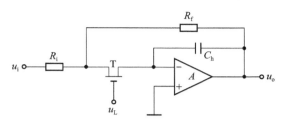

图 13-2-5　取样-保持电路的基本形式

13.2.3　并行比较型模/数转换器

3 位并行比较型模/数转换原理电路如图 13-2-6 所示，它由电压比较器、寄存器和代码转换器三部分组成。

电压比较器中量化电平的划分采用图 13-2-4(b)所示的方式，用电阻链把参考电压 U_{REF} 分压，得到从 $\frac{1}{15}U_{REF}$ 到 $\frac{13}{15}U_{REF}$ 之间 7 个比较电平，量化单位 $\Delta = \frac{2}{15}U_{REF}$。然后，把这 7 个比较电平分别接到 7 个比较器 $C_1 \sim C_7$ 的输入端作为比较基准。同时将输入的模拟电压同时加到每个比较器的另一个输入端上，与这 7 个比较基准进行比较。

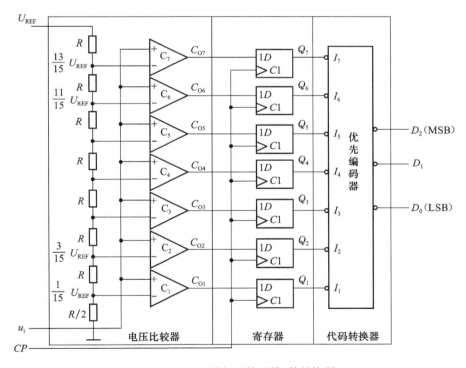

图 13-2-6　并行比较型模/数转换器

单片集成并行比较型模/数转换器的产品较多，如 AD 公司的 AD9012(TTL 工艺，8 位)、AD9002(ECL 工艺，8 位)、AD9020(TTL 工艺，10 位)等。

并行模/数转换器具有以下特点：

(1) 由于转换是并行的，其转换时间只受比较器、触发器和编码电路延迟时间限制，因此转换速度最快。

(2) 随着分辨率的提高,元件数目要按几何级数增加。一个 n 位转换器,所用的比较器个数为 2^n-1,如 8 位的并行模/数转换器就需要 $2^8-1=255$ 个比较器。由于位数愈多,电路愈复杂,因此制成分辨率较高的集成并行模/数转换器是比较困难的。

(3) 使用这种含有寄存器的并行模/数转换电路时,可以不用附加取样-保持电路,因为比较器和寄存器这两部分也兼有取样-保持功能。这也是该电路的一个优点。

3 位并行模/数转换器输入与输出转换关系对照见表 13-2-1。

表 13-2-1 3 位并行模/数转换器输入与输出转换关系对照表

输入模拟电压 u_i	寄存器状态(代码转换器输入)							数字量输出(代码转换器输出)		
	Q_7	Q_6	Q_5	Q_4	Q_3	Q_2	Q_1	D_2	D_1	D_0
$\left(0 \sim \frac{1}{15}\right)U_{REF}$	0	0	0	0	0	0	0	0	0	0
$\left(\frac{1}{15} \sim \frac{3}{15}\right)U_{REF}$	0	0	0	0	0	0	1	0	0	1
$\left(\frac{3}{15} \sim \frac{5}{15}\right)U_{REF}$	0	0	0	0	0	1	1	0	1	0
$\left(\frac{5}{15} \sim \frac{7}{15}\right)U_{REF}$	0	0	0	0	1	1	1	0	1	1
$\left(\frac{7}{15} \sim \frac{9}{15}\right)U_{REF}$	0	0	0	1	1	1	1	1	0	0
$\left(\frac{9}{15} \sim \frac{11}{15}\right)U_{REF}$	0	0	1	1	1	1	1	1	0	1
$\left(\frac{11}{15} \sim \frac{13}{15}\right)U_{REF}$	0	1	1	1	1	1	1	1	1	0
$\left(\frac{13}{15} \sim 1\right)U_{REF}$	1	1	1	1	1	1	1	1	1	1

13.2.4 逐次比较型模/数转换器

逐次逼近转换过程与用天平称重非常相似。

按照天平称重的思路,逐次比较型模/数转换器,就是将输入模拟信号与不同的参考电压做多次比较,使转换所得的数字量在数值上逐次逼近输入模拟量的对应值。

4 位逐次比较型模/数转换器的逻辑电路如图 13-2-7 所示。

图中 5 位移位寄存器可进行并入/并出或串入/串出操作,其输入端 F 为并行置数使能端,高电平有效。其输入端 S 为高位串行数据输入。数据寄存器由 D 边沿触发器组成,数字量从 $Q_4 \sim Q_1$ 输出。

电路工作过程如下:当启动脉冲上升沿到达后,$FF_0 \sim FF_4$ 被清零,Q_5 置 1,Q_5 的高电平开启与门 G_2,时钟脉冲 CP 进入移位寄存器。在第一个 CP 脉冲作用下,由于移位寄存器的置数使能端 F 由 0 变为 1,并行输入数据 $ABCDE$ 置入,$Q_A Q_B Q_C Q_D Q_E = 01111$,$Q_A$ 的低电平使数据寄存器的最高位(Q_4)置 1,即 $Q_4 Q_3 Q_2 Q_1 = 1000$。模/数转换器将数字量 1000 转换为模拟电压 u'_o,送入比较器 C 与输入模拟电压 u_i 比较,若 $u_i > u'_o$,则比较器 C 输出 u_C 为 1,否则为 0。比较结果送 $D_4 \sim D_1$。

第二个 CP 脉冲到来后,移位寄存器的串行输入端 S 为高电平,Q_A 由 0 变为 1,同时最高

位 Q_A 的 0 移至次高位 Q_B。于是数据寄存器的 Q_3 由 0 变为 1,这个正跳变作为有效触发信号加到 FF_4 的 CP 端,使 u_C 的电平得以在 Q_4 保存下来。此时,由于其他触发器无正跳变触发脉冲,u_C 的信号对它们不起作用。Q_3 变为 1 后,建立了新的模/数转换器的数据,输入电压再与其输出电压 u_o 进行比较,比较结果在第三个时钟脉冲作用下存于 Q_3……如此进行,直到 Q_E 由 1 变为 0 时,使触发器 FF_0 的输出端 Q_0 产生由 0 到 1 的正跳变,做触发器 FF_1 的 CP 脉冲,使上一次模/数转换后的 u_C 电平保存于 Q_1。同时使 Q_5 由 1 变 0 后将 G_2 封锁,一次模/数转换过程结束。于是电路的输出端 $D_3D_2D_1D_0$ 得到与输入电压 u_i 成正比的数字量。

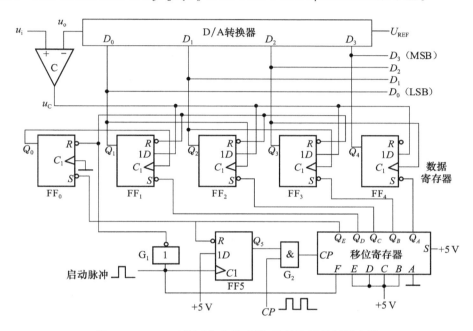

图 13-2-7 四位逐次比较型模/数转换器的逻辑电路

由以上分析可见,逐次比较型模/数转换器完成一次转换所需时间与其位数和时钟脉冲频率有关,位数愈少,时钟频率越高,转换所需时间越短。这种模/数转换器具有转换速度快,精度高的特点。

常用的集成逐次比较型模/数转换器有 ADC0808/0809 系列(8)位、AD575(10 位)、AD574A(12 位)等。

13.2.5 模/数转换器的主要技术指标

1. 转换精度

单片集成模/数转换器的转换精度是用分辨率和转换误差来描述的。

(1) 分辨率——它说明模/数转换器对输入信号的分辨能力。

模/数转换器的分辨率以输出二进制(或十进制)数的位数表示。从理论上讲,n 位输出的模/数转换器能区分 2^n 个不同等级的输入模拟电压,能区分输入电压的最小值为满量程输入的 $1/2^n$。在最大输入电压一定时,输出位数愈多,量化单位愈小,分辨率愈高。例如模/数转换器输出为 8 位二进制数,输入信号最大值为 5 V,那么这个转换器应能区分输入信号的最小电压为 19.53 mV。

(2) 转换误差——表示模/数转换器实际输出的数字量和理论上的输出数字量之间的差别。常用最低有效位的倍数表示。例如给出相对误差 ≤ ±LSB/2，这就表明实际输出的数字量和理论上应得到的输出数字量之间的误差小于最低位的半个字。

2. 转换时间

转换时间是指模/数转换器从转换控制信号到来开始，到输出端得到稳定的数字信号所经过的时间。

不同类型的转换器转换速度相差甚远。其中并行比较模/数转换器转换速度最高，8位二进制输出的单片集成模/数转换器转换时间可达 50 ns 以内。逐次比较型模/数转换器次之，他们多数转换时间在 10 ~ 50 μs，也有达几百纳秒的。间接模/数转换器的速度最慢，如双积分模/数转换器的转换时间大都在几十毫秒至几百毫秒之间。在实际应用中，应从系统数据总的位数、精度要求、输入模拟信号的范围及输入信号极性等方面综合考虑模/数转换器的选用。

13.3 集成模/数转换器及其应用

在单片集成模/数转换器中，逐次比较型使用较多，下面我们以 ADC0804 介绍模/数转换器及其应用。

1. ADC0804 引脚及使用说明

图 13 - 3 - 1 所示的 ADC0804 是 CMOS 集成工艺制成的逐次比较型模/数转换器芯片。分辨率为 8 位，转换时间为 100 μs，输出电压范围为 0 ~ 5 V，增加某些外部电路后，输入模拟电压可为 ±5 V。该芯片内有输出数据锁存器，当与计算机连接时，转换电路的输出可以直接连接到 CPU 的数据总线上，无须附加逻辑接口电路。图 13 - 3 - 2 为 ADC0804 控制信号的时序图。

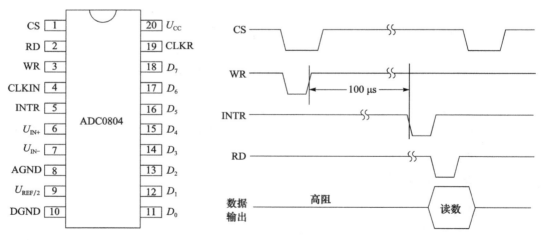

图 13 - 3 - 1　ADC0804 引脚图　　　　图 13 - 3 - 2　ADC0804 控制信号的时序图

ADC0804 引脚名称及意义如：

U_{IN+}、U_{IN-}：ADC0804 的两模拟信号输入端，用以接收单极性、双极性和差模输入信号。

$D_7 \sim D_0$：模/数转换器数据输出端，该输出端具有三态特性，能与微机总线相连接。

AGND：模拟信号地。

DGND：数字信号地。

CLKIN:外电路提供时钟脉冲输入端。

CLKR:内部时钟发生器外接电阻端,与 CLKIN 端配合,可由芯片自身产生时钟脉冲,其频率为 1/(1.1RC)。

CS:片选信号输入端,低电平有效,一旦 CS 有效,表明模/数转换器被选中,可启动工作。

WR:写信号输入,接受微机系统或其他数字系统控制芯片的启动输入端,低电平有效,当 CS、WR 同时为低电平时,启动转换。

RD:读信号输入,低电平有效,当 CS、RD 同时为低电平时,可读取转换输出数据。

INTR:转换结束输出信号,低电平有效。输出低电平表示本次转换已经完成。该信号常作为向微机系统发出的中断请求信号。

在使用时应注意以下几点。

(1) 转换时序。

ADC0804 控制信号的时序图如图 13-3-3 所示,各控制信号时序关系为:当 CS 与 WR 同为低电平时,模/数转换器被启动,且在 WR 上升沿后 100 μs 模/数转换完成,转换结果存入数据锁存器,同时 INTR 自动变为低电平,表示本次转换已结束。如 CS、RD 同时为低电平,则数据锁存器三态门打开,数据信号送出,而在 RD 高电平到来后三态门处于高阻状态。

(2) 零点和满刻度调节。

ADC0804 的零点无须调整。满刻度调整时,先给输入端加入电压 U_{IN+},使满刻度所对应的电压值是 $U_{IN+} = U_{max} - 1.5\left[\dfrac{U_{max} - U_{min}}{256}\right]$,其中 U_{max} 是输入电压的最大值,U_{min} 是输入电压的最小值。当输入电压 U_{IN+} 值相当时,调整 $U_{REF}/2$ 端电压值使输出码为 FEH 或 FFH。

(3) 参考电压的调节。

在使用模/数转换器时,为保证其转换精度,要求输入电压满量程使用。如输入电压动态范围较小,则可调节参考电压 U_{REF},以保证小信号输入时 ADC0804 芯片 8 位的转换精度。

(4) 接地。

模/数、数/模转换电路中要特别注意到地线的正确连接,否则干扰很严重,以致影响转换结果的准确性。数/模、模/数及取样-保持芯片上都提供了独立的模拟地(AGND)和数字地(DGND)。在线路设计中,必须将所有器件的模拟地和数字地分别相连,然后将模拟地与数字地仅在一点上相连接。地线的正确连接方法如图 13-3-3 所示。

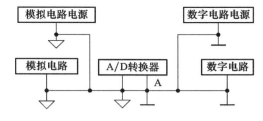

图 13-3-3 正确的地线连接

2. ADC0804 的典型应用

在现代过程控制及各种智能仪器和仪表中,为采集被控(被测)对象数据以达到由计算机进行实时检测、控制的目的,常用微处理器和模/数转换器组成数据采集系统。单通道微机化数据采集系统的示意图如图 13-3-4 所示。

系统由微处理器、存储器和模/数转换器组成,它们之间通过数据总线(DBUS)和控制总线(CBUS)连接,系统信号采用总线传送方式。

现以程序查询方式为例,说明 ADC0804 在数据采集系统中的应用。采集数据时,首先微处理器执行一条传送指令,在指令执行过程中,微处理器在控制总线的同时产生 CS_1、WR_1 低电平信号,启动模/数转换器工作,ADC0804 经 100 μs 后将输入模拟信号转换为数字信号存于

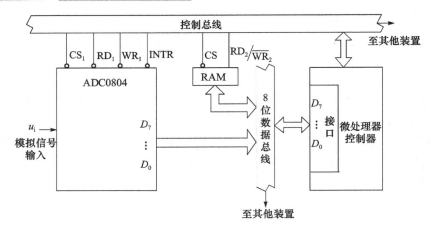

图 13-3-4 单通道微机化数据采集系统示意图

输出锁存器,并在 INTR 端产生低电平表示转换结束,并通知微处理器可来取数。当微处理器通过总线查询到 INTR 为低电平时,立即执行输入指令,以产生 CS、RD_2 低电平信号到 ADC0804 相应引脚,将数据取出并存入存储器中。整个数据采集过程中,由微处理器有序地执行若干指令完成。

习　题　13

一、选择题

1. ADC 的转换精度取决于(　　)。
   A. 分辨率　　　　　　　　　　　B. 转换速度

2. 对于 n 位 DAC 的分辨率来说,可表示为(　　)。
   A. $\dfrac{1}{2^n}$　　　B. $\dfrac{1}{2^{n-1}}$　　　C. $\dfrac{1}{2^n-1}$　　　D. $\dfrac{1}{2^n+1}$

3. $R-2R$ 梯形电阻网络 DAC 中,基准电压源 U_{REF} 和输出电压 u_o 的极性关系为(　　)。
   A. 同相　　　　B. 反相　　　　C. 无关　　　　D. 比例

4. 采样保持电路中,采样信号的频率 f_S 和原信号中最高频率成分 f_{imax} 之间的关系是必须满足(　　)。
   A. $f_S \geq 2f_{imax}$　　B. $f_S < f_{imax}$　　C. $f_S = f_{imax}$　　D. $f_S \geq 3f_{imax}$

5. 如果 $u_i = 0 \sim 10$ V, $U_{imax} = 1$ V,若用 ADC 电路将它转换成 $n=3$ 的二进制数,采用四舍五入量化法,其量化当量为(　　)。
   A. 1/8(V)　　　B. 2/15(V)　　　C. 1/4(V)　　　D. 1(V)

6. DAC0832 是属于(　　)网络的 DAC。
   A. $R-2R$ 倒 T 形电阻　　B. T 形电阻　　C. 权电阻　　D. 普通电阻

7. 和其他 ADC 相比,双积分型 ADC 转换速度(　　)。
   A. 较慢　　　　B. 很快　　　　C. 极慢　　　　D. 一般

8. ADC0809 输出的是(　　)
   A. 8 位二进制数码　　　　　　　　B. 10 位二进制数码

C. 4 位二进制数码　　　　　　　　　　D. 16 位二进制数码

二、填空题

1. DAC 电路的作用是将_____量转换成_____量。ADC 电路的作用是将_____量转换成_____量。

2. DAC 电路的主要技术指标有_____、_____和_____及_____;ADC 电路的主要技术指标有_____、_____和_____。

3. DAC 通常由_____,_____和_____三个基本部分组成。为了将模拟电流转换成模拟电压,通常在输出端外加_____。

4. 按解码网络结构的不同,DAC 可分为_____网络、_____网络和_____网络 DAC 等。

5. 模/数转换的量化方式有_____法和_____两种。

6. 在模/数转换过程中,只能在一系列选定的瞬间对输入模拟量_____后再转换为输出的数字量,通过_____、_____、_____和_____四个步骤完成。

7. _____型 ADC 转换速度较慢,_____型 ADC 转换速度高。

8. _____型电阻网络 DAC 中的电阻只有_____和_____两种,与_____网络完全不同。而且在这种 DAC 转换器中又采用了_____,所以转换速度很高。

三、计算题

1. 图 13-1 所示电路中 $R = 8$ kΩ,$R_F = 1$ kΩ,$U_{REF} = -10$ V,试求：

（1）在输入四位二进制数 $D = 1001$ 时,网络输出 $u_o = ?$

（2）若 $u_0 = 1.25$ V,则可以判断输入的四位二进制数 $D = ?$

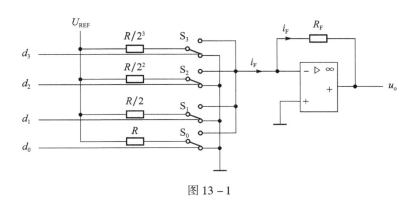

图 13-1

2. 在倒 T 形电阻网络 DAC 中,若 $U_{REF} = 10$ V,输入 10 位二进制数字量为 1011010101,试求其输出模拟电压为何值。（已知 $R_F = R = 10$ kΩ）

3. 如图 13-2 所示的权电阻网络 DAC 电路中,若 $n = 4$,$U_{REF} = 5$ V,$R = 100$ Ω,$R_F = 50$ Ω,试求此电路的电压转换特性。若输入四位二进制数 $D = 1001$,则它的输出电压 $u_o = ?$

4. 在 8 位 A/D 转换器中,若 $U_{REF} = 4$ V,当输入电压分别为 $U_i = 3.9$ V、$U_i = 1.2$ V 时,输出的数字量是多少？（用二进制数表示）

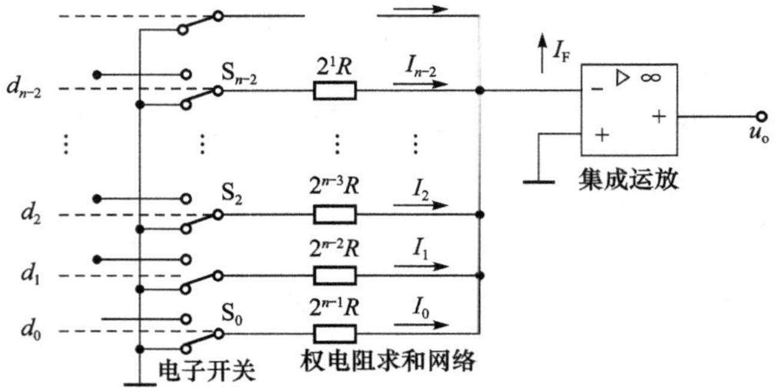

图 13-2

部分习题参考答案

习 题 1

三、计算题

1. $I = \dfrac{6}{4+2} = 1(\text{A})$；$U = -2I = -2 \times 1 = -2(\text{V})$；

$V_A = -6 - U + 10 = -6 - (-2) + 10 = 6(\text{V})$；$V_B = 10(\text{V})$，$V_C = -5 + 10 = 5(\text{V})$。

2. 图(a) $R_{ab} = 7(\Omega)$，图(b) $R_{ab} = 5.4(\Omega)$

4. ① 根据 $R = U^2/P$ 得：电灯电阻 $R = U^2/P = 220^2/60 = 807(\Omega)$；

② 根据 $I = U/R$ 或 $P = UI$ 得：$I = P/U = 60/220 = 0.273(\text{A})$；

③ 由 $W = Pt$ 得 $W = 60 \times 60 \times 60 \times 3 \times 30 = 1.944 \times 10^7(\text{J})$。

在实际生活中，电量常以"度"为单位，即"千瓦时"。对 60 W 的电灯，每天使用 3 h，一个月(30 天)的用电量为：$W = 60/1\,000 \times 3 \times 30 = 5.4(\text{kW}\cdot\text{h})$

5. $U_1 = -4(\text{V})$，$U_2 = 0(\text{V})$，$U_3 = -5(\text{V})$

习 题 2

三、计算题

1. $U_1 = -35/4(\text{V})$；$U_2 = 165/4(\text{V})$；$U_3 = 38/4(\text{V})$

2.

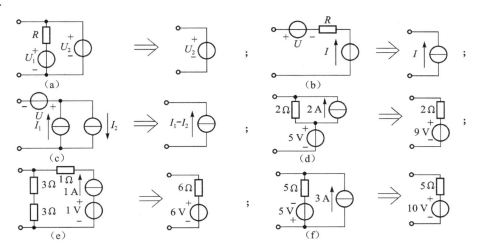

3. $I = 2.86(A)$

4. $I = 2.86(A)$

5. $I = 1(A)$

6. $I = I' - I'' = 6 - 2 = 4(A); U = U' + U'' = 6 + 16 = 22(V)$

7. $I_1 = I_1' - I_1'' = 6 - 3 = 3(A); I_2 = -I_2' + I'' = -3.5 + 3 = -1(A);$
$I_3 = I_3' + I'' = 1.5 - 0.5 = 2(A); P = I_3^2 R_3 = 2^2 \times 36 = 144(W)$

8. $U = 4I = 4 \times (-3) = -12(V)$

9. $U = 100 - 30 - 35 = 35(V); R = 1.75 \ \Omega$

10. (1) 当开关 S 打开时，$V_A = -20I + 12 = -5.84(V)$；

(2) 当开关 S 闭合时，$V_A = -20I + 12 = 1.96(V)$

习 题 3

三、计算题

1. $U = 50 \ V; u = 50\sqrt{2}\sin(31.4t + 36.9°) \ V$

2. $i_1 = 20\sin(314t - 6.87°)(A)$;
$Z_1 = \dfrac{100\angle 30°}{2\angle 8.67°} = 50\angle 38.167°(\Omega); Z_2 = \dfrac{100\angle 30°}{10\angle 83.13°} = 10\angle 53.13°(\Omega)$

所以，Z_1 为感性负载，Z_2 为容性负载。

3. 由图可以看出，电容与电感并联连接，由于电容电流落后两端电压 90°，而电感电流超前两端电压 90°，因为 $X_C = X_L$，所以通过电容的电流与通过电感的电流大小相等，方向相反，故而电流表 A_2 的读数为 0 A。

由上分析可知，电压 u 的有效值为 $3R$，故电感两端电压亦为 $3R$。因为 $X_L = R$，所以电流表 A_3 的读数为 3 A。

4. $U_R = RI = 10 \times 1 = 10(V); U_L = |jX_L|I = 10 \times 1 = 10(V);$
$U_C = |-jX_C|I = 10 \times 1 = 10(V);$
所以 $Z = R + jX_L - jX_C = R = 10(\Omega), U = |Z|I = 10 \times 1 = 10(V)$

5. $Z_{ab} = 2 + jX_L + 2 // (-jX_C) = 2 + 2j + \dfrac{-j4}{2-j2} = 2 + 2j + \dfrac{-j4(2+j2)}{(2-j2)(2+j2)} = 3 + j(\Omega)$

6. $X_C = 5.36(\Omega)$，或 $X_C = 74.6(\Omega)$

7. 解：$i_1 = 1.816\sin(314t + 68.7°)(A); i_2 = 1.86\sin(314t + 68.7°)(A)$
$u_C = 9.32\sin(314t - 21.3°)(V)$

8. $I = 6(A); I_1 = 4.29(A)$

9. $P = UI\cos \varphi = 220 \times 5.41 \times \cos 8.61° = 1.18(kW)$;
$Q = UI\sin \varphi = 220 \times 5.41 \times \sin 8.61° = 178.2(var)$;
$\lambda = \cos \varphi = \cos[0° - (-8.61°)] = 0.99$

10.
$Z_{AB} = j4 + \dfrac{6 \times (6 + j8 - j8)}{6 + 6 + j8 - j8} = 3 + j4(\Omega)$

$$\dot{I} = \frac{\dot{U}}{Z_{AB}} = \frac{10\angle 0°}{3+j4} = 2\angle -53.1°\ (\text{A})$$

$$\dot{U}_{AF} = \dot{I}jX_{L1} = 2\angle -53.1° \times j4 = 8\angle -36.9°\ (\text{V})$$

$$\dot{U}_{FB} = \dot{I}Z_{FB} = 2\angle -53.1° \times 3 = 6\angle -53.1°\ (\text{V})$$

$$\dot{I}_{FD} = \frac{\dot{U}_{FB}}{6+j8-j8} = \frac{6\angle -53.1°}{6} = 1\angle -53.1°\ (\text{A})$$

$$\dot{U}_{DF} = -\dot{I}_{FD}(R_2+j8) = -1\angle -53.1° \times (6+j8) = 10\angle -180°\ (\text{V})$$

所以 $P = UI\cos\varphi = 10 \times 2 \times \cos 53.1° = 12(\text{W})$

$Q = UI\sin\varphi = 10 \times 2 \times \sin 53.1° = 12(\text{var})$

习 题 4

三、计算题

1. $Z = 80 + j60(\Omega)$

2. (1) 负载作星接时：

$U_l = \sqrt{3}U_p$，因 $U_l = 380$ V，则 $U_a = U_b = U_c = \frac{380}{\sqrt{3}} = 220(\text{V})$。

设 $U_a = 220\angle 0°(\text{V})$，因相电流即线电流，其大小为：

$$\dot{I}_A = \frac{220\angle 0°}{8+j6} = 22\angle -36.9°(\text{A});\ \dot{I}_B = 22\angle 156.9°(\text{A});\ \dot{I}_C = 22\angle 83.1°(\text{A})$$

3. (1) $U_l = 380(\text{V})$ 则 $U_p = 220(\text{V})$。

设 $\dot{U}_a = 220\angle 0°(\text{V})$ 则 $\dot{U}_b = 220\angle -120°(\text{V})$，$\dot{U}_c = 220\angle -120°(\text{V})$，

$$\dot{I}_A = \frac{\dot{U}_a}{R} = 20\angle 0°(\text{A});\ \dot{I}_B = \frac{\dot{U}_b}{R_b} = \frac{220\angle -120°}{22} = 10\angle -120°(\text{A});$$

$$\dot{I}_C = \frac{\dot{U}_C}{R_c} = \frac{220\angle 120°}{22} = 10\angle 120°$$

所以 $\dot{I}_N = \dot{I}_A + \dot{I}_B + \dot{I}_C = 20\angle 0° + 10\angle -120° + 10\angle 120° = 10\angle 0°(\text{A})$。

(2) 中线断开，A 相短路时(学生自行画图)，此时 R_B、R_C 上的电压为电源线电压，

$I_B = I_b = \frac{U_b}{R_b} = \frac{380}{22} = 17.27(\text{A});\ I_C = I_c = \frac{U_c}{R_c} = \frac{380}{22} = 17.27(\text{A})$

(3) 中线断开，A 相断开时，此时 R_B、R_C 二负载串联后电压为电源线电压，

$I_B = I_c = \frac{U_{BC}}{R_b + R_c} = \frac{380}{22+22} = 8.64(\text{A})$

3. 由于 $P = \sqrt{3}U_L I_L \cos\varphi$

所以 $U_L = \frac{P}{\sqrt{3}I_L\cos\varphi} = \frac{7\,760}{\sqrt{3} \times 5.5 \times 0.8} = 1\,018.2(\text{V})$

$$Q = \sqrt{3}\,U_L I_L \sin\varphi = \sqrt{3} \times 1\,018.2 \times 5.5 \times \sqrt{1-\cos\varphi} = 5\,819.8(\text{var})$$

$$U_P = U_L = 1\,018.2(\text{V}),\ I_P = \frac{I_L}{\sqrt{3}} = \frac{5.5}{\sqrt{3}} = 3.18(\text{A})\ |Z| = \frac{U_P}{I_P} = \frac{1\,018.2}{3.18} = 320.19(\Omega)$$

所以 $Z = 320.19\,\underline{/36.9°}\,(\Omega)$

4. 功率因数：

$$\cos\varphi = \frac{31}{\sqrt{31^2 + 22^2}} = 0.816$$

有功功率：
$$P = \sqrt{3}\,U_L I_L \cos\varphi = \sqrt{3} \times 380 \times 5.77 \times \cos\varphi = \sqrt{3} \times 380 \times 5.77 \times 0.816 = 3\,098.9(\text{W})$$

无功功率：
$$Q = \sqrt{3}\,U_L I_L \sin\varphi\ \sqrt{3} \times 380 \times 5.77 \times \frac{22}{\sqrt{31^2 + 22^2}} = 2\,198.8(\text{var})$$

视在功率：$S = \sqrt{3}\,U_L I_L = \sqrt{3} \times 380 \times 5.77 = 3\,797.7(\text{V}\cdot\text{A})$

5. $I_{LY} = I_{PY} = \dfrac{U_P}{R_Y} = \dfrac{\frac{380}{\sqrt{3}} = 22}{10}(\text{A})$；$I_{L\triangle} = \sqrt{3}\,\dfrac{U_P}{R_\triangle} = \sqrt{3}\,\dfrac{U_L}{R_\triangle} = \sqrt{3}\,\dfrac{380}{38} \approx 17.32(\text{A})$

$$I_L = I_{LY} + I_{L\triangle} = 22 + 17.32 = 39.32(\text{A})$$

6. 由于三角形连接时 $U_L = U_P$

$$I_P = \frac{U_P}{R_P} = \frac{380}{38} = 10(\text{A})$$

$$I_L = \sqrt{3}\,I_P = \sqrt{3} \times 10 \approx 17.32(\text{A})$$

$$P = \sqrt{3}\,U_L I_L = \sqrt{3} \times 380 \times 17.32 = 1\,140(\text{W})$$

7.
$$|Z| = \frac{U_P}{I_P} = \frac{U_L}{I_P} = \frac{380}{10} = 38(\Omega);\ R = |Z|\cos\varphi = 38 \times 0.8 = 30.4(\Omega)$$

$$X_L = \sqrt{|Z|^2 - R^2} = \sqrt{38^2 - 30.4^2} = 22.8(\Omega)$$

$$Z = 30.4 + j22.8(\Omega)$$

8.
$$|Z| = \frac{U_P}{I_P} = \frac{220}{17.3} = 12.7(\Omega);\ R = |Z|\cos\varphi = 12.7 \times 0.8 = 10.2(\Omega)$$

$$X_L = \sqrt{|Z|^2 - R^2} = \sqrt{12.7^2 - 10.2^2} = 7.57(\Omega)$$

$$Z = 10.2 + j7.57(\Omega)$$

9.
$$|Z| = \sqrt{6^2 + 8^2} = 10(\Omega);\ I_P = \frac{U_P}{|Z|} = \frac{380}{10} = 38(\Omega)$$

$$I_L = \sqrt{3}\,I_P = \sqrt{3} \times 38 = 65.8(\text{A})$$

$$P = \sqrt{3}\,U_L I_L \cos\varphi = \sqrt{3} \times 380 \times 65.8 \times \frac{8}{10} = 34\,488.6(\text{W})$$

习 题 5

三、计算题

1. $u_C(0_+) = u_C(0_-) = E\dfrac{R_2}{R_1 + R_2}$, $i_C(0_+) = \dfrac{E}{R_1 + R_2}$, $i_C(\infty) = 0$, $u_C(\infty) = E$。

2. $u_C(t) = u_C(\infty) + [u_C(0^+) - u_C(\infty)]e^{-t/\tau} = E_2 + \left[\dfrac{E_1 R_2 + E_2 R_1}{R_1 + R_2} - E_2\right]e^{-t/R_2 C} = E_2 + (E_1 - E_2)\dfrac{R_2}{R_1 + R_2}e^{-t/R_2 C}$

3. $u_C(t) = u_C(\infty) + [u_C(0^+) - u_C(\infty)]e^{-t/\tau} = 30 + [90 - 30]e^{-t/RC}$，此时 $R = R_1 \times R_2/(R_1 + R_2) = 2(\text{k}\Omega)$

$t = 20$ ms 时，$u_C = 30 + 60e^{-0.5} = 30 + 36.4 = 66.4(\text{V})$

4. $u_C(t) = u_C(\infty) + [u_C(0^+) - u_C(\infty)]e^{-t/\tau} = 10 + [20 - 10]e^{-t/0.05} = 10(1 + e^{-20t})(\text{V})$

习 题 6

三、计算题

1. （1）$n_1 = \dfrac{60f}{p} = \dfrac{60 \times 50}{3} = 1\,000(\text{r/min})$

$n_N = (1 - S_N)n_1 = (1 - 0.02) \times 1\,000 = 980(\text{r/min})$

（2）$P_N = \dfrac{T_N n_N}{9\,550} = \dfrac{360.6 \times 980}{9\,550} = 37(\text{kW})$

2. 变压器负载增加时，原绕组中的电流将随之增大，铁芯中的主磁通将维持基本不变，输出电压在电阻性负载和感性负载时都要降低，但在容性负载情况下不一定要降低。

3. 若电源电压低于变压器的额定电压，输出功率应往下调整。由于铁芯中的主磁通与电源电压成正比而随着电源电压的降低而减小，使得初、次级回路的磁耦合作用减弱，若负载不变则功率不变时，则次级电流将超过额定值，造成初级回路电流也超过额定值，变压器会损坏。

4. ①负载增大时，电动机转速下降，电流增大；②电压升高时，转速增大，电流减小。

5. 当电源线电压为 380 V 时，定子绕组应接成星形；当电源线电压为 220 V 时，定子绕组应接成三角形，这样就可保证无论作什么样的连接方法，各相绕组上的端电压不变。

6. 电源电压不变的情况下，若误将三角形接法的电动机误接成星形，则将由于电压下降太多而使电机不能正常工作，若将星形接法的电动机误接成三角形，则将各相绕组上加的电压过高而造成电机烧损。

7. 交流接触器主要用来频繁地远距离接通和切断主电路或大容量控制电路的控制电器。它主要由触点、电磁操作机构和灭弧装置等三部分组成。触点用来接通、切断电路；电磁操作机构用于当线圈通电，动铁芯被吸下，使触点改变状态；灭弧装置用于主触点断开或闭合瞬间切断其产生的电弧，防止灼伤触头。

8. 热继电器主要由发热元件、双金属片和脱扣装置及常闭触头组成。当主电路中电流超过容许值而使双金属片受热时，它便向上弯曲，因而脱扣，扣板在弹簧的拉力下将常闭触点断开。触点是接在电动机的控制电路中的,控制电路断开而使接触器的线圈断电,从而断开电动机的主电路。

9. 图6-1(a)不能。因为KM没有闭合,所以,按按钮后,KM线圈不能得电。

图(b)能正常实现点动。

图(c)不能。因为在KM的线圈中串联有自己的常闭触头,当线圈通电时,KM的常闭触头就要断开,KM线圈断电,如此反复,按触器产生振动。

图(d)不能。因为在启动按钮中并联有常开触头,当KM线圈通电时就要产生自锁。

10. 图6-2(a)不能正常工作。当KM线圈得电后,无法进行停止操作。

图(b)能正常实现点动。不能连续运行,自锁触头没有并对地方。

图(c)不能。因为在KM的线圈中串联有自己的常闭触头,只要一接通电源,线圈就会通电,而KM的常闭触头就会断开,KM线圈断电,如此反复,按触器产生振动。

图(d)能正常进行启动和停止。

习 题 7

三、计算题

1. (1) 由于 $U_A = U_B = 0$,D_A 和 D_B 均处于截止状态,所以 $U_Y = 0$;

(2) 由 $U_A = E, U_B = 0$ 可知,D_A 导通,D_B 截止,所以 $U_Y = \frac{9}{1+9} \times E = \frac{9}{10}E$;

(3) 由于 $U_A = U_B = E$,D_A 和 D_B 同时导通,因此 $U_Y = \frac{9}{9+0.5} \times E = \frac{18}{19}E$。

2. 首先从(b)图可以看出,当二极管D导通时,理想二极管电阻为零,所以 $u_o = u_i$;当D截止时,电阻为无穷大,相当于断路,因此 $u_o = 5$ V,即是说,只要判断出D导通与否,就可以判断出输出电压的波形。要判断D是否导通,可以以接地为参考点(电位零点),判断出D两端电位的高低,从而得知是否导通。

习 题 8

三、计算题

1. (1) $I_{BQ} \approx \dfrac{U_{CC}}{R_b} = \dfrac{24}{800 \times 10^3} = 30(\mu A)$,$I_{CQ} = \beta I_{BQ} = 50 \times 30 = 1.5(mA)$

$U_{CEQ} = U_{CC} - I_{CQ}R_c = 24 - 1.5 \times 6 = 15(V)$

(2) $\dot{A}_u = -\beta \dfrac{R_c // R_L}{r_{be}} = -50 \times \dfrac{6 // 3}{1.2} = -83.3$;

$r_i \approx r_{be} = 1.2(k\Omega)$;$r_o = R_c = 6(k\Omega)$

2. 解:$12 = 240 \times 10^3 \times I_{BQ} + 0.7$

$I_{BQ} = 50(\mu A)$;$r_{be} = 300 + (1+\beta)\dfrac{26 \text{ mV}}{I_{EQ}} = 300 + \dfrac{26 \text{ mV}}{I_{BQ}} = 820(\Omega)$

$r_i = R_b // r_{be} = \dfrac{240 \times 10^3 \times 820}{240 \times 10^3 + 820} = 817(\Omega)$

$r_o = R_c = 4(\text{k}\Omega)$

$A_u = \dfrac{-\beta(R_c \mathbin{/\mkern-6mu/} R_L)}{r_{be}} = \dfrac{-40 \times \dfrac{4 \times 10^3 \times 8 \times 10^3}{4 \times 10^3 + 8 \times 10^3}}{820} = -130$

3. 电位 V_B、V_E 分别是：

$V_B = U_{CC} - U_{R_{B1}} = 12 - 8 = 4(\text{V})$；$V_E = V_B - U_{BE} = 4 - 0.7 = 3.3(\text{V})$；

$I_E = \dfrac{V_E}{R_E} = \dfrac{3.3}{1.5} = 2.2(\text{mA}) \approx I_C$；$U_{CE} = U_{CC} - I_E(R_C + R_E) = 12 - 2.2(2 + 1.5) = 4.3(\text{V})$

4.

2) $\dot{A}_u = \dfrac{\dot{U}_o}{\dot{U}_i} = \dfrac{-\beta \dot{I}_b R_1}{\dot{I}_e r_{be} + (1+\beta)\dot{I}_b R_1} = \dfrac{-\beta R_2}{r_{be} + (1+\beta) R_3}$

$= \dfrac{-50 \times 3 \times 10^3}{1 \times 10^3 + (1+50) \times 1 \times 10^3} = -2.88$

3) $\dot{A}_u = \dfrac{\dot{U}_o}{\dot{U}_i} = \dfrac{-\beta \dot{I}_b (R_2 \mathbin{/\mkern-6mu/} R_L)}{\dot{I}_b r_{be} + (1+\beta)\dot{I}_b R_3} = \dfrac{-\beta (R_2 \mathbin{/\mkern-6mu/} R_L)}{r_{be} + (1+\beta) R_3}$

$= \dfrac{-50 \times 1.5 \times 10^3}{1 \times 10^3 + (1+50) \times 1 \times 10^3} = -1.44$

5. (1) 三极管的发射结总电压：

$u_{BE} = U_{BE} + u_{be}$，当 $\pi < \omega t < 2\pi$ 时，$-3\text{ mV} \leq u_{be} \leq 0$；

当 $\omega t = \dfrac{3}{2}\pi$ 时，$u_{be} = -U_{bem} = -3\text{ mV}$

故：$u_{BE} = U_{BE} + u_{be} = 0.7 + (-0.003) = 0.697(\text{V})$

可见三极管的发射结不是处于反向偏置而是处于正向偏置。

(2) $I_B = \dfrac{U_{CC} - U_{BE}}{R_B} = \dfrac{12 - 0.7}{560} = 20(\mu\text{A})$

$r_{be} = 300 + \dfrac{26}{0.02} = 1\,600(\Omega) = 1.6(\text{k}\Omega)$

$\dot{A}_u = -\beta \dfrac{R_C \mathbin{/\mkern-6mu/} R_L}{r_{be}} = -50 \dfrac{6 \mathbin{/\mkern-6mu/} 3}{1.6} = -62.5$

(3) $r_i \approx r_{be} = 1.6(\text{k}\Omega)$；$r_o = R_C = 6(\text{k}\Omega)$

6. (1) $V_B = 12 \times \dfrac{10}{20+10} = 4(\text{V})$，$V_E = V_B - U_{BE} = 4 - 0.7 = 3.3(\text{V})$

$I_E = \dfrac{V_E}{R_E} = \dfrac{3.3}{2} = 1.65(\text{mA})$

$r_{be} = 300 + (1+\beta)\dfrac{26}{I_E} = 300 + (1+30) \times \dfrac{26}{1.65} = 0.79(\text{k}\Omega)$

$\dot{A}_{uo} = \dfrac{\dot{U}_o}{\dot{U}_i} = -\beta \dfrac{R_C}{r_{be}} = -30 \times \dfrac{2}{0.79} = -76$；$\dot{U}_i = \dfrac{0.141}{\sqrt{2}} = 0.1(\text{V})$

$\dot{U}_o = \dot{A}_{uo}\dot{U}_i = -76 \times 0.1 = -7.6(\text{V})$；$u_o = 7.6\sqrt{2}\sin(\omega t + \pi)(\text{V})$

(2) $R'_L = R_C // R_L = 2 // 1.2 = 0.75 (\text{k}\Omega)$; $\dot{A}_u = \dfrac{\dot{U}_o}{\dot{U}_i} = -\beta \dfrac{R'_L}{r_{be}} = -30 \times \dfrac{0.75}{0.79} = -28.5$

$\dot{U}_i = \dfrac{0.141}{\sqrt{2}} = 0.1(\text{V})$; $\dot{U}_o = \dot{A}_u \dot{U}_i = -28.5 \times 0.1 = -2.85(\text{V})$

$u_o = 2.85\sqrt{2}\sin(\omega t + \pi)$ V

(3) $r_{be} = 300 + (1+\beta)\dfrac{26}{I_E}$

习 题 9

三、简析题

1. 解:(1) 因为该电路为半波整流电容滤波电路,且:

$$R_L C = 100 \times 1\,000 \times 10^{-5} = 10^{-1} = 0.1$$

$$(3 \sim 5)\dfrac{T}{2} = (3 \sim 5) \times \dfrac{0.02}{2} = (0.03 \sim 0.05)$$

满足 $R_L C \geqslant (3 \sim 5)\dfrac{T}{2}$ 要求,所以变压器副边电压有效值 U_2 为:$U_2 = U_o = 30$ V

(2) 定性画出输出电压 u_o 的波形如下图所示:

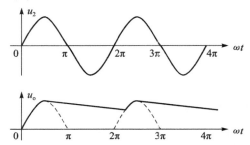

2. 该电路为全波整流滤波。

$$U_o = 1.2U_2 = 1.2 \times 12 = 14.4(\text{V});\ R_L C \geqslant (3 \sim 5)\dfrac{T}{2}$$

$$100 \times C \geqslant (3 \sim 5)\dfrac{0.02}{2};\ C \geqslant 300 \sim 500\ \mu\text{F}$$

习 题 10

三、问答题

1. 集成运放一般输入级、输出级和中间级及偏置电路组成。输入级一般采用差动放大电路,以使运放具有较高的输入电阻及很强的抑制零漂的能力,输入级也是决定运放性能好坏的关键环节;中间级为获得运放的高开环电压放大位数($10^3 \sim 10^7$),一般采用多级共发射极直接耦合放大电路;输出级为了具有较低的输出电阻和较强的带负载能力,并能提供足够大的输出电压和输出电流,常采用互补对称的射极输出器组成;为了向上述三个环节提供合适而又稳定的偏置电流,一般由各种晶体管恒流源电路构成偏置电路满足此要求。

2. 电路中某点并未真正接"地",但电位与"地"点相同,称为"虚地";电路中两点电位相同,并没有真正用短接线相连,称为"虚短",若把"虚地"真正接"地",如反相比例运放,把反相端也接地时,就不会有 $i_i = i_f$ 成立,反相比例运算电路也就无法正常工作。

3. 集成运放的理想化条件有四条:
① 开环差模电压放大倍数 $A_{uo} = \infty$;
② 差模输入电阻 $r_{id} = \infty$;
③ 开环输出电阻 $r_o = 0$;
④ 共模抑制比 $K_{CMR} = \infty$。

4. 同相端所接电阻起平衡作用。

四、计算题

1.(1) 这是反相比例运算电路,代入公式,得 $u_o = -u_i$;
(2) 由虚短和虚断原理得: $u_+ = u_- = u_i, i_+ = i_- = 0$,故有 $u_o = u_i$。

2. $U_o = 3.15$ V

3. 前一级是电压跟随器电路,后一级是反相比例运算电路,所以 $U_o = 4$ V。

习 题 11

三、化简下列逻辑函数
① $\overline{A}B + C$
② $\overline{A}\overline{C} + B$
③ $AB + \overline{A}B + BC$
④ $AB + BC + BD$
⑤ $C + \overline{A} + \overline{B}$
⑥ $\overline{A}\overline{B} + \overline{C}$

五、组合逻辑的分析和设计

1. $\left. \begin{array}{l} Y_1 = \overline{A + B + C} \\ Y_2 = \overline{A + \overline{B}} \\ Y_3 = \overline{Y_1 + Y_2 + \overline{B}} \end{array} \right\} Y = \overline{Y_3} = Y_1 + Y_2 + \overline{B} = \overline{A + B + C} + \overline{A + \overline{B}} + \overline{B} = \overline{A}\overline{B}\overline{C} + \overline{A}B + \overline{B}$

(a) $Y = \overline{A}B + \overline{B} = \overline{A}B + \overline{B}(1 + \overline{A}) = \overline{A} + \overline{B}$ 或 $\overline{AB}$
(b) $F = (A + B)(\overline{B} + C) = A\overline{B} + AC + BC = A\overline{B} + AC(B + \overline{B}) + BC = A\overline{B} + BC$

(a) 真值表

A	B	C	Y
0	0	0	1
0	0	1	1
0	1	0	1
0	1	1	1
1	0	0	1
1	0	1	1
1	1	0	0
1	1	1	0

(b) 真值表

A	B	C	F
0	0	0	0
0	0	1	0
0	1	0	0
0	1	1	1
1	0	0	1
1	0	1	1
1	1	0	0
1	1	1	1

习 题 12

三、简述题

1. 主要区别有两点：时序逻辑电路的基本单元是触发器，组合逻辑电路的基本单元是门电路；时序逻辑电路的输出只与现时输入有关，不具有记忆性，组合逻辑电路的输出不仅和现时输入有关，还和现时状态有关，即具有记忆性。

2. 在一个时钟脉冲为"1"期间，触发器的输出随输入发生多次变化的现象称为"空翻"。空翻造成触发器工作的不可靠，为抑制空翻，人们研制出了边沿触发方式的主从型 JK 触发器和维持阻塞型的 D 触发器，等等。这些触发器由于只在时钟脉冲边沿到来时发生翻转，从而有效地抑制了空翻现象。

四、(a) $Q^{n+1}=A$ (b) $Q^{n+1}=D$ (c) $Q^{n+1}=\overline{Q^n}$ (d) $Q^{n+1}=\overline{Q^n}$ (e) $Q^{n+1}=\overline{Q^n}$

参 考 文 献

[1] 秦曾煌.电工学[M].第6版.北京:高等教育出版社,2004.
[2] Betty Lise Anderson,Richard L. Anderson. 半导体器件物理[M].邓宁,田立林,任敏,译.北京.清华大学出版社,2008.
[3] 王槐斌,等.电路与电子简明教材[M].武汉:华中科技大学出版社,2006.
[4] Michael D, Ciletti. Advanced Digital Design With the verilog HDL[M]. Beijing:Publishing House of Electronics Industry,2005.
[5] Stephen Brown, Zvonko Vranesic. Fundanmentals of Digital logic with Verilog Design[M]. Beijing:china Machine Press,2007.
[6] U. TietzeCh. Schenk. Halbleiter – Schaltungstechnik. 12. Aufl. Springer – Verlag,Belin. 2002.
[7] Van Valkenburg,M. E. Network Analysis Prentice – Hall,Inc. ,2006.
[8] Mark N. Horestein,Microelectronice Circuits and Devices. 2nd ed. New Jersey:Prentice – Hall Inc. ,2009.
[9] U. TietzeCh. Schenk. Halbleiter – Schaltungstechnik. 12. Aufl. Springer – Verlag,Belin. 2002.
[10] Muhammad H. Rashid. Microelectronic Circuits:Analysis and Design. PWS. a division of Thomson learning,2010.
[11] Chua, L. O. , Desoer, C. A. , Kuh, E. S. Linear and Nonlinear Circuits. McGraw – Hill Inc. ,2010.
[12] 李哲英.电子技术及应用基础(数字部分)[M].北京:高等教育出版社,2003.
[13] 陈大钦.模拟电子技术基础[M].第2版.北京:高等教育出版社,2000.
[14] 康华光.电子技术基础(模拟部分)[M].第5版.北京:高等教育出版社,2006.
[15] 清华大学电子学教研组编,童诗白,华成英主编.模拟电子技术基础[M].第3版.北京:高等教育出版社,2001.
[16] 浙江大学电工电子基础教学中心电子学组编,郑家龙,王小海,章安元主编.集成电子技术基础教程[M].北京:高等教育出版社,2002.
[17] 瞿安连.应用电子技术[M].北京:科学出版社,2003.
[18] 康华光.电子技术基础(数字部分)[M].第5版.北京:高等教育出版社,2006.
[19] 张申科,等.数字电子技术基础[M].北京:电子工业出版社,2005.
[20] 侯建军.数字电子技术[M].北京:高等教育出版社,2007.